ANALYSE

APPLIQUÉE

A LA GÉOMÉTRIE

DES TROIS DIMENSIONS,

COMPRENANT

LES SURFACES DU SECOND DEGRÉ, AVEC LA THÉORIE
GÉNÉRALE DES SURFACES COURBES ET DES
LIGNES A DOUBLE COURBURE ;

PAR C.-F.-A. LEROY,

Professeur à l'École Polytechnique, Maître de Conférences à l'École
Normale, Chevalier de la Légion-d'Honneur, etc.

SECONDE ÉDITION,

REVUE ET AUGMENTÉE.

PARIS,

BACHELIER, IMPRIMEUR-LIBRAIRE

DE L'ÉCOLE POLYTECHNIQUE,

QUAI DES AUGUSTINS, N° 55.

1835

ANALYSE

APPLIQUÉE

A LA GÉOMÉTRIE

DES TROIS DIMENSIONS.

Ouvrage du même auteur, auquel se rapportent les renvois indiqués dans ce volume.

Traité de Géométrie descriptive, avec un atlas de 60 planches, 2 vol. in-4°,   20 fr.

IMPRIMERIE DE BACHELIER,
rue du Jardinet, n° 12.

AVERTISSEMENT.

Il est assez reconnu que, pour étudier la Géométrie avec succès, on doit joindre aux considérations synthétiques les ressources que présente l'Analyse pour découvrir, entre les diverses grandeurs, des relations que souvent on n'aurait pas soupçonnées, et dont les méthodes graphiques font ensuite d'utiles applications aux arts. On peut sans doute revêtir ces théorèmes d'une forme plus sensible, en les démontrant de nouveau à l'aide de constructions géométriques; et celles-ci d'ailleurs, employées comme un moyen de recherche, ainsi que le fait la Géométrie descriptive, manifestent souvent par elles-mêmes des propriétés qu'on n'aurait pu démêler parmi les formules compliquées de l'Analyse; mais si l'on veut réunir ces divers avantages, il faut savoir employer tour à tour les deux méthodes, de manière qu'elles se prêtent un mutuel appui; et c'est aussi comme complément du Cours de Géométrie descriptive que j'ai cherché à présenter ici l'application de l'Analyse à la Géométrie des trois dimensions. Dans ce dessein, je me suis attaché à faire ressortir, parmi les propriétés des lignes et des surfaces courbes, celles qui servent de bases aux opérations graphiques, ou qui peuvent offrir des moyens de les simplifier. Ainsi, après avoir ramené l'équation générale du second degré aux deux formes les plus simples, par la considération des plans diamétraux et de leurs cordes conjuguées, dont l'emploi si avantageux dans plusieurs circonstances est dû à M. J. Binet, je discute successivement les cinq genres de surfaces de cet ordre; mais j'insiste principalement sur les divers modes de génération par la ligne droite qu'admettent plusieurs de ces surfaces, qui par là deviennent d'un usage fréquent dans la Coupe des pierres et dans la Charpente. Les sections circulaires, qu'il est aussi quelquefois nécessaire d'employer, me fournissent l'occasion de redresser une erreur assez généralement répandue sur la direction précise des plans qui les donnent; et, dans la discussion immédiate d'une équation numérique du second degré, j'ai assigné des caractères simples et exclusifs pour chaque genre particulier de surfaces : puis, en imitant la marche de M. Cauchy dans ses *Exercices*, j'ai rattaché à la théorie des cordes principales les conditions qui expriment que la surface est de révolution.

Le chapitre des plans tangens m'offre l'occasion de rectifier les idées souvent fausses que les élèves se forment du contact d'une surface avec un plan; et d'ailleurs c'est le moment d'établir avec précision la différence essentielle qui existe entre les surfaces gauches et les surfaces développables, quoique les unes et les autres soient *réglées*, c'est-à-dire engendrées par la ligne droite. Dans les deux chapitres qui suivent, je donne les équations générales de ces deux classes de surfaces, ainsi que celles des cônes, des cylindres, etc.; et j'ai soin d'y ajouter de fréquens exemples, en choisissant particulièrement les surfaces gauches, développables ou de révolution, dont on fait usage dans le Cours de Géométrie descriptive. Je m'occupe ensuite de la courbure des sections faites dans une surface, et de ses lignes de courbure; car ce sont là des données dont l'emploi est encore nécessaire dans plusieurs parties de ce Cours; puis, en faisant connaître les beaux résultats que Monge a obtenus pour les lignes de courbure de l'ellipsoïde, j'ai complété la théorie présentée par cet auteur, en démontrant que la constante arbitraire qu'il nomme 6 devait nécessairement recevoir, pour chaque point de l'ellipsoïde, deux valeurs de signes contraires, tandis que l'autre constante γ devait toujours être de signe opposé à 6, pourvu que la projection fût faite sur le plan qui contient l'axe *maximum* et l'axe moyen. Il est d'autant moins permis d'établir gratuitement ces relations entre 6 et γ, qu'elles ne sont plus vraies quand on applique la même équation à la projection des lignes de courbure sur le plan qui contient l'axe *maximum* et l'axe *minimum*, ce qui s'effectue sans rien changer aux calculs, mais en modifiant seulement la grandeur relative des trois demi-axes désignés par a, b, c. C'est cette marche que j'emploie pour obtenir la seconde projection des lignes de courbure; et par là je trouve l'occasion d'utiliser un facteur de l'équation différentielle, que Monge négligeait, avec raison, dans le premier cas, mais qui, pour la projection actuelle, fournit *directement* la solution singulière composée des quatre cordes supplémentaires, enveloppes de toutes les ellipses sur lesquelles se projettent les lignes de courbure. Enfin, je donne, pour les lignes courbes quelconques, la manière d'obtenir les tangentes, les plans normaux ou osculateurs, et les rayons de courbure de ces lignes, en faisant remarquer la différence essentielle qui existe entre ces rayons et ceux des véritables développées.

Dans cette nouvelle édition, j'ai éclairci et développé beaucoup de détails, amélioré plusieurs théories, telles que la détermination du centre dans l'hyperboloïde gauche, la recherche des sections circulaires, et la discussion des équations numériques du second degré : dans cette dernière partie, j'ai fait voir que l'emploi de la règle de *Descartes* suffisait pour classer toutes les surfaces douées d'un centre, même quand les coordonnées sont *obliques;* et pour les autres surfaces, j'ai simplifié les règles qui font discerner leur forme particulière, en ajoutant d'ailleurs des exemples numériques de tous les cas. Quant au chapitre de la courbure des surfaces, je l'ai refondu entièrement, pour y insérer la méthode de M. Poisson; et j'y ai discuté avec soin les questions relatives aux *ombilics,* en m'appuyant sur des calculs nouveaux.

TABLE DES MATIÈRES.

CHAPITRE PREMIER.
Notions préliminaires.

Nos.

Manière de représenter par des équations la position des points et la forme des lignes dans l'espace,   1....21

CHAPITRE II.
Problèmes sur les Lignes droites.

Équations d'une droite assujettie à passer par deux points, etc.,   22....24
Conditions pour que deux droites se coupent,   25....26
Angles d'une droite avec les axes coordonnés,   27....31
Angle de deux droites,   32....34
Conditions pour que deux droites soient perpendiculaires,   35

CHAPITRE III.
Des Plans.

Équation générale du plan, et ses diverses formes particulières,   36....43
Condition pour qu'un plan renferme une droite,   44
Condition pour qu'un plan et une droite soient parallèles ou perpendiculaires,   45....48
Distance d'un point à un plan ou à une droite,   49....52
Angle d'une droite et d'un plan,   53
Angle de deux plans, et condition pour qu'ils soient perpendiculaires, etc. ;   54....61
Trouver la grandeur et la position de la plus courte distance de deux droites,   62....66

CHAPITRE IV.
Transformation des coordonnées.

Relation entre les droites ou les surfaces planes, et leurs projections,   67....71
Formules pour transformer les coordonnées rectangulaires en d'autres obliques ou rectangulaires,   73....75
Distance de deux points en fonction de leurs coordonnées obliques,   76....78
Transformation de coordonnées obliques en d'autres obliques,   79....80

N^os.

Le degré d'une équation ne change jamais par des transforma-
    tions de coordonnées,   82
Degré d'une section plane faite dans une surface, et formules
    pour obtenir l'équation de cette section,   83....88
Formules d'Euler ; coordonnées polaires,   89.....91

CHAPITRE V.

Du Centre dans les surfaces.

Définition du centre, et moyen général de reconnaître si une
    surface algébrique admet un centre,   92.....94
Recherche du centre dans les surfaces du second degré,   95.....99

CHAPITRE VI.

Des plans diamétraux.

Définition d'un plan diamétral et d'un plan principal,   100...104
Recherche d'un plan diamétral conjugué avec une droite donnée,
    dans les surfaces du second degré,   105...108
Il existe toujours dans ces surfaces un plan principal au moins,
    et au plus trois,   109...110
Réduction de l'équation générale du second degré à deux formes
    simples,   111...117
Discussion des cordes principales, où l'on démontre que les
    trois systèmes existent toujours, ainsi que les trois plans prin-
    cipaux, et qu'un seul de ceux-ci peut être à une distance
    infinie,   118...123

CHAPITRE VII.

Discussion des surfaces douées d'un centre.

Discussion de l'ellipsoïde,   124...127
Discussion de l'hyperboloïde à une nappe,   128...131
Discussion de l'hyperboloïde à deux nappes,   132...135
Du cône asymptote,   136...140
Recherche des génératrices rectilignes dans l'hyperboloïde,   141...146
Cette surface est gauche, parce que les droites d'un même sys-
    tème ne se coupent pas,   147...150
Surface engendrée par une droite qui glisse sur trois autres,   151...154

CHAPITRE VIII.

Discussion des Surfaces dépourvues de centre.

Du paraboloïde elliptique, et de ses diverses sections,   155...159
Du paraboloïde hyperbolique, et de ses diverses sections,   160...163
Ces deux paraboloïdes peuvent être engendrés par une para-
    bole mobile,   164...167

N^{os}.

Recherche des génératrices rectilignes dans le paraboloïde hyperbolique, 168...171

Cette surface est gauche, parce que les droites d'un même système ne se coupent pas, et sa génération par la ligne droite peut être exprimée de quatre manières, 172...175

Surface engendrée par une droite qui glisse sur deux autres, en restant parallèle à un plan donné, 176...178

Cas où la droite mobile glisse sur trois droites parallèles à un même plan, 179...181

CHAPITRE IX.

Théorèmes sur la similitude des courbes et des surfaces quelconques; sur les sections parallèles dans les surfaces du second degré, etc.

Conditions de similitude pour des courbes situées dans des plans parallèles, 182...185

Application aux courbes du second degré, 186...190

Les diverses sections parallèles faites dans une surface du second degré, sont semblables, et leurs centres sont sur un même diamètre, 191...197

Mode de génération commun à toutes les surfaces du second degré, 198...199

Conditions de similitude pour les surfaces quelconques, et application au second degré, 200...202

Deux surfaces du second degré, semblables entre elles, se coupent suivant une seule courbe plane, 203...205

Dans deux surfaces du second degré quelconques, lorsque la courbe d'entrée est plane, la courbe de sortie est également plane, 206...209

CHAPITRE X.

Des sections circulaires dans les surfaces du second degré.

Dans toutes les surfaces douées d'un centre, il existe deux séries de plans parallèles qui donnent des sections circulaires, 210...213

Direction que doivent avoir ces plans dans chacune des trois surfaces, 214...222

Parmi les surfaces dépourvues de centre, le paraboloïde elliptique, seulement, admet deux séries de sections circulaires, 223...226

Deux cercles de deux séries différentes sont toujours situés sur une même sphère, 227

CHAPITRE XI.

Des Plans diamétraux conjugués obliques.

Moyen d'obtenir une infinité de systèmes de trois plans diamé

Nᵒˢ.

traux obliques qui soient conjugués entre eux,   228...230
La somme des carrés de trois diamètres conjugués est constante
    et égale à la somme des carrés des axes,   231
Le parallélépipède construit sur trois diamètres conjugués est
    équivalent à celui qui serait construit sur les axes,   232
Des plans diamétraux obliques dans les paraboloïdes,   233

CHAPITRE XII.

Discussion d'une équation numérique du second degré.

On commence par chercher le centre de la surface, et l'on y
    transporte l'origine ; si alors le terme constant était nul, la
    surface serait un cône,   234...236
Lorsque le terme constant n'est pas nul, on le rend positif ; et,
    en appliquant la règle de *Descartes* à une équation du troi-
    sième degré, on reconnaît si la surface est un ellipsoïde, ou
    l'un des deux hyperboloïdes. Exemples numériques.   237...242
Lorsque la surface n'a pas de centre unique, on établit des
    caractères exclusifs pour les deux paraboloïdes et pour les
    cylindres elliptiques, hyperboliques ou paraboliques. Exem-
    ples numériques,   243...251
Conditions pour qu'une surface du second degré soit de révo-
    lution, et équations de son axe,   252...257

CHAPITRE XIII.

Des plans tangens aux surfaces courbes.

Définition générale du plan tangent, et équation de ce plan
    pour les surfaces du second degré,   258...261
Courbe de contact d'une telle surface avec un cône ou un cy-
    lindre circonscrit,   262...263
La tangente à une courbe quelconque se projette toujours sur
    la tangente à la projection de la courbe. Équations de cette
    tangente,   264...265
Équation du plan tangent pour une surface quelconque,   266...269
Équations de la normale, et angles de cette droite avec les
    axes coordonnés,   270
Le plan tangent peut être situé de diverses manières, par rap-
    port à la surface qu'il touche, et il peut lui être en même
    temps sécant dans d'autres points,   271...272
Dans les surfaces gauches, le plan tangent n'est pas le même
    pour les divers points d'une même droite,   273
Dans les surfaces développables, le plan tangent est commun
    pour tous les points de la même droite, et c'est pour cela que
    la surface peut se développer sur un plan,   274...276

CHAPITRE XIV.

Génération des Surfaces par le mouvement d'une ligne.

Nᵒˢ.

Manière générale d'obtenir l'équation du lieu géométrique parcouru par une ligne d'une espèce connue qui glisse sur plusieurs directrices,   277...279

Équation générale des cylindres. Exemple,   280...281

Équation aux différences partielles de ces surfaces,   282...284

Cas où le cylindre doit être circonscrit à une surface donnée. Exemple,   285...286

Équation générale des surfaces coniques. Exemple,   287...289

Équation aux différences partielles,   290...291

Cas où le cône doit être circonscrit à une surface donnée. Exemple,   292...293

Surfaces de révolution. Équation en quantités finies,   294...296

Équation de la surface de révolution engendrée par une droite,   297

Équation du tore,   298

Équation aux différences partielles des surfaces de révolution,   299...302

Cas où la surface doit être circonscrite à une surface donnée. Exemple,   303...304

Surfaces conoïdes. Équation générale en quantités finies,   305...307

Exemple du conoïde de la voûte d'arête en tour ronde,   308...309

Exemple de l'hélicoïde gauche,   310

Équation aux différences partielles des surfaces conoïdes,   311

Cas où le conoïde doit être circonscrit à une surface donnée. Exemple,   312...313

Manière de déterminer la fonction arbitraire quand on veut que l'équation générale d'une famille représente la surface individuelle qui passe par une courbe donnée,   314

CHAPITRE XV.

Des Surfaces réglées, gauches ou développables.

Équation générale des surfaces gauches qui admettent un plan directeur,   315...317

Équation aux différences partielles de ces surfaces,   318

Exemple,   319

Génération et équation des surfaces gauches générales,   320...323

Exemple de la surface du biais passé,   324...325

Équation des surfaces développables, considérées comme définies par deux directrices, ou bien comme engendrées par une droite mobile toujours tangente à une courbe fixe,   326...327

Équation aux différences partielles,   328

N°s.

Exemple de l'hélicoïde développable,   329
Des surfaces développables considérées comme l'enveloppe d'un
    plan mobile,   330...332
Équation de l'arète de rebroussement,   333
Équation aux différences partielles de ces surfaces,   334
Problèmes des ombres. Deux solutions,   335...336
Des surfaces enveloppes. Exemples divers,   337...340
De la caractéristique, et de l'arète de rebroussement,   341...344

CHAPITRE XVI.

Des Lignes courbes, et de leurs diverses courbures.

Équations de la tangente à une courbe quelconque; angles de
    cette droite avec les axes; expression de l'élément de la courbe,   345...348
Équations du plan normal et du plan osculateur,   349...350
Sur la courbure et la torsion d'une courbe gauche,   351...353
Calcul de l'angle de contingence,   354...356
Expression du rayon de courbure d'une courbe, d'après l'angle
    de contingence,   357
Calcul du rayon et des coordonnées du centre de courbure,   358...359
Expression des cosinus des angles que fait le rayon de courbure
    avec les axes coordonnés; il en résulte une démonstration d'un
    théorème de Mécanique,   360
Calcul de l'angle de torsion,   361
Caractères des points singuliers,   362...364
La courbe lieu des centres de courbure d'une courbe gauche,
    n'est point une développée de celle-ci; mais cependant il existe
    une infinité de développées, situées toutes sur la surface en-
    veloppe des plans normaux,   365...366

CHAPITRE XVII.

De la courbure des surfaces.

Manière d'estimer la courbure d'une surface en chaque point,   367
Expression du rayon de courbure d'une section oblique ou nor-
    male,   368...374
Interprétation du signe qui affecte ce rayon,   375
Caractères analytiques pour les surfaces convexes ou à courbures
    opposées: cas des surfaces développables,   376...378
Recherche des rayons principaux et des sections principales; les
    plans de ces courbes sont perpendiculaires entre eux,   379...381
Comparaison des rayons principaux avec les rayons de courbure
    des autres sections normales,   382...388
Exemples de surfaces non-convexes; des sections limites,   389...391

Nᵒˢ.

Comparaison des rayons de courbure des sections normales avec les diamètres d'une ellipse ou d'une hyperbole, — 392

Ellipsoïde ou hyperboloïde osculateur d'une surface, — 393...396

Des Ombilics : caractères analytiques pour trouver ces points, ainsi que la ligne des courbures sphériques, — 397...401

De la surface dont chaque point est un ombilic, — 402

Des lignes de courbure : il existe deux séries de pareilles lignes, lesquelles se coupent à angles droits, et sont tangentes aux sections principales. Exemples, — 403...407

Expressions des deux rayons de courbure de la surface; ils coïncident avec ceux des sections principales, mais ils ne sont pas les rayons osculateurs des deux lignes de courbure, — 408...412

De la surface lieu des centres de courbure, — 413

Discussion sur le nombre des lignes de courbure qui passent par un *ombilic*. — 414...417

Détermination des lignes de courbure sur une surface donnée; application à l'ellipsoïde où ces lignes se projettent sur le plan de l'axe *maximum* et de l'axe moyen, suivant des ellipses et des hyperboles, — 418...428

Des Ombilics sur l'ellipsoïde; l'analyse fait trouver aussi la ligne de courbure unique qui passe par ces points, — 429...431

Lorsqu'on projette les lignes de courbure sur le plan de l'axe *maximum* et de l'axe *minimum*, les deux séries sont représentées l'une et l'autre par des ellipses, — 432...433

Ces ellipses ont pour enveloppe quatre droites qui répondent à une solution singulière de l'équation différentielle, — 434

Remarques, — 435...436

Équation des courbes de niveau : Exemple, — 437...438

Équation des lignes de plus grande pente. Exemples, — 439...443

CHAPITRE XVIII.

TRIGONOMÉTRIE SPHÉRIQUE.

§ Iᵉʳ. *Notions préliminaires.*

Définition des triangles sphériques, mesure de leurs angles; limites de leurs côtés; triangle supplémentaire, — 444...447

La somme des trois angles est toujours comprise entre deux et six angles droits, — 448...449

Expression de la surface d'un triangle sphérique, — 450...451

§ II. *Formules générales.*

Nos.

Théorème fondamental qui fournit trois formules entre chaque angle et les trois côtés, — 452...456

On en déduit des relations entre deux côtés et les angles opposés, — 457

Relations entre deux côtés et deux angles, dont un est compris, — 458

Relations entre chaque côté et les trois angles, — 459...460

§ III. *Résolution des triangles rectangles.*

Il suffit de considérer les triangles où un seul angle est droit; et les formules précédentes, appliquées à ce cas, fournissent six principes relatifs aux triangles rectangles, — 461...468

La résolution de ces triangles présente six cas distincts, dont un seul admet deux solutions, — 469...471

§ IV. *Résolution des triangles obliquangles.*

Ce problème présente six cas distincts, dont le premier se résout par l'équation fondamentale, que l'on rend propre au calcul logarithmique, — 472...474

Application à la réduction d'un angle à l'horizon, — 475

Résolution des cinq autres cas, — 476...484

§ V. *Remarques.*

Discussion du deuxième et du cinquième cas, pour reconnaître s'il y a deux solutions ou bien une seule, — 485...486

Démonstration des analogies de Néper, — 487...488

Expression du volume d'un parallélépipède, ou d'une pyramide triangulaire, en fonction des arêtes et des angles compris, — 489...490

§ VI. *Résolution des triangles sphériques dont les côtés sont très petits par rapport au rayon de la sphère.*

On démontre qu'un triangle sphérique de ce genre correspond à un triangle rectiligne qui aurait les mêmes côtés, mais dont les angles seraient moindres que ceux du triangle sphérique, d'une quantité égale au tiers de l'excès sphérique, — 491...494

Manière de faire usage de ce théorème pour ramener la résolution d'un triangle sphérique à celle d'un triangle rectiligne, — 495

ANALYSE

APPLIQUÉE

A LA GÉOMÉTRIE

DES TROIS DIMENSIONS.

CHAPITRE PREMIER.

Notions préliminaires.

1. Pour appliquer l'analyse à la Géométrie considérée dans les trois dimensions de l'espace, il faut, comme sur un plan, chercher d'abord le moyen d'exprimer par des équations la position des points et des lignes. Or, si l'on imagine trois plans fixes et connus de situation, tels d'ailleurs, qu'ils se coupent tous en un même point O, et deux à deux suivant des droites distinctes OX, OY, OZ, que l'on nomme *axes des coordonnées;* puis, que d'un point quelconque M de l'espace, on abaisse sur ces plans fixes, et *parallèlement aux axes*, les droites MA, MB, MC, ces trois distances seront dites *les coordonnées* du point M; et comme elles changeront en général de grandeur pour les divers points de l'espace, nous les désignerons respectivement par les variables x, y, z. Cela posé, je dis qu'un point M est déterminé de position quand on connaît les valeurs de ses trois coordonnées, c'est-à-dire quand on sait que, pour ce point, on a les équations $x = a$, $y = b$, $z = c$. En effet, si

l'on porte sur OX une distance OD égale à a, et que, par l'extrémité D, on mène parallèlement à YZ, un plan indéfini BDC, ce plan contiendra évidemment tous les points de l'espace pour lesquels la coordonnée x est égale à a, et par conséquent il renfermera le point M en question. De même, en portant sur OY et OZ les distances $OE = b$ et $OF = c$, puis, menant par les extrémités E et F, deux plans indéfinis AEC et AFB, respectivement parallèles à XZ et XY, on verrait que le point cherché doit être contenu aussi dans ces deux nouveaux plans ; par conséquent ceux-ci détermineront par leur intersection avec CDB, un point unique pour la position de M, et ce point ne sera autre chose que le sommet du parallélépipède oblique construit sur les trois arêtes OD, OE, OF, égales aux coordonnées MA, MB, MC.

2. Toutefois, pour compléter la détermination du point M, il faut, dans les équations $x = a, y = b, z = c$, tenir compte des *signes* des quantités a, b, c, afin de porter ces distances sur *les parties positives* OX, OY, OZ des axes coordonnés, ou sur leur prolongement OX′, OY′, OZ′, ainsi qu'on l'explique dans la Géométrie plane ; autrement il y aurait huit solutions, puisque les trois plans fixes qu'on doit regarder comme prolongés indéfiniment, forment, en s'entrecoupant, huit angles trièdres dans chacun desquels le point M pourrait être placé à des distances absolues a, b, c. Sans insister ici sur les combinaisons de signes qui répondent à ces divers angles, mais que le lecteur doit se rendre très familières, nous dirons seulement que quand le point M sera situé

dans l'angle   OXYZ, on aura $x = +a$, $y = +b$, $z = +c$;

dans l'angle   OX′YZ, ... $x = -a$, $y = +b$, $z = +c$;

dans l'angle   OXY′Z, ... $x = +a$, $y = -b$, $z = +c$;

dans l'angle   OX′Y′Z, ... $x = -a$, $y = -b$, $z = +c$;

puis, pour les angles trièdres situés *au-dessous* du plan XY, on aura dans l'angle $OXYZ'$, ... $x = +a$, $y = +b$, $z = -c$;

dans l'angle $OX'YZ'$, ... $x = -a$, $y = +b$, $z = -c$;

dans l'angle $OXY'Z'$, ... $x = +a$, $y = -b$, $z = -c$;

dans l'angle $OX'Y'Z'$, ... $x = -a$, $y = -b$, $z = -c$.

3. Les pieds A, B, C, des trois coordonnées du point M, sont ce qu'on appelle *les projections* de ce point, *faites parallèlement aux droites* OX, OY, OZ; et elles deviendraient les projections *orthogonales*, si les plans coordonnés étaient choisis de manière que chacun d'eux fût perpendiculaire aux deux autres, disposition que l'on adopte ordinairement. Dans tous les cas, il est utile de remarquer :

1°. Qu'*un point de l'espace a toujours deux coordonnées de communes avec chacune de ses projections ;* ainsi, M et C ont évidemment le même x, MA$=$CE, et le même y, MB$=$CD : M et B ont les coordonnées communes $x =$ MA $=$ BF, et $z =$ MC $=$ BD : enfin M et A ont le même y, MB $=$ AF, et le même z, MC $=$ AE.

2°. Que *deux projections d'un même point ont toujours une coordonnée commune ;* ainsi, les projections B et C ont le même x, BF $=$ CE : B et A ont le même z, BD $=$ AE : A et C ont le même y, AF $=$ CD.

4. D'après cela, il est aisé de voir que les trois équations $x = a$, $y = b$, $z = c$, qui déterminent le point M, équivalent à la connaissance de deux de ses projections, données qui servent dans la Géométrie descriptive à fixer la position de ce point. En effet, pour définir analytiquement la projection C sur le plan XY, il faudrait donner deux équations telles que $x = a$ et $y = b$: pour définir la projection B, on devrait donner $x = a'$ et $z = c$; mais ces quatre équations se réduisent à trois, parce que, d'après la deuxième remarque du numéro précédent, on doit toujours avoir la condition $a' = a$. Cette dépendance entre les projections d'un même point sur deux plans, se retrouve dans la Géométrie descriptive, puisque l'on sait qu'après le rabattement des plans, les deux pro-

jections orthogonales doivent toujours être situées sur une même perpendiculaire à la ligne de terre.

5. En outre, quand une fois les deux projections C et B sont fixées par les équations $x = a$ et $y = b$, $x = a$ et $z = c$, la troisième projection A s'ensuit nécessairement; car, devant avoir (n° 3) le même y que la projection C, et le même z que la projection B, elle se trouvera définie par les équations $y = b$ et $z = c$. Si d'ailleurs on voulait déduire graphiquement le point A des deux projections C et B, il suffirait évidemment de tracer sur les plans fixes, et parallèlement aux axes, les droites CE et BF, EA et FA.

6. Puisqu'un point est déterminé par ses trois coordonnées, si l'on donne en nombre celles des points M′ et M″, il doit être possible de calculer la distance de ces deux points; et c'est ce que nous allons faire, en supposant ici que les axes sont rectangulaires. (*voyez*, pour le cas des axes obliques, le n° 78.) Menons donc les coordonnées $M'C' = z'$, $C'D' = y'$, $OD' = x'$ relatives à M′, et les coordonnées $M''C'' = z''$, $C''D'' = y''$, $OD'' = x''$, qui se rapportent à M″; puis, joignons ces deux points et tirons la droite M″P parallèle à C″C′. Le triangle M′M″P sera évidemment rectangle en P, et donnera

$$M'M'' = \sqrt{\overline{M''P} + (z' - z'')^2};$$

mais si l'on mène C″Q parallèle à OX, le triangle C″QC′ sera aussi rectangle en Q, et fournira l'équation

$$\overline{M''P}^2 = \overline{C''C'}^2 = (x' - x'')^2 + (y' - y'')^2 :$$

d'où l'on conclura, pour la distance cherchée,

$$M'M'' = \sqrt{(x' - x'')^2 + (y' - y'')^2 + (z' - z'')^2}.$$

S'il s'agissait d'avoir la distance du point M′ à l'origine O, il suffirait d'exprimer que M″ coïncide avec ce dernier point, en posant $x'' = 0$, $y'' = 0$, $z'' = 0$; et il en résulterait

$$OM' = \sqrt{x'^2 + y'^2 + z'^2}.$$

Fig. 2.

Dans ces deux formules, on devra toujours prendre le radical positivement, puisqu'il ne peut être question que de la distance absolue des deux points proposés.

7. Avant de nous occuper des lignes, il est à propos de généraliser nos idées sur la signification géométrique des équations à une ou à plusieurs variables, lorsqu'on embrasse les trois dimensions de l'espace. D'abord, une équation telle que $x = a$, convient, même en laissant les axes obliques, à tous les points qui se trouvent à une distance a du plan YZ, cette distance étant comptée parallèlement à OX; et d'ailleurs elle ne convient évidemment qu'à ces seuls points : par conséquent l'équation $x = a$ représente, dans les trois dimensions, *un plan indéfini parallèle à* YZ. De même, $y^2 + py + q = 0$, qui donnera deux valeurs constantes $y = a \pm b$, a pour lieu géométrique deux plans parallèles à XZ; et en général, *toute équation à une seule variable représente un ou plusieurs plans parallèles aux deux axes dont les coordonnées n'entrent pas dans cette équation.*

Il résulte de là que $z = 0$ est l'équation caractéristique du plan XY indéfiniment prolongé, et que $y = 0$ et $x = 0$ représentent les deux autres plans coordonnés XZ et YZ.

8. Une équation à deux variables, $f(x, y) = 0$, appartient sur le plan XY à une suite de points qui généralement forment une courbe CC′C″; mais si, par les divers points de cette ligne, on mène des parallèles à l'axe OZ, on obtiendra *une surface cylindrique,* dans le sens général de ce mot. Or, un point quelconque N de cette surface, quel qu'en soit le z, aura toujours le même x et le même y que sa projection G (n° 3); par conséquent les coordonnées de tous les points de ce cylindre satisferont à la relation $f(x, y) = 0$, *qui ne contient pas la variable* z; tandis que tout point L pris hors de cette surface, ayant une projection G qui ne tombera pas sur la courbe CC′C″, ne pourra vérifier par ses coordonnées $x = $ OH, $y = $ GH, l'équation proposée. De là on doit conclure que l'équation $f(x, y) = 0$ *représente une surface cy-*

lindrique parallèle à *l'axe* OZ , et dont *la trace* sur le plan XY est donnée aussi par la même équation, quand on se borne à considérer deux dimensions de l'espace. Une conséquence analogue s'applique aux équations $f'(x, z) = 0$ ou $f''(y, z) = 0$, dont chacune, prise isolément, appartient à *un cylindre* parallèle à OY ou à OX, c'est-à-dire *parallèle à l'axe des coordonnées qui n'entrent pas dans l'équation.*

9. Observons, en passant, que si l'on voulait définir analytiquement la courbe CC′C″ seule , il faudrait employer les équations simultanées $f(x, y) = 0$ et $z = 0$; parce qu'alors il n'y aurait plus, sur tout le cylindre , que les points de sa base qui vérifieraient à la fois les deux relations citées.

10. Sans répéter des raisonnemens analogues, on peut conclure , comme un cas particulier du précédent , que quand l'équation à deux variables est du premier degré, c'est-à-dire de la forme $y = ax + b$, elle appartient non-seulement à *une droite* PQ (fig. 3) dont on sait déterminer la position sur le plan XY, mais encore *à tous les points du plan* PQRS *mené par cette droite parallèlement à l'axe* OZ ; en effet , ce plan n'est autre chose qu'un cylindre dont la base serait rectiligne. De même , une équation du premier degré telle que

$$mx + nz = p \quad \text{ou} \quad my + nz = q ,$$

représentera un plan parallèle à OY ou à OX.

11. Enfin , quand l'équation proposée renferme trois variables, comme $F(x, y, z) = 0$, il y en a nécessairement deux auxquelles on peut donner des valeurs arbitraires ; si donc nous posons seulement $z = c$, l'équation $F(x, y, c) = 0$ contiendra encore deux variables , et représentera (n° 8) une surface cylindrique parallèle à OZ ; mais comme on ne doit prendre ici que les points de cette surface qui satisfont à la condition $z = c$, il s'ensuit que , par cette première hypothèse, on obtiendra *une courbe*, savoir : la section faite dans ce cylindre par le plan $z = c$, parallèle à XY. Si l'on pose ensuite $z = c'$, on trouvera tous les points de la courbe tracée

par le plan $z = c'$ dans le nouveau cylindre $F(x, y, c') = 0$;
et en continuant ainsi, on obtiendra une infinité de courbes
diverses situées dans des plans parallèles à XY; et aussi rapprochées que l'on voudra les unes des autres; par conséquent
le lieu géométrique d'une équation à trois variables...
$F(x, y, z) = 0$, est *une surface* dont la nature dépendra de
la forme de la fonction F. D'ailleurs, on ne saurait prétendre
que ce lieu est un solide, puisqu'alors chaque plan sécant
devrait donner pour section *une aire*, tandis qu'il ne produit,
en coupant la *surface* cylindrique $F(x, y, c) = 0$, qu'*une
courbe* à une ou plusieurs branches, identique avec la base
de ce cylindre.

12. De cette discussion, il résulte que *toute équation isolée,
soit qu'elle renferme une, deux, ou trois variables, représente
une surface*, laquelle devient néanmoins totalement imaginaire quand aucun système de valeurs réelles ne satisfait à
l'équation proposée; ou bien, si l'on ne peut y satisfaire qu'en
partageant cette équation en deux ou trois autres, la surface
se réduit à un nombre limité de *lignes réelles*, ou de *points
réels*, parce qu'alors on tombe sur le système de plusieurs
équations simultanées. Il n'y a pas lieu de considérer ici des
équations qui renfermeraient plus de trois variables proprement dites, puisque chaque point de l'espace est suffisamment
déterminé par ses trois coordonnées : cependant, si l'on regardait les variables au-delà de trois, non plus comme
des coordonnées, mais comme des *paramètres* qui influeraient sur la forme et la position de chaque surface individuelle, on tomberait sur *des solides* et sur la théorie des
surfaces enveloppes, dont nous parlerons plus loin (n°s 277
et 337).

13. Maintenant, si l'on fait concourir *deux équations simultanées* $F(x, y, z) = 0$ et $F'(x, y, z) = 0$, c'est-à-dire
dans lesquelles les variables seront censées recevoir à la fois
les mêmes valeurs, ce qui n'en laisse plus qu'une seule d'arbitraire, z par exemple, ce système représentera *une ligne*
droite ou courbe, puisqu'il ne pourra convenir qu'aux points

situés en même temps sur les deux surfaces, c'est-à-dire à leur commune section. Réciproquement, le seul moyen que nous ayons pour définir une courbe dans l'espace, étant d'assigner deux surfaces connues dont elle soit l'intersection, nous ne pourrons représenter analytiquement cette ligne que par deux équations simultanées. C'est à cela que revient en effet *la méthode des projections*, que nous allons faire connaître, et dont l'avantage consiste en ce que, parmi le nombre indéfini de surfaces différentes qui peuvent passer par une courbe donnée, cette méthode emploie de préférence *deux cylindres dont chacun est parallèle à l'un des axes coordonnés*, et dont les équations se trouvent conséquemment plus simples, puisque, d'après le n° 8, elles ne renfermeront chacune que deux variables.

14. Commençons par les lignes droites, et pour mieux fixer les idées, supposons les axes rectangulaires ; et regardons OZ

Fig. 4. comme vertical. Alors, imaginons que de tous les points de la droite MM″ dans l'espace, on mène des perpendiculaires au plan XY (si les axes étaient obliques, il faudrait dire : *des parallèles à OZ*) ; elles rencontreront ce plan en des points C, C′, C″,... dont l'ensemble formera ce qu'on appelle la projection de MM″ sur ce plan ; et cette projection sera toujours *rectiligne*, puisque les perpendiculaires seront évidemment situées toutes dans un même plan parallèle à OZ, lequel se nomme *le plan projetant* de MM″. Si l'on projette de même cette droite sur les deux autres plans fixes par des perpendiculaires (ou en général par des lignes parallèles à l'axe qui est hors du plan que l'on considère), on obtiendra les trois projections AA″, BB″, CC″, dont deux suffisent pour déterminer la droite MM″. En effet, supposons que l'on nous donne AA″ et BB″ ; en concevant par la première un plan parallèle à l'axe OX, et par la seconde un plan parallèle à OY, ces deux plans, dont la situation n'a plus rien d'arbitraire, devront évidemment renfermer chacun la droite MM″, et ils en fixeront la position dans l'espace par leur intersection.

Fig. 4. 15. Cela posé, la projection BB″ sera déterminée sur le plan XZ dès que l'on donnera son équation, qui se trouvera, sur ce plan, de la forme

$$(1) \quad x = az + p,$$

dans laquelle on sait que p désigne l'ordonnée OG du point de rencontre avec OX, et que $a = \operatorname{tang} GIZ$. L'autre projection AA″ sera définie sur le plan YZ par une équation telle que

$$(2) \quad y = bz + q,$$

où $q = $ OH et $b = \operatorname{tang} HKZ$. Par conséquent, l'ensemble des équations (1) et (2) déterminera complètement la droite MM″ dans l'espace; et quoiqu'elles soient ici considérées comme appartenant aux projections seules de cette ligne, on doit, d'après ce qui a été dit n° 10, les regarder plus généralement comme *les équations des deux plans projetans* MBGR, MAHR, perpendiculaires l'un à XZ, l'autre à YZ, et qui par leur intersection, fixent la position de MM″ dans l'espace. Ceci confirme et éclaircit ce que nous avons annoncé n° 13.

16. Il est important d'observer que quand même les axes seraient obliques, les projections BB″ et AA″, pourvu qu'elles soient faites parallèlement aux axes, ainsi que nous l'avons prescrit (n° 14), auraient toujours des équations de la forme (1) et (2); seulement les constantes a et b changeraient de signification, et représenteraient alors des rapports de sinus, comme on l'a vu dans la Géométrie plane.

17. Remarquons d'ailleurs que dans les équations simultanées (1) et (2), les variables x, y, z, se rapportent àux points correspondans des projections BB″ et AA″, c'est-à-dire qu'en posant, par exemple, $z = $ OF, on doit trouver $x = $ FB et $y = $ FA. D'où l'on voit : 1°. que ces variables représentent aussi les coordonnées MC, MA, MB de chaque point M situé sur la droite dans l'espace; ainsi ces équations peuvent être dites celles de la ligne MM″ elle-même : 2°. que les valeurs $x = $ FB, $y = $ FA, sont encore égales aux coordonnées CE, CD, du point C de la projection CC″; et par conséquent

l'équation de cette troisième projection se déduira toujours des deux premières, en éliminant z entre (1) et (2), ce qui donnera

$$(3)\qquad \frac{x-p}{a}=\frac{y-q}{b}\quad\text{ou}\quad y=\frac{b}{a}x+\frac{aq-bp}{a},$$

pour l'équation de la ligne CC'', ou du *plan projetant* vertical MCR.

18. On voit aussi par là qu'il serait aisé de déduire graphiquement la troisième projection des deux autres ; car, si l'on prend sur AA'' et BB'' deux systèmes de points correspondans à un même z, tels que A et B, A' et B', il suffira de tracer *sur les plans fixes*, des parallèles aux divers axes, pour en conclure la position des points C, C', qui détermineront la droite CC'.

Cette construction devient plus simple quand on l'applique à deux des *traces* R et S de la droite MM'', traces qu'il est aisé de retrouver sur les projections AA'' et BB'', par les premiers principes de la Géométrie descriptive.

Fig. 5.   19. Lorsqu'il s'agit d'une courbe $MM'M''...$, on imagine aussi par tous les points de cette ligne des perpendiculaires au plan XY (ou, si les axes sont obliques, des parallèles à OZ) ; ces droites, dont l'ensemble formera *une surface cylindrique*, rencontreront le plan XY suivant une ligne $CC'C''...$, qui, en général, sera courbe, et que l'on nomme la *projection* de $MM'M''$ sur ce plan. Si l'on conçoit de même, par la ligne $MM'M''$, *deux cylindres projetans*, parallèles l'un à OY, l'autre à OX, on obtiendra les autres projections $BB'B''...$, $AA'A''...$; et la courbe dans l'espace sera évidemment déterminée, dès que l'on donnera deux de ses trois projections, puisque alors elle devra se trouver à l'intersection de deux cylindres connus.

20. Or, les deux projections $BB'B''$ et $AA'A''$, par exemple, seront définies par des équations de la forme

$$\left.\begin{array}{l} f(x,\ z)=0 \\ f'(y,\ z)=0 \end{array}\right\},\quad\text{ou bien}\quad \left\{\begin{array}{l} x=\varphi(z)\ \ ....\ (4), \\ y=\psi(z)\ \ ....\ (5), \end{array}\right.$$

lesquelles, dans leur signification complète, représentent (n°8) *les deux cylindres projetans* qui ont pour bases les courbes BB″ et AA″ : donc la ligne MM″ sera déterminée par le système des équations simultanées (4) et (5) ; et d'après les remarques du n° 17, l'équation de la troisième projection CC′C″ se déduira de celles-là, en y éliminant la variable z.

21. La construction graphique de cette troisième projection, qui en général ne sera pas rectiligne, exigerait que l'on répétât les constructions indiquées n° 18 pour une droite, sur divers points des courbes BB″ et AA″, assez nombreux et assez rapprochés pour pouvoir unir les résultats par un trait continu.

Ces principes une fois posés, nous allons résoudre divers problèmes relatifs aux lignes droites, et qui d'ailleurs seront des moyens de solution pour d'autres questions plus élevées.

CHAPITRE II.

Problèmes sur les Lignes droites.

22. Lorsque les équations d'une droite

$$(1) \quad x = az + p, \qquad (2) \quad y = bz + q,$$

sont données, c'est-à-dire que les constantes a, b, p, q sont connues, il est facile d'obtenir les *traces* de cette ligne. Si l'on veut, en effet, trouver la trace R sur le plan XY, on se rappellera (n° 7) que l'équation $z = 0$ caractérise tous les Fıg. 4. points de ce plan ; par conséquent, cette condition introduite dans les équations (1) et (2) fournira $x = p$ et $y = q$, pour les coordonnées de R. On obtiendrait les deux autres traces en posant successivement $y = 0$ et $x = 0$.

23. On peut, au contraire, se proposer de déterminer les constantes générales a, b, p, q, par certaines conditions auxquelles on assujettira la droite. Exigeons, par exemple, que *cette ligne passe par deux points connus* M′ et M″ (fig. 2), dont les coordonnées seront désignées par x', y', z' et x'', y'', z''. Alors il faudra que les équations générales (1) et (2) soient vérifiées par la substitution de ces deux systèmes de coordonnées à la place de x, y, z, ce qui fournira les conditions

$$(3) \quad x' = az' + p, \qquad (4) \quad y' = bz' + q,$$

$$(5) \quad x'' = az'' + p, \qquad (6) \quad y'' = bz'' + q,$$

d'où l'on pourrait tirer les valeurs des quatre constantes, pour les substituer ensuite dans (1) et (2) : mais on arrive d'une manière plus élégante à un résultat équivalent, en éliminant par des soustractions, comme dans la Géométrie plane, les inconnues a et p entre les équations (1), (3), (5), et les inconnues b et q entre (2), (4), (6). De cette manière on obtient pour les équations de la droite M′M″

$$x - x' = \frac{x' - x''}{z' - z''}(z - z'); \quad y - y' = \frac{y' - y''}{z' - z''}(z - z').$$

24. Si la droite cherchée devait passer seulement par le point (x', y', z'), on n'aurait à joindre aux équations générales (1) et (2), que les conditions (3) et (4), ce qui, en éliminant p et q, donnerait pour les *équations d'une droite assujettie à passer par un point,*

$$x - x' = a(z - z'), \quad y - y' = b(z - z'),$$

dans lesquelles les constantes a et b resteraient indéterminées, comme on devait s'y attendre. Mais si, de plus, on veut que la ligne cherchée soit *parallèle à une droite connue* représentée par

$$x = a'z + p', \quad y = b'z + q', \qquad (\text{D}')$$

il faudra évidemment que les plans projetans de ces deux droites, et par suite leurs projections, soient *respectivement* parallèles ; ce qui fournira les nouvelles conditions $a = a'$, $b = b'$; et la droite demandée sera enfin représentée par

$$x - x' = a'(z - z'), \quad y - y' = b'(z - z'). \quad \text{(D)}$$

Si l'origine O est le point donné par lequel on veut conduire une parallèle à la droite (D'), les équations (D) se réduiront évidemment à la forme très simple

$$x = a'z, \quad y = b'z.$$

25. *Trouver le point de rencontre de deux droites connues,* déterminées par les équations

(1) $x = az + p$, (2) $y = bz + q$ pour la première,

(3) $x = a'z + p'$, (4) $y = b'z + q'$ pour la seconde.

Observons d'abord que les variables x et y prennent en général des valeurs très différentes dans les systèmes (1) et (2), (3) et (4), pour une même hypothèse $z = z'$: cependant, si les deux droites se coupent, les coordonnées du point commun devront vérifier à la fois les deux systèmes, et par conséquent elles s'obtiendront en regardant x, y, z, non plus comme des variables, mais *comme des inconnues qui ont les mêmes valeurs dans ces quatre équations.* Il ne s'agit donc que de les résoudre sous ce point de vue ; toutefois, puisque leur nombre surpasse celui des inconnues, il devra y avoir *une équation de condition* sans laquelle le problème sera impossible, parce qu'en effet deux droites dans l'espace ne se rencontrent pas toujours. Cette équation s'obtient, comme on sait, en éliminant les trois inconnues : or, en soustrayant (1) de (3) et (2) de (4), on a

$$o = z(a' - a) + p' - p, \quad o = z(b' - b) + q' - q;$$

puis, en éliminant z entre ces dernières, ou bien en exprimant que les deux valeurs qu'elles fournissent pour z, s'accordent entre elles, on arrive à la condition

$$(5) \quad \frac{p' - p}{a' - a} = \frac{q' - q}{b' - b}.$$

Si donc cette équation n'est pas vérifiée identiquement par les constantes des équations proposées , les deux droites en question ne se couperont pas ; et lorsqu'elle sera satisfaite, les coordonnées du point de section s'obtiendront en substituant la valeur commune

$$z = \frac{p' - p}{a - a'} = \frac{q' - q}{b - b'},$$

dans (1) et (2), ou dans (3) et (4), indifféremment.

26. Quand on a $a = a'$ et $b = b'$, la condition (5) se trouve satisfaite , et cependant les droites ne se rencontrent pas, puisqu'elles sont parallèles ; mais on doit évidemment sous-entendre, avec la relation (5), que la valeur précédente de z n'est pas infinie ; ou bien il faut dire que la condition (5), prise isolément, exprime que *les deux droites sont dans un même plan,* et peuvent se couper, sans décider à quelle distance aura lieu leur rencontre.

N. B. Observons ici que toutes les questions dont il est parlé dans les n°s 22, 23, 24, 25, se traitent de la même manière et conduisent aux mêmes formules , *quand les axes sont obliques ;* seulement, la signification géométrique des coefficiens a, b, a', b' est altérée , comme nous l'avons dit n° 16.

F𝑖𝘨. 6.   27. *Trouver les angles que forme avec les axes rectangulaires* OX, OY, OZ, *une droite donnée*

$$x = az + p, \quad y = bz + q;$$

et comme cette ligne peut ne pas rencontrer les axes , il faut entendre par là les angles que forment ceux-ci avec une droite OD, menée par l'origine , parallèlement à la droite primitive.

Les équations de OD seront (n° 24) $x = az$, $y = bz$: si l'on prend sur cette droite une longueur arbitraire $OM' = r$, et que l'on désigne par x', y', z' les coordonnées de son extrémité M', on aura, pour déterminer leurs valeurs, les trois équations

$$x' = az', \quad y' = bz', \quad x'^2 + y'^2 + z'^2 = r^2,$$

dont les deux premières expriment que le point M' est sur la droite OD, et la dernière est la formule trouvée n° 6. On en déduit aisément

$$z' = \frac{r}{\sqrt{a^2+b^2+1}}, \quad y' = \frac{br}{\sqrt{a^2+b^2+1}}, \quad x' = \frac{ar}{\sqrt{a^2+b^2+1}}.$$

Cela posé, en achevant le parallélépipède déterminé par les trois coordonnées du point M', et en posant les angles cherchés M'OX $= \alpha$, M'OY $= \xi$, M'OZ $= \gamma$, on trouvera, par les triangles rectangles M'QO, M'SO, M'TO, les relations

$$(6) \quad \cos \alpha = \frac{OQ}{OM'} = \frac{x'}{r}, \quad \cos \xi = \frac{OS}{OM'} = \frac{y'}{r}, \quad \cos \gamma = \frac{OT}{OM'} = \frac{z'}{r};$$

et en y substituant les valeurs des coordonnées trouvées ci-dessus, il viendra

$$(7) \quad \cos \alpha = \frac{a}{\sqrt{a^2 + b^2 + 1}}, \quad \cos \xi = \frac{b}{\sqrt{a^2 + b^2 + 1}},$$

$$\cos \gamma = \frac{1}{\sqrt{a^2 + b^2 + 1}}.$$

28. Observons ici, 1°. que ces cosinus renferment un radical qui est susceptible de recevoir le double signe $\pm$; mais on devra toujours l'affecter du même signe dans les trois cosinus à la fois, et cela ne fournira que deux systèmes de valeurs qui répondront aux *deux angles supplémentaires* formés par la portion OD, et par son prolongement OE, *avec les demi-axes positifs;* car c'est de cette manière que l'on doit toujours mesurer les angles d'une droite avec les axes coordonnés.

2°. Que *ce radical pris positivement* se rapportera toujours aux trois angles que forme avec les axes *la portion* OD *qui se trouve au-dessus du plan* XY, ou qui fait un angle aigu avec OZ; puisque alors, dans les formules (7), $\cos \gamma$ ayant une valeur *positive*, il est certain que l'angle γ est aigu. Toutefois cela n'empêchera pas les deux autres angles α et β d'être obtus ou aigus, suivant les signes qu'auront les numérateurs a et b.

Fig. 6.   29. Le parallélépipède employé ci-dessus montre que *les coordonnées* $x' = OQ$, $y' = OS$, $z' = OT$, *d'un point quelconque* M', *sont les projections* sur les axes, *du rayon vecteur* OM'$=r$; et les équations (6) donnent les valeurs de ces coordonnées sous la forme

$$x' = r\cos\alpha, \quad y' = r\cos\beta, \quad z' = r\cos\gamma.$$

Fig. 2.   De même, si une droite finie M'M'' a pour coordonnées de ses extrémités x', y', z', et x'', y'', z'', et qu'on mène par ces deux points six plans parallèles aux plans coordonnés, on formera un parallélépipède rectangle dont les arêtes seront évidemment $x' - x''$, $y' - y''$, $z' - z''$; de sorte que *les angles* α, β, γ, *formés par la diagonale* M'M'' $=$ D, *avec ces arêtes ou avec les axes*, seront déterminés par les relations suivantes, qui sont fréquemment employées,

$$\cos\alpha = \frac{x' - x''}{D}, \quad \cos\beta = \frac{y' - y''}{D}, \quad \cos\gamma = \frac{z' - z''}{D},$$

dans lesquelles d'ailleurs on sait (n° 6) que

$$D = \sqrt{(x' - x'')^2 + (y' - y'')^2 + (z' - z'')^2}.$$

30. Lorsque l'on connaît *à priori* les angles α, β, γ, que forme une droite quelconque avec les axes, il est facile d'en conclure les coefficiens a et b, qui entreraient dans les équations de ses projections; car, des formules (7) du n° 27, on déduit par la division, $\dfrac{\cos\alpha}{\cos\gamma} = a$, $\dfrac{\cos\beta}{\cos\gamma} = b$; de sorte que quand une droite devra passer par un point donné (x'', y'', z''), et faire avec les axes des angles α, β, γ, ses équations

pourront s'écrire sous la forme très symétrique

$$\frac{x - x''}{\cos \alpha} = \frac{y - y''}{\cos \mathfrak{6}} = \frac{z - z''}{\cos \gamma}.$$

31. En ajoutant les formules (7) du n° 27, après les avoir élevées au carré, on obtient cette relation fort remarquable :

$$(8) \qquad \cos^2 \alpha + \cos^2 \mathfrak{6} + \cos^2 \gamma = 1,$$

qui prouve que les trois angles formés par une même droite avec les axes ne peuvent jamais être pris tous arbitrairement. Quand on s'est donné α et $\mathfrak{6}$, par exemple, le troisième est déterminé par $\cos \gamma = \pm \sqrt{1 - \cos^2 \alpha - \cos^2 \mathfrak{6}}$, et n'est plus susceptible que de *deux valeurs supplémentaires* l'une de l'autre ; encore faut-il que les deux premiers angles satisfassent à la condition $\cos^2 \alpha + \cos^2 \mathfrak{6} < 1$ ou $= 1$. On peut se rendre raison de ces diverses circonstances, au moyen de deux cônes droits qui auraient pour axes OX et OY, et dont les génératrices formeraient avec ces axes des angles égaux à α et $\mathfrak{6}$; car la droite en question devrait être à la fois sur ces deux surfaces coniques, lesquelles ne peuvent se couper que suivant deux génératrices placées symétriquement, l'une au-dessus et l'autre au-dessous du plan XY.

32. *Trouver l'angle que forment entre elles deux droites* représentées par

$$x = az + p \quad \text{et} \quad y = bz + q,$$
$$x = a'z + p' \quad \text{et} \quad y = b'z + q';$$

mais comme ces lignes peuvent ne pas se rencontrer, il faut entendre par là, *l'angle compris entre deux droites menées par un même point, et parallèlement aux lignes primitives.* Soient donc OD et OD' ces deux parallèles ; leurs équations Fɪɢ. 6. seront (n° 24)

$$(D) \qquad x = az, \quad y = bz,$$
$$(D') \qquad x = a'z, \quad y = b'z;$$

alors, si l'on prend sur ces droites deux points M′, M″, à une distance quelconque de l'origine, par exemple, telle que $OM′ = 1$, $OM″ = 1$, et que l'on joigne ces deux points, le triangle obliquangle $OM′M″$ donnera, par un théorème connu,

$$\overline{M′M″}^2 = \overline{OM′}^2 + \overline{OM″}^2 - 2\,OM′ . OM″ . \cos(M′OM″).$$

Mais si l'on désigne par $x′$, $y′$, $z′$ et $x″$, $y″$, $z″$ les coordonnées des deux points M′ et M″, cette équation deviendra

$$(x′ - x″)^2 + (y′ - y″)^2 + (z′ - z″)^2 = 1 + 1 - 2\cos(D, D′),$$

et en développant les carrés, elle se réduira à

$$(9) \qquad \cos(D, D′) = x′x″ + y′y″ + z′z″,$$

puisqu'on a évidemment (n° 6) les relations

$$x′^2 + y′^2 + z′^2 = 1, \quad x″^2 + y″^2 + z″^2 = 1;$$

si d'ailleurs on y joint les suivantes

$$x′ = az′, \qquad\qquad x″ = a′z″,$$
$$y′ = bz′, \qquad\qquad y″ = b′z″,$$

qui expriment que les points M′, M″, sont sur les droites (D), (D′), on pourra calculer aisément les coordonnées de ces points, et l'on trouvera

$$z′ = \frac{1}{\sqrt{a^2 + b^2 + 1}}, \quad y′ = \frac{b}{\sqrt{a^2 + b^2 + 1}}, \quad x′ = \frac{a}{\sqrt{a^2 + b^2 + 1}},$$
$$z″ = \frac{1}{\sqrt{a′^2 + b′^2 + 1}}, \quad y″ = \frac{b′}{\sqrt{a′^2 + b′^2 + 1}}, \quad x″ = \frac{a′}{\sqrt{a′^2 + b′^2 + 1}};$$

de sorte qu'en substituant dans l'équation (9), on aura pour déterminer l'angle des deux droites, la formule suivante

$$(10) \qquad \cos(D, D′) = \frac{aa′ + bb′ + 1}{\sqrt{a^2 + b^2 + 1}\,\sqrt{a′^2 + b′^2 + 1}}.$$

Si l'on voulait calculer le sinus de cet angle, on emploierait la relation générale $\sin = \sqrt{1 - \cos^2}$, qui conduirait ici à l'expression

$$\sin (D, D') = \frac{\sqrt{(a - a')^2 + (b - b')^2 + (ab' - a'b)^2}}{\sqrt{a^2 + b^2 + 1}\, \sqrt{a'^2 + b'^2 + 1}},$$

et par suite on en déduirait la tangente.

33. La formule que nous venons d'obtenir pour cos (D, D'), renferme deux radicaux susceptibles chacun du signe $\pm$, ce qui fournit, si l'on veut, quatre valeurs égales deux à deux, et qui répondent aux quatre angles formés par les droites indéfinies DOE, D'OE' : mais il importe de remarquer que Fɪɢ. 6. toutes les fois qu'on affectera les deux radicaux du *même signe,* c'est-à-dire quand on prendra le dénominateur total *positivement,* la valeur du cosinus conviendra nécessairement à l'angle DOD' *formé par les deux portions qui font chacune un angle aigu avec* OZ, ou à son opposé par le sommet EOE'. En effet, pour ces deux angles, les points M' et M'' qui servent à construire le triangle sur lequel repose le calcul, doivent avoir leurs ordonnées z' et z'', *toutes deux positives* ou *toutes deux négatives :* donc, en remontant aux valeurs trouvées ci-dessus pour z' et z'', il est certain que les deux radicaux doivent être affectés du même signe. Observons néanmoins que cet angle DOD' pourra encore être aigu ou obtus, suivant le signe du numérateur $aa' + bb' + 1$.

Quant à la valeur de sin (D, D'), il faut toujours la prendre positivement, parce que, sous cette forme, elle convient aux quatre angles supplémentaires deux à deux ; et que d'ailleurs il est impossible de distinguer des angles négatifs dans les trois dimensions de l'espace.

34. On peut aussi exprimer l'angle que font entre elles les deux droites OD et OD', en fonction des angles que forme chacune d'elles avec les axes coordonnés. Soient en effet DOX $= \alpha$, DOY $= \beta$, DOZ $= \gamma$, et α', β', γ', les angles analogues pour la droite OD' ; nous parviendrons, comme au n° 32, à la relation

$$\cos (D, D') = x'x'' + y'y'' + z'z'';$$

mais, d'après la remarque faite au n° 29, et attendu qu'ici on a $OM' = 1 = OM''$, les valeurs des coordonnées seront

$$x' = OM' \cdot \cos\alpha = \cos\alpha, \quad y' = \cos \mathfrak{C}, \quad z' = \cos\gamma,$$
$$x'' = OM'' \cdot \cos\alpha' = \cos\alpha', \quad y'' = \cos\mathfrak{C}', \quad z'' = \cos\gamma',$$

lesquelles substituées dans l'équation précédente, fourniront pour l'expression demandée,

$$(11) \quad \cos(D, D') = \cos\alpha\cos\alpha' + \cos\mathfrak{C}\cos\mathfrak{C}' + \cos\gamma\cos\gamma' ;$$

ou bien, en employant la notation suivante, qui rappelle aux yeux la situation de chaque angle,

$$(12) \quad \cos(D, D') = \cos(D, x)\cos(D', x) + \cos(D, y)\cos(D', y)$$
$$+ \cos(D, z)\cos(D', z).$$

35. Il est aisé de déduire de ce qui précède, *la condition pour que les droites soient perpendiculaires* l'une à l'autre ; il faut alors et il suffit que $\cos(D, D') = 0$; ce qui, d'après les formules (10) et (11), entraîne l'une ou l'autre des relations suivantes :

$$(13) \quad aa' + bb' + 1 = 0,$$
$$(14) \quad \cos\alpha\cos\alpha' + \cos\mathfrak{C}\cos\mathfrak{C}' + \cos\gamma\cos\gamma' = 0,$$

lesquelles conviennent aux droites primitivement données n° 32, aussi bien qu'aux droites OD et OD' qui se coupent. Quant à ces dernières, on doit remarquer que la condition (13) laisse encore la seconde droite en partie indéterminée, lors même que la première est complètement fixée par les valeurs de a et de b, puisqu'on n'a ici qu'une équation entre les deux coefficiens a', b' : et il en devait être ainsi, parce que, dans l'espace, il existe une infinité de droites menées par le même point O perpendiculairement sur la droite OD.

Si l'on voulait exprimer aussi par la formule (10) que les droites sont parallèles, il faudrait poser $\cos(D, D') = 1$, ce qui conduirait à l'équation

$$(a - a')^2 + (b - b')^2 + (ab' - a'b)^2 = 0,$$

laquelle ne peut être satisfaite qu'en posant $a = a'$ et $b = b'$; ainsi l'on serait ramené aux conditions trouvées n° 24.

CHAPITRE III.

Des Plans, et de leur combinaison entre eux ou avec les droites.

36. Pour parvenir à l'équation du plan, nous regarderons cette surface comme *le lieu des diverses positions que prend une droite mobile, assujettie à glisser sur une droite fixe, en restant parallèle à une direction donnée;* et cette méthode aura l'avantage de nous tracer d'avance la marche à suivre pour exprimer analytiquement la génération des surfaces courbes.

Soient donc

$$(1) \quad x = az + p, \qquad (2) \quad y = bz + q,$$

les équations de la droite fixe que l'on nomme *la directrice;* représentons la ligne à laquelle la *génératrice mobile* doit rester constamment parallèle, par $x = a'z$, $y = b'z$; alors les équations de cette génératrice auront la forme

$$(3) \quad x = a'z + p', \qquad (4) \quad y = b'z + q';$$

et ici a', b' seront des constantes données et invariables, tandis que p' et q' varieront avec chaque position de la génératrice, mais non pas d'une manière tout-à-fait arbitraire; car il faut encore exprimer que *la droite mobile a,* dans toutes ses positions, *un point de commun avec la directrice fixe,* c'est-à-dire que les équations (1), (2), (3), (4) doivent être vérifiées par un même système de valeurs de x, y, z. Or, puisque le nombre de ces équations surpasse d'une unité celui des inconnues, cela ne pourra arriver qu'autant qu'il existera entre les coefficiens une certaine relation qui s'obtient en éliminant les trois inconnues x, y, z, comme nous l'avons vu n° 25, et qui est

$$(5) \quad \frac{p'-p}{a'-a} = \frac{q'-q}{b'-b}.$$

C'est donc là une condition qu'il faut essentiellement joindre aux équations (3) et (4) pour que celles-ci représentent complètement la génératrice. Cela posé, en attribuant successivement à p' diverses valeurs arbitraires, $p' = 1$, 2, 7...., et tirant de la relation (5) les valeurs correspondantes de q', pour substituer les unes et les autres dans (3) et (4), on obtiendrait *successivement* les équations déterminées de telle ou telle position particulière de la génératrice; mais si, au lieu de fixer ainsi les valeurs de p' et q', on élimine ces deux constantes entre les équations (3), (4), (5), *l'équation finale en (x, y, z) conviendra alors à toutes les positions de la génératrice,* puisqu'elle ne renfermera plus de traces des quantités p' et q' dont les valeurs particulières pouvaient seules distinguer une génératrice d'une autre : par conséquent, le résultat de cette élimination sera l'équation de *la surface plane,* lieu de toutes ces génératrices. Or, en substituant dans (5) les valeurs de p' et q' tirées de (3) et (4), on trouve

$$\frac{x - a'z - p}{a' - a} = \frac{y - b'z - q}{b' - b},$$

ou bien

$$(6) \quad x(b - b') + y(a' - a) + z(ab' - ba') + p(b' - b) + q(a - a') = 0,$$

résultat qui prouve que *l'équation d'un plan est toujours du premier degré*, et renferme *généralement* les trois variables, c'est-à-dire qu'elle est de la forme

$$A x + B y + C z + D = 0.$$

37. Réciproquement, *toute équation du premier degré,* telle que

$$(7) \quad A x + B y + C z + D = 0,$$

appartient à une surface plane. Pour le démontrer, cherchons d'abord *la trace* de la surface (7) quelle qu'elle soit , sur un des plans coordonnés , XZ par 'exemple ; et comme $y = o$ exprime (n° 7) la propriété caractéristique de ce plan, en combinant cette relation avec l'équation (7) , nous voyons que cette trace est *une droite* PR représentée par

$$(8) \quad y = o \quad \text{et} \quad Ax + Cz + D = o. \quad (9)$$

Cela posé , imitons la marche suivie au n° 11 , et coupons la surface inconnue (7) par divers plans parallèles à XY , tels que $z = \alpha$, $z = \alpha'$,.... : les sections seront représentées par les équations simultanées

$$(10) \quad z = \alpha \quad \text{et} \quad Ax + By + (C\alpha + D) = o, \quad (11)$$
$$z = \alpha' \quad \text{et} \quad Ax + By + (C\alpha' + D) = o,$$

$$. \ . \ . \ . \ . \ . \ . \ . \ . \ . \ . \ . \ . \ . \ . \ . \ . \ . \ .$$

résultats dont la forme prouve (n°ˢ 15 , 17) que ces diverses sections sont *des droites,* toutes *parallèles entre elles* (n° 24), et j'ajoute que *chacune a un point de commun avec la trace* PR ; car, si d'après la règle donnée au n° 25 , on combine ensemble les équations (8), (9), (10) et (11) pour en éliminer d'abord y et z, on parvient aux deux équations

$$Ax + C\alpha + D = o, \quad Ax + (C\alpha + D) = o,$$

lesquelles s'accordent bien à donner pour x la même valeur. Or, comme il en serait évidemment de même en remplaçant α par α', α'', ... j'en conclus que la surface (7) est *le lieu d'une infinité de droites parallèles , qui s'appuient toutes sur une autre droite fixe* PR ; d'où il suit que cette surface est *un plan* (n° 36).

Remarquons ici que ce mode de démonstration resterait applicable à l'équation (7), quand bien même un ou deux des coefficiens A, B, C, seraient nuls, pourvu qu'alors on choisît convenablement la trace qui sert de directrice fixe, et la direction des plans sécans ; mais d'ailleurs , nous savons déjà

(n°s 10 et 7) qu'une équation du premier degré, de la forme particulière

$$By + Cz + D = 0 \quad \text{ou} \quad Cz + D = 0,$$

représente *un plan* qui se trouve parallèle à *un* ou à *deux* des axes coordonnés : ainsi la réciproque annoncée est vraie dans tous les cas.

38. Il est très important d'observer aussi que les calculs et les raisonnemens employés n°s 36 et 37, restent les mêmes, et sans aucune modification, *dans le cas des axes obliques;* par conséquent l'équation du plan rapporté à de tels axes est toujours du premier degré, et la réciproque a également lieu. Il suit de là que toutes les formules et les conséquences auxquelles nous parviendrons dans les numéros 39, 40, 41, 42, 43, 44, 45, 54 et 60, seront également vraies pour des axes coordonnés obliques.

39. Lorsque l'équation d'un plan (7) $Ax + By + Cz + D = 0$ est donnée, on obtient *ses traces* en combinant son équation tour à tour avec une des suivantes, $x = 0$, $y = 0$, $z = 0$, qui caractérisent (n° 7) chacun des trois plans coordonnés; ainsi la trace PQ sur le plan XY sera donnée par les deux équations simultanées

$$z = 0, \quad Ax + By + D = 0;$$

la trace PR sur le plan XZ, par

$$y = 0, \quad Ax + Cz + D = 0;$$

et enfin celle qui se trouve sur YZ, savoir QR, par

$$x = 0, \quad By + Cz + D = 0.$$

F$_{IG}$. 7. 40. Pour avoir le point où le plan coupe l'axe OX, on posera à la fois les conditions $y = 0$ et $z = 0$, qui caractérisent évidemment cet axe; et en substituant dans (7), on obtiendra, pour les coordonnées de ce point P,

$$y = 0, \quad z = 0, \quad x = -\frac{D}{A} = OP;$$

on trouverait de même pour les points Q et R,

$$x = 0, \quad z = 0, \quad y = - \frac{D}{B} = OQ,$$

$$x = 0, \quad y = 0, \quad z = - \frac{D}{C} = OR.$$

Si l'on pose ces trois distances $OP = p$, $OQ = q$, $OR = r$, et qu'on les introduise dans l'équation (7) à la place de A, B, C, l'équation du plan prendra cette forme très symétrique :

$$\frac{x}{p} + \frac{y}{q} + \frac{z}{r} = 1.$$

41. Observons encore ici 1°. que si le plan proposé devait être parallèle à un des axes, OX par exemple, il faudrait que la valeur trouvée ci-dessus pour la distance OP devînt infinie, ce qui entraînerait la condition $A = 0$; par conséquent l'équation (7) se réduirait, pour un tel plan, à

$$By + Cz + D = 0.$$

2°. Que si le plan était parallèle à la fois aux deux axes OX et OY, ou bien parallèle au plan XY, les valeurs précédentes de OP et OQ devraient être toutes deux infinies, d'où $A = 0$ et $B = 0$: donc l'équation (7) se réduirait, pour un tel plan, à

$$Cz + D = 0 \quad \text{ou} \quad z = h.$$

Ces deux résultats avaient déjà été obtenus dans les n°s 7 et 10 ; mais comme il importe beaucoup de familiariser le lecteur avec ces formes particulières de l'équation d'un plan , nous avons voulu les retrouver ici, afin qu'on se rappelât bien que *quand un plan est parallèle a* UN *ou* DEUX *des axes coordonnés, son équation ne renferme plus* LA VARIABLE *ou* LES VARIA-BLES *qui se rapportent à ces axes.*

42. Lorsqu'au lieu de donner immédiatement l'équation d'un plan, on assigne certaines conditions auxquelles cette

surface doit satisfaire, il faut alors calculer les coefficiens qui entrent dans l'équation générale, par quelqu'un des moyens que nous allons exposer en parcourant les diverses conditions que peut remplir un plan.

D'abord, si l'on veut que *le plan passe par trois points* dont les coordonnées sont connues, et désignées par x', y', z', x'', y'', z'', x'''.... l'équation générale

$$(1) \qquad Ax + By + Cz + D = 0$$

devra être vérifiée en substituant aux variables les coordonnées de chaque point, ce qui donnera les relations

$$(2) \qquad Ax' + By' + Cz' + D = 0,$$
$$(3) \qquad Ax'' + By'' + Cz'' + D = 0,$$
$$(4) \qquad Ax''' + By''' + Cz''' + D = 0,$$

dans lesquelles il n'y a réellement que trois inconnues, qui sont les rapports $\dfrac{A}{D}$, $\dfrac{B}{D}$, $\dfrac{C}{D}$; on pourra donc les calculer aisément, et les substituer dans (1), qui ne renferme que ces mêmes rapports. Voici le résultat, en prenant l'arbitraire D pour le dénominateur commun,

$$D = x'y''z''' - x'z''y''' + z'x''y''' - y'x''z''' + y'z''x''' - z'y''x''',$$
$$A = -y''z''' + z''y''' - z'y''' + y'z''' - y'z'' + z'y'',$$
$$B = -x'z''' + x'z'' - z'x'' + x''z''' - z''x''' + z'x''',$$
$$C = -x'y'' + x'y''' - x''y''' + y'x'' - y'x''' + y''x''',$$

43. Remarquons que si l'on assignait seulement un point par lequel dût passer le plan, on n'aurait alors que la condition (2) qui pourrait du moins servir à éliminer de (1) la constante D, et l'équation du plan prendrait la forme suivante, très fréquemment employée,

$$A(x - x') + B(y - y') + C(z - z') = 0,$$

dans laquelle il ne resterait véritablement que *deux* inconnues.

44. *Conditions pour qu'une droite soit située dans un plan.*
Représentons les équations de ces lieux géométriques par

$$(1) \qquad Ax + By + Cz + D = 0,$$

$$(2) \qquad x = az + p \quad \text{et} \quad y = bz + q. \qquad (3)$$

Si la droite est tout entière dans le plan, il faut que, *pour un
quelconque de ses points,* et par conséquent en laissant z indéterminé, les valeurs de x et y tirées de (2) et (3) satisfassent
à l'équation du plan ; or, en substituant dans (1), il vient

$$(Aa + Bb + C)\, z + Ap + Bq + D = 0 ;$$

et puisque cette équation doit se vérifier pour toute valeur
de z, il faut que l'on ait à la fois

$$(4) \quad Aa + Bb + C = 0, \qquad (5) \quad Ap + Bq + D = 0 :$$

telles sont les conditions demandées. Par suite, il serait facile
d'obtenir *l'équation d'un plan assujetti à passer par la droite*
(2) et (3), *et par un point donné* (x', y', z'); car on aurait à
joindre aux conditions (4) et (5) la relation

$$Ax' + By' + Cz' + D = 0,$$

ce qui suffirait pour calculer les valeurs de trois des coefficiens
A , B , C , D , en fonction du quatrième, qui disparaîtrait ensuite, comme se trouvant facteur commun.

45. *Relation entre un plan et une droite qui sont parallèles
entre eux.* Conservons les notations précédentes, et exprimons
que *le point de rencontre* du plan avec la droite *est à une
distance infinie.* Pour ce point commun, les variables doivent
avoir les mêmes valeurs dans les équations (1), (2), (3) ;
substituons donc comme ci-dessus, et il viendra

$$z = - \frac{Ap + Bq + D}{Aa + Bb + C};$$

par conséquent la relation demandée est

$$(6) \qquad Aa + Bb + C = 0,$$

qui coïncide avec la première des conditions trouvées au numéro précédent. D'après cela, on pourra *mener par une droite donnée un plan parallèle à une autre droite;* car on devra joindre aux relations (4) et (5) la condition (6) dans laquelle on remplacera a et b par les constantes a' et b' de la seconde droite.

46. *Relations entre un plan et une droite qui sont perpendiculaires entre eux.* Sous le point de vue géométrique, ces relations consistent en ce que les traces PQ, PR, QR, du plan donné, sont respectivement perpendiculaires aux projections correspondantes CC$'$, BB$'$, AA$'$, de la droite en question, pourvu toutefois qu'il s'agisse de *projections orthogonales;* car le théorème n'est pas vrai quand les axes sont obliques. En effet, le plan qui projette la droite suivant CC$'$ est, par sa définition, perpendiculaire à XY; il l'est aussi au plan PQR, puisqu'il passe par la droite dans l'espace : donc ce plan projetant est perpendiculaire sur l'intersection PQ des deux autres; d'où il suit que *cette trace* PQ *coupe à angle droit la ligne* CC$'$ qui est dans le plan projetant. On en dirait autant des traces et des projections sur les autres plans coordonnés; mais j'ajoute que la réciproque a lieu : *si deux des projections,* BB$'$ *et* AA$'$, *par exemple, sont perpendiculaires aux traces* PR *et* QR, *la droite dans l'espace est perpendiculaire au plan.* Remarquons en effet que les plans projetans qui passent par BB$'$ et AA$'$, sont nécessairement perpendiculaires l'un à PR, l'autre à QR, et par suite ils le sont au plan PQR qui contient ces lignes; donc l'intersection de ces deux plans projetans, qui n'est autre chose que la droite dans l'espace, se trouvera aussi perpendiculaire au plan PQR.

Toutefois, pour que cette réciproque soit certaine, quand on se borne à exiger la perpendicularité entre *deux seules* projections et les traces correspondantes, il faut que les deux plans projetans que l'on emploie soient distincts l'un de l'autre, sans quoi les deux projections dont on se sert laisseraient la droite indéterminée. Ainsi, par exemple, quand les deux traces PR et QR seront parallèles à OZ, les projections

BB′ et AA′ pourront être perpendiculaires sur OZ, sans que la droite dans l'espace se trouve perpendiculaire au plan donné, parce qu'alors les deux plans projetans sont évidemment confondus et ne suffisent plus pour définir la droite ; mais, dans ce cas, il n'y aura qu'à vérifier si la troisième projection CC′ est aussi perpendiculaire sur la trace PQ.

47. Exprimons maintenant ces conditions par l'analyse, en conservant les notations déjà employées au n° 44. La trace du plan donné sur XZ est représentée par

$$y = 0 \text{ et } Ax + Cz + D = 0, \text{ ou } x = -\frac{C}{A}z - \frac{D}{A} ;$$

elle doit être perpendiculaire à la projection correspondante, $x = az + p$: donc on doit avoir la relation

$$(7) \qquad a = \frac{A}{C}.$$

La trace sur YZ est donnée par

$$x = 0 \quad \text{et} \quad By + Cz + D = 0, \quad \text{ou} \quad y = -\frac{C}{B}z - \frac{D}{B} ;$$

et pour qu'elle soit perpendiculaire à la projection $y = bz + q$, il faut que l'on ait

$$(8) \qquad b = \frac{B}{C}.$$

Ainsi les conditions (7) et (8) sont *nécessaires* et *suffisantes* pour exprimer que le plan est perpendiculaire à la droite.

48. Toutefois, la dernière conséquence souffre une exception dans le cas particulier cité au n° 46, pour lequel on a $C = 0$; car les formules (7) et (8) donneraient alors $a = \infty$ et $b = \infty$, ce qui réduirait les équations (2) et (3) de la droite à une seule $z = h$, laquelle est insuffisante pour définir cette ligne. Dans ce cas, il faudra employer la troisième projection, qui sera de la forme

$$y = mx + k, \quad \text{et poser} \quad m = \frac{B}{A},$$

afin d'exprimer que cette projection est aussi perpendiculaire
à la trace du plan proposé sur XY. Ainsi les conditions *com-*
plètes de la perpendicularité entre la droite et le plan, seraient

$$(7) \quad a = \frac{A}{C}, \quad (8) \quad b = \frac{B}{C}, \quad (9) \quad m = \frac{B}{A} :$$

mais à moins qu'on n'ait à opérer directement sur un exemple
numérique pour lequel $C = o$, il suffira, dans les calculs
généraux, d'employer les relations (7) et (8), parce qu'elles
comprendront implicitement la relation (9), attendu que
d'après le n° 17, on a $m = \dfrac{b}{a}$.

49. *Trouver la distance d'un point donné* (x', y', z') *à un*
plan représenté par

$$(1) \qquad Ax + By + Cz + D = o.$$

Si du point donné nous menons une droite indéfinie perpendiculaire au plan, elle aura (n° 47) pour équations

$$(2) \quad x - x' = \frac{A}{C}(z - z'), \quad (3) \quad y - y' = \frac{B}{C}(z - z');$$

et les coordonnées du pied de la droite sur le plan, s'obtiendront en regardant les variables x, y, z, comme ayant les
mêmes valeurs dans les équations (1), (2), (3). Mais, quand
on en aura tiré les valeurs de ces coordonnées, il faudra les
substituer dans la formule qui donne la distance de deux
points,

$$\delta = \sqrt{(x - x')^2 + (y - y')^2 + (z - z')^2} :$$

par conséquent, il est plus avantageux de préparer les équations ci-dessus de manière qu'elles renferment les binomes
$x - x'$, $y - y'$, $z - z'$. C'est pourquoi nous écrirons l'é-
quation (1) sous la forme

$$(4) \qquad A(x - x') + B(y - y') + C(z - z') + D' = o,$$

en posant , pour abréger , $D' = Ax' + By' + Cz' + D$; et alors, en substituant dans (4) les valeurs de $x - x'$, $y - y'$, déduites de (2) et (3), on trouvera

$$z - z' = \frac{-D'C}{A^2 + B^2 + C^2}, \quad y - y' = \frac{-D'B}{A^2 + B^2 + C^2}, \quad x - x' = \frac{-D'A}{A^2 + B^2 + C^2};$$

et par suite, la distance demandée sera

$$\delta = \frac{Ax' + By' + Cz' + D}{\pm \sqrt{A^2 + B^2 + C^2}}.$$

Le radical qui entre dans cette expression , comporte deux signes, dont il ne faudra jamais garder que celui qui rendra la fraction totale *positive;* attendu que toutes les fois qu'il s'agit de distances qui ne sont pas comptées parallèlement à une ligne fixe, il ne peut être question que de leurs valeurs absolues.

50. Lorsque le point donné est à l'origine des axes, il faut poser dans le résultat précédent $x' = 0$, $y' = 0$, $z' = 0$; et l'on trouve ainsi , pour *la distance d'un plan à l'origine des coordonnées,*

$$\delta' = \frac{D}{\pm \sqrt{A^2 + B^2 + C^2}},$$

formule où il faudra encore affecter le radical du même signe que D.

51. *Calculer la plus courte distance d'un point* (x', y', z') *à une droite* représentée par

$$(1) \qquad x = az + p, \qquad (2) \qquad y = bz + q.$$

Pour y parvenir, on pourrait mener par le point donné un plan perpendiculaire à la droite, et dont l'équation serait, d'après les relations trouvées n°s 43 et 47,

$$(3) \qquad a(x - x') + b(y - y') + z - z' = 0;$$

puis, en combinant les équations (1), (2), (3), on en tirerait les valeurs des coordonnées x, y, z, du point où le plan coupe la droite. Or, la ligne qui joindra ce dernier point avec celui qui a pour coordonnées x', y', z', mesure évidemment la distance demandée; donc, en substituant dans la formule générale $\delta'' = \sqrt{(x - x')^2 + (y - y')^2 + (z - z')^2}$, on obtiendra cette distance, qui, après diverses réductions, pourra s'écrire ainsi :

$$\delta'' = \sqrt{(x' - p)^2 + (y' - q)^2 + z'^2 - \frac{H^2}{a^2 + b^2 + 1}}.$$

où l'on a posé, pour abréger, $H = a(x'-p)+b(y'-q)+z'$.

52. Mais on arrive à ce résultat d'une manière plus simple et plus élégante, en imaginant le triangle M'MT formé par la droite donnée MT, la perpendiculaire M'M abaissée du point en question M', et la ligne qui joint M' avec la trace T de la droite sur le plan XY, trace qui a pour coordonnées $z = 0$, $x = p$, $y = q$. En effet, ce triangle rectangle donne

$$MM' = \sqrt{\overline{TM'}^2 - \overline{TM}^2} :$$

or on a évidemment

$$\overline{TM'}^2 = (x' - p)^2 + (y' - q)^2 + z'^2$$

et $\qquad$ $TM = TM' \cos (MTM')$

$$= TM'(\cos\alpha\cos\alpha' + \cos\beta\cos\beta' + \cos\gamma\cos\gamma'),$$

en appelant α, β, γ, les angles de TM avec les axes, et α', β', γ' ceux de TM' (n° 34). D'ailleurs on sait (n° 29) que

$$\cos\alpha' = \frac{x' - p}{TM'}, \quad \cos\beta' = \frac{y' - q}{TM'}, \quad \cos\gamma' = \frac{z'}{TM'};$$

donc il vient

$$TM = (x' - p)\cos\alpha + (y' - q)\cos\beta + z'\cos\gamma,$$

et en substituant dans la valeur de MM', on obtiendra la distance demandée sous la forme

$$MM' = \sqrt{(x'-p)^2 + (y'-q)^2 + z'^2 - [(x'-p)\cos\alpha + (y'-q)\cos\epsilon + z'\cos\gamma]^2},$$

laquelle coïncidera avec l'expression trouvée pour δ'', si l'on veut bien y mettre les valeurs connues

$$\cos\alpha = \frac{a}{\sqrt{a^2 + b^2 + 1}}, \quad \cos\epsilon = \frac{b}{\sqrt{a^2 + b^2 + 1}},$$

$$\cos\gamma = \frac{1}{\sqrt{a^2 + b^2 + 1}}.$$

53. *Trouver l'angle d'une droite et d'un plan*, représentés par les équations

$$\text{(D)} \qquad x = az + p, \quad y = bz + q,$$

$$\text{(P)} \qquad Ax + By + Cz + D = 0.$$

Cette inclinaison serait une quantité indéterminée, si l'on ne convenait pas d'entendre par là *l'angle compris entre la droite* (D) *et sa projection* orthogonale *sur le plan* P ; et ce choix est fondé sur ce que cet angle est le plus petit de tous ceux que forme la droite (D) avec les diverses lignes tracées par son pied dans le plan, ainsi qu'on le démontre aisément par la Géométrie. Il résulte de cette définition que, si d'un point de la droite (D) on abaisse sur le plan une *normale* (N), l'angle de ces deux dernières droites sera *le complément* de celui qu'on cherche. Or, quel que soit le point d'où l'on mène la normale, ses équations auront la forme

$$\text{(N)} \qquad x = a'z + p', \quad y = b'z + q,$$

avec les relations $a' = \dfrac{A}{C}$, $b' = \dfrac{B}{C}$: et comme , d'après le n° 32, on a, pour déterminer l'angle des deux droites (D) et (N),

$$\cos(D, N) = \frac{aa' + bb' + 1}{\sqrt{a^2 + b^2 + 1}\,\sqrt{a'^2 + b'^2 + 1}},$$

on en conclura, par la substitution des valeurs précédentes

de a' et b', le sinus de l'angle du plan avec la droite, savoir :

$$\sin (D, P) = \frac{Aa + Bb + C}{\sqrt{A^2 + B^2 + C^2}\,\sqrt{a^2 + b^2 + 1}}.$$

54. Maintenant comparons les plans entre eux, et cherchons d'abord *les conditions qui expriment que deux plans sont parallèles*. Soient

$$(P) \qquad Ax + By + Cz + D = o,$$
$$(P') \qquad A'x + B'y + C'z + D' = o,$$

les équations de ces plans. Il faudra et il suffira que leurs traces sur chacun des plans coordonnés se trouvent respectivement parallèles ; si donc on pose dans les équations (P) et (P'), successivement $x = o$, $y = o$, $z = o$, on trouvera les conditions

$$\frac{C}{B} = \frac{C'}{B'}, \quad \frac{C}{A} = \frac{C'}{A'}, \quad \frac{A}{B} = \frac{A'}{B'},$$

lesquelles se réduisent à ces deux-ci,

$$\frac{A}{A'} = \frac{B}{B'} = \frac{C}{C'};$$

c'est-à-dire que *les coefficiens des termes variables* seuls *doivent être respectivement proportionnels* dans les deux équations ; et même on pourra toujours rendre *ces trois coefficiens* respectivement *égaux*, en divisant le terme constant D' par le facteur commun qui distinguera A', B', C' de A, B, C.

55. *Trouver l'angle de deux plans* donnés par les équations ci-dessus (P) et (P'). Si l'on conçoit la figure 8 exécutée sur un plan de projection perpendiculaire aux deux plans proposés, ceux-ci y seront représentés par leurs traces AP, AP' ; et l'angle PAP' mesurera évidemment l'inclinaison de ces plans. Mais si on leur mène deux *normales* par le point **A**, on reconnaîtra aisément que l'angle NAN' = PAP' ; d'ailleurs,

Fig. 8.

comme ces droites prolongées indéfiniment forment, aussi bien que les plans , quatre angles supplémentaires deux à deux , on peut dire généralement que ces deux normales comprennent entre elles les mêmes angles que les plans en question ; et cela sera vrai encore de deux autres droites parallèles à AN, AN′, et tracées par tel point de l'espace que l'on voudra. Cela posé , en menant par l'origine deux perpendiculaires aux plans (P) et (P′), elles auront pour équations

$$(N) \qquad x = az, \quad y = bz \text{ avec les conditions } a = \frac{A}{C}, \quad b = \frac{B}{C},$$

$$(N') \qquad x = a'z, \quad y = b'z \ldots \ldots \ldots \ldots a' = \frac{A'}{C'}, \quad b' = \frac{B'}{C'},$$

et les angles de ces deux normales seront déterminés (n° 32) par la formule

$$\cos (N, N') = \frac{aa' + bb' + 1}{\pm \sqrt{a^2 + b^2 + 1} \ \sqrt{a'^2 + b'^2 + 1}} \ ;$$

donc, en substituant ici les valeurs de a, a', b, b', on aura pour les angles des deux plans

$$\cos (P, P') = \frac{AA' + BB' + CC'}{\pm \sqrt{A^2 + B^2 + C^2} \ \sqrt{A'^2 + B'^2 + C'^2}} \ ,$$

formule où le double signe qui affecte le second membre répond aux angles aigus et obtus que comprennent les deux plans indéfinis.

56. Pour *calculer les angles que fait un plan* (P) *avec les plans coordonnés ,* il suffit d'exprimer, dans la formule précédente, que le second plan (P′), qui était quelconque, vient à coïncider avec un de ceux-ci. Or, pour que le plan (P′) devienne le plan XY, il faut évidemment poser dans son équation A = o , B = o et D = o ; donc alors on a pour l'angle du plan (P) avec le plan XY,

$$\cos (P, \ xy) = \frac{C}{\pm \sqrt{A^2 + B^2 + C^2}} = \cos (N, z) :$$

on trouverait d'une manière semblable

$$\cos (P, xz) = \frac{B}{\pm \sqrt{A^2 + B^2 + C^2}} = \cos (N, y),$$

$$\cos (P, yz) = \frac{A}{\pm \sqrt{A^2 + B^2 + C^2}} = \cos (N, x).$$

Ces trois angles du plan (P) avec les plans coordonnés, sont évidemment les mêmes que ceux de la normale (N) avec les trois axes aussi, en faisant la somme de leurs carrés, on trouve, comme au n° 31, la relation

$$\cos^2 (P, xy) + \cos^2 (P, xz) + \cos^2 (P, yz) = 1.$$

57. Les angles d'un plan (P) avec les plans coordonnés laissent toujours une ambiguité qui ne peut disparaître qu'en substituant au plan, supposé d'abord transporté parallèlement à lui-même jusqu'à l'origine des axes, *une normale* menée par ce point et *prolongée vers une seule des faces* du plan. Les angles de cette normale avec les *axes positifs* sont alors complètement déterminés, puisque dans les formules du n° 56, il faudra prendre *le radical de même signe que le coefficient* C, lorsque la normale en question formera *un angle aigu* avec OZ, et *de signe contraire,* quand elle fera cet angle *obtus.* Quant à la manière de définir *la face* du plan sur laquelle on veut élever cette normale, c'est dans chaque problème en particulier qu'il en faut chercher les moyens : par exemple, dans les questions de Mécanique, où il existe des forces qui tendent à faire tourner leur rayon vecteur autour de l'origine, on peut convenir que la normale sera élevée de telle sorte que le spectateur placé sur cette droite, et les pieds sur le plan, voie le mouvement de rotation s'effectuer toujours *de sa gauche vers sa droite.* On pourrait adopter l'hypothèse contraire; mais la première offre l'avantage que quand la normale ainsi définie formera des angles aigus avec les demi-axes positifs disposés suivant l'usage habituel, la projection du rayon vecteur sur les plans coordonnés se mou-

vra dans l'ordre alphabétique des lettres, savoir : de OX vers OY, de OY vers OZ, et de OZ vers OX.

De même, pour mesurer sans ambiguïté l'angle de deux plans (P) et (P'), il faudra prendre *l'angle compris entre deux normales* dirigées par rapport à chacun de ces plans, comme nous venons de l'indiquer pour un seul.

58. L'équation du plan prend une forme remarquable, et utile à employer quelquefois, lorsqu'on y introduit la perpendiculaire δ abaissée de l'origine sur ce plan, et les angles λ, μ, ν, que fait cette *normale finie* avec les demi-axes positifs, OX, OY, OZ. Pour abréger la discussion, admettons que dans l'équation

$$(P) \qquad Ax + By + Cz + D = 0,$$

on ait eu soin, avant tout, de rendre *négatif* dans le premier membre le terme D ; alors la perpendiculaire abaissée de l'origine (n° 50), devra être écrite ainsi

$$\delta = \frac{D}{-\sqrt{A^2 + B^2 + C^2}},$$

et les angles λ, μ, ν, seront donnés (n° 56) par les formules

$$\cos \lambda = \frac{A}{+\sqrt{A^2 + B^2 + C^2}}, \quad \cos \mu = \frac{C}{+\sqrt{A^2 + B^2 + C^2}},$$

$$\cos \nu = \frac{C}{+\sqrt{A^2 + B^2 + C^2}};$$

car, d'après la préparation effectuée sur le terme D, je dis qu'on doit prendre ici tous les radicaux *positivement*. En effet, le plan proposé coupe les axes coordonnés à des distances

$$x' = \frac{-D}{A}, \quad y' = \frac{-D}{B}, \quad z' = \frac{-D}{C},$$

lesquelles auront évidemment *les mêmes signes* que A, B, C : or, quand la distance x' sera positive, il est facile d'apercevoir que l'angle λ de *la normale finie* δ se trouvera aigu,

et qu'ainsi $\cos\lambda$ devra être positif ; mais puisque alors $A > 0$,
il faut donc dans l'expression de ce cosinus prendre le radical
avec le signe $+$. Si au contraire la distance x' était négative,
l'angle λ serait nécessairement obtus ; et comme dans ce cas,
on aurait $A < 0$, il faudrait encore prendre le radical positivement. La même discussion s'appliquant aux autres angles ,
'il en résulte que les cosinus doivent être écrits comme nous
'avons fait ci-dessus ; et alors on en conclut

$$A = \frac{-D}{\delta}\cos\lambda, \quad B = \frac{-D}{\delta}\cos\mu, \quad C = \frac{-D}{\delta}\cos\nu,$$

d'où, en substituant dans l'équation (P), il vient pour l'équation du plan,

$$x\cos\lambda + y\cos\mu + z\cos\nu = + \delta.$$

Sous cette forme, le second membre δ sera toujours une
quantité essentiellement positive, et les cosinus seuls pourront
avoir des signes divers , suivant la position du plan, ou plutôt
de la normale δ relativement aux demi-axes des coordonnées
positives.

59. *Condition pour que deux plans soient perpendiculaires
entre eux.* Dans ce cas, il faut et il suffit que la valeur trouvée
n° 55, pour le cosinus de l'angle des deux plans , devienne
nulle ; donc on aura la relation

$$AA' + BB' + CC' = 0.$$

60. *Déterminer l'intersection de deux plans représentés
par les équations*

$$(P) \quad Ax + By + Cz + D = 0,$$
$$(P') \quad A'x + B'y + C'z + D' = 0.$$

On pourrait, d'après les réflexions faites au n° 13, se conten-
ter de dire que la droite demandée est suffisamment déterminée par le système des équations (P) et (P') prises *simultanément,* c'est-à-dire en y regardant x, y, z, comme recevant

à la fois les mêmes valeurs. En effet, sous ce point de vue, il ne reste plus qu'une de ces variables qui puisse être prise arbitrairement; de sorte que si l'on pose tour à tour $z = 1$, 2, 3. . .9. . . et que l'on calcule d'après les équations (P) et (P'), les valeurs correspondantes de x et de y, on déterminera autant de points que l'on voudra de l'intersection des deux plans. Mais si l'on désire connaître les projections de cette droite, on se rappellera (nᵒˢ 3 et 17) que les variables x et z, par exemple, représentent à la fois les coordonnées d'un point de l'intersection dans l'espace, et celles de la projection de ce point sur le plan XZ : donc l'équation de cette projection s'obtiendra en éliminant y entre (P) et (P'). Le même raisonnement montre qu'il suffira d'éliminer x pour avoir la projection sur YZ; de sorte que, sans développer ici les calculs, on arrivera évidemment à deux équations de la forme

$$(1) \quad x = az + p, \qquad (2) \quad y = bz + q.$$

Si ces dernières sont plus commodes pour se représenter la position de l'intersection, c'est qu'elles appartiennent (nᵒ 15) à deux plans passant par cette droite, et qui ont cela de particulier, qu'ils se trouvent perpendiculaires, l'un à XZ, l'autre à YZ; mais il n'en faut pas moins rester convaincu que les équations (P) et (P') sous leur forme actuelle, et prises simultanément, déterminent déjà la droite demandée aussi complètement que (1) et (2).

61. Par des raisons toutes semblables, on sentira que la courbe intersection de deux surfaces représentées par

$$F(x, y, z) = 0, \quad F'(x, y, z) = 0,$$

est aussi complètement déterminée par le système de ces deux équations, prises *simultanément*, que par les équations de ses projections

$$x = \varphi(z), \qquad y = \psi(z),$$

déduites des précédentes, en éliminant tour à tour y et x;

et d'ailleurs ces dernières représentent aussi *deux surfaces*, savoir des cylindres parallèles à OY et à OX (n° 8).

Nous terminerons ce chapitre par un problème qui nous fournira l'occasion d'appliquer plusieurs des formules obtenues jusqu'ici.

62. *Trouver la grandeur et la position de la plus courte distance de deux droites*, que l'on suppose n'être pas dans un même plan, et avoir pour équations

$$\text{(L)} \quad x = az + p, \quad y = bz + q,$$
$$\text{(L')} \quad x = a'z + p', \quad y = b'z + q'.$$

Pour résoudre la première partie de ce problème, concevons par la droite (L) un plan (P) parallèle à (L'), ce qui est toujours possible, puisqu'il suffirait de faire passer ce plan par la première ligne et par une droite menée d'un point de celle-ci parallèlement à la seconde (mais pour exprimer analytiquement ces conditions, nous emploierons tout à l'heure un moyen plus simple). Imaginons aussi par la droite (L') un plan (P') parallèle à (L) : ces deux plans seront nécessairement parallèles entre eux, et leur distance mesurera évidemment *la grandeur* de la plus courte distance des deux droites proposées. (Voyez *la Géométrie descriptive* n° 47.)

Or, le plan (P) aura une équation qui, pour simplifier les calculs, pourra s'écrire

$$\text{(P)} \quad Ax + By + z + D = 0;$$

mais puisqu'il est parallèle à la droite (L') et qu'il contient la droite (L), on aura (n° 44 et 45) les conditions

$$\text{(1)} \quad Aa' + Bb' + 1 = 0,$$
$$\text{(2)} \quad Aa + Bb + 1 = 0, \qquad \text{(3)} \quad Ap + Bq + D = 0,$$

dont les deux premières donnent

$$A = \frac{b - b'}{ab' - a'b}, \qquad B = \frac{a' - a}{ab' - a'b},$$

et la troisième déterminera D en y substituant ces valeurs.
De même, le plan (P′) aura pour équation

$$\text{(P′)} \qquad A′x + B′y + z + D′ = 0,$$

avec les conditions

$$\text{(4)} \quad A′a + B′b + 1 = 0,$$

$$\text{(5)} \quad A′a′ + B′b′ + 1 = 0, \qquad \text{(6)} \quad A′p′ + B′q′ + D′ = 0;$$

et sans résoudre les équations (4) et (5), on doit voir, en les comparant avec (2) et (1), qu'elles conduiront à $A′ = A$, $B′ = B$, comme on devait s'y attendre, puisque les plans (P), et (P′) sont nécessairement parallèles : quant à la valeur de $D′$, elle se tirera de (6).

Cela posé, abaissons de l'origine deux perpendiculaires δ et $\delta′$ sur ces plans parallèles; elles seront exprimées (n° 50) par

$$\delta = \frac{D}{\sqrt{A^2 + B^2 + 1}}, \qquad \delta′ = \frac{D′}{\sqrt{A^2 + B^2 + 1}};$$

et leur différence $\delta′ - \delta$ ou $\delta - \delta′$ mesurera l'intervalle des deux plans, ou bien la plus courte distance $\delta″$ des droites proposées; donc, en substituant ici les valeurs de D et D′, tirées de (3) et (6) puis celles de A et B, il viendra

$$\delta″ = \frac{A(p - p′) + B(q - q′)}{\sqrt{A^2 + B^2 + 1}} = \frac{(p - p′)(b - b′) - (q - q′)(a - a′)}{\sqrt{(a - a′)^2 + (b - b′)^2 + (ab′ - a′b)^2}}. \quad (7)$$

63. Il est essentiel d'observer que pour obtenir la véritable grandeur de $\delta″$ dans tous les cas, il faut d'abord garder les numérateurs D et D′ avec les signes qui les affecteront, puis prendre *toujours* leur différence *analytique*. En effet, comme les deux plans (P) et (P′) coupent l'axe OZ à des distances $z = -D$, $z′ = -D′$, si les termes D et D′ sont de même signe, ces plans parallèles se trouveront d'un même côté par rapport à l'origine des axes, et dans ce cas, leur distance est bien égale à la différence des grandeurs *absolues* des

perpendiculaires δ' et δ, c'est-à-dire qu'elle sera donnée par

$$\frac{\pm\,(D'-D)}{\sqrt{A^2+B^2+1}}.$$

Au contraire, lorsque D et D' sont de signes opposés, l'origine des coordonnées est située entre les deux plans, et alors la véritable distance δ'' se trouve la somme des valeurs *absolues* des perpendiculaires δ, δ'; mais cette somme équivaut encore à la différence analytique

$$\frac{\pm\,(D'-D)}{\sqrt{A^2+B^2+1}}.$$

Donc, dans tous les cas, la règle énoncée ci-dessus est juste; et seulement, dans la valeur définitive de δ'', il faudra rendre le résultat *positif,* en donnant au radical le même signe qu'aura le numérateur.

64. On peut, dans la formule (7), introduire l'angle θ que font entre elles les deux droites proposées, et les angles α, $\mathcal{C}$, γ, α', $\mathcal{C}'$, γ', qu'elles forment avec les axes. En effet, d'après la dernière formule du n° 32, la valeur de δ'' peut être écrite ainsi

$$\delta'' = \frac{(p-p')\,(b-b')-(q-q')\,(a-a')}{\sin\theta\,.\,\sqrt{a^2+b^2+1}\,\sqrt{a'^2+b'^2+1}};$$

et si l'on y substitue les valeurs trouvées n° 30, $a=\dfrac{\cos\alpha}{\cos\gamma}$, $b=\dfrac{\cos\mathcal{C}}{\cos\gamma}$, $a'=\dfrac{\cos\alpha'}{\cos\gamma'}$, $b'=\dfrac{\cos\mathcal{C}'}{\cos\gamma'}$, ou obtiendra

$$(8)\quad \delta''=\frac{(p-p')\,(\cos\mathcal{C}\cos\gamma'-\cos\mathcal{C}'\cos\gamma)+(q-q')\,(\cos\gamma\cos\alpha'-\cos\gamma'\cos\alpha)}{\sin\theta}.$$

65. Quant à la seconde partie du problème, laquelle consiste à trouver la position de la ligne (L''), sur laquelle se mesure la plus courte distance des droites proposées, il suffit de remarquer que cette ligne (L'') devant être (G. D. n° 47) perpendiculaire en même temps à (L) et à (L'), sera donnée

par l'intersection de deux plans (P″) et (P‴) menés l'un par (L), l'autre par (L′), et tous les deux perpendiculaires à (P). Or, ces nouveaux plans seront déterminés par les équations

$$(P'') \quad \begin{aligned} A''x + B''y + z + D'' &= 0, \\ A''A + B''B + 1 &= 0, \\ A''a + B''b + 1 &= 0, \\ A''p + B''q + D'' &= 0, \end{aligned} \qquad (P''') \quad \begin{aligned} A'''x + B'''y + z + D''' &= 0, \\ A'''A + B'''B + 1 &= 0, \\ A'''a' + B'''b' + 1 &= 0, \\ A'''p' + B'''q' + D''' &= 0. \end{aligned}$$

Donc, la droite cherchée (L″) se trouvera représentée analytiquement par le système des équations (P″) et (P‴), prises simultanément, lesquelles deviennent, après le calcul des coefficiens,

$$(x - p)[a - a' + b(ab' - a'b)] + (y - q)[b - b' + a'(a'b - ab')]$$
$$= z[a(a - a') + b(b - b')],$$

$$(x - p')[a' - a + b'(a'b - ab')] + (y - q')[b' - b + a'(ab' - a'b)]$$
$$= z[a'(a' - a) + b'(b' - b)].$$

66. Remarquons, en terminant, que si les deux droites (L) et (L′) se coupaient, le numérateur de la formule (7) deviendrait nul, d'après la condition (5) du n° 25, et alors on trouverait $\delta'' = 0$, ce à quoi l'on devait s'attendre; mais si ces droites étaient parallèles, on aurait $\delta'' = \frac{0}{0}$, quoique leur distance soit partout constante. Ce dernier résultat tient à ce que les plans (P) et (P′) deviennent alors indéterminés, comme on peut s'en convaincre en remontant aux conditions qui avaient servi à les définir, ou bien en remarquant que les équations (1) et (2) du n° 62 se réduisent à une seule. Cependant, pour appliquer à ce cas la même marche, il suffirait d'exprimer que les plans (P) et (P′) sont menés *perpendiculaires au plan qui contiendrait les deux lignes parallèles;* mais il sera bien plus court de chercher la perpendiculaire abaissée d'un point de (L′) sur (L). Prenons, en effet, pour ce point la trace qui est donnée par $z = 0$, $x = p'$, $y = q'$, et la formule du n° 51 fournira, pour la distance des deux

droites parallèles,

$$\delta''^2 = (p'-p)^2 + (q'-q)^2 - \frac{[a(p'-p) + b(q'-q)]^2}{1+a^2+b^2},$$

ou bien

$$\delta''^2 = (p'-p)^2 + (q'-q)^2 - [(p'-p)\cos\alpha + (q'-q)\cos\zeta]^2.$$

CHAPITRE IV.

Transformation des Coordonnées, et théorèmes sur les Projections des droites et des surfaces planes.

Fⁱᵍ. 9.   67. Lorsqu'une *droite finie* AB et une droite indéfinie OX se trouvent ou non dans un même plan, et que, des extrémités de la première, on abaisse sur l'autre des perpendiculaires AA′ et BB′ qui, en général, ne seront point parallèles, la partie interceptée A′B′ se nomme *la projection* de AB, et ces deux droites ont entre elles une relation remarquable. En effet, si, par le point B, on conçoit un plan MBB′ perpendiculaire à OX, et que l'on mène jusqu'à ce plan la ligne AC parallèle à OX, le triangle ACB sera rectangle en C, et l'angle BAC $=\alpha$ sera ce qu'on appelle l'angle de AB avec OX. Or, ce triangle donne $AC = AB.\cos\alpha$, ou bien $A′B′ = AB.\cos\alpha$: ainsi *la projection d'une droite sur une autre, est égale à la droite primitive multipliée par le cosinus de l'angle* AIGU *qu'elles font entre elles.*

Fⁱᵍ. 10.   68. Le même théorème subsiste pour *une surface plane projetée sur un plan* quelconque; mais commençons par considérer un triangle ACB dont un des côtés BC est parallèle au plan sur lequel on veut projeter la figure : alors on pourra évidemment supposer que ce plan de projection passe par le côté BC lui-même, et représenter par A′BC la projection du triangle primitif. Cela posé, menons par la ligne AA′ un plan sécant perpendiculaire à BC ; il coupera les deux triangles suivant des droites AH et A′H qui en seront les *hauteurs*, et qui comprendront entre elles un angle α égal à celui que forment les plans de ces triangles. Or, on a évidemment

$$ABC : A'BC :: AH : A'H :: 1 : \cos \alpha;$$

d'où l'on conclut $\qquad A'BC = ABC \times \cos \alpha.$

Si le triangle ABC n'a aucun de ses côtés parallèle au plan Fɪɢ. 11. de projection, concevez ce plan mené par l'angle inférieur B, et soit A′BC′ la projection de ABC. En prolongeant les lignes jusqu'à la rencontre du plan, vous formerez deux triangles ADB et CDB, pour lesquels le théorème est démontré ; ainsi vous aurez

$$A'DB = ADB \times \cos \alpha, \qquad C'DB = CDB \times \cos \alpha;$$

donc, en soustrayant membre à membre, il viendra encore

$$A'C'B = ACB \times \cos \alpha.$$

69. Maintenant, soit P un polygone *plan*, et P′ sa projection sur un plan fixe. Si l'on décompose le premier en triangles T_1, T_2, T_3,... dont les projections soient T'_1, T'_2, T'_3,... le polygone P sera la somme des uns, et P′ la somme des autres ; mais on aura, pour chacun de ces triangles,

$$T'_1 = T_1 \cos \alpha, \qquad T'_2 = T_2 \cos \alpha \ldots;$$

donc, en ajoutant membre à membre, il viendra

$$P' = P \cos \alpha,$$

formule qui démontre que *la projection d'une aire plane sur un plan quelconque, est égale à l'aire primitive multipliée par le cosinus de l'angle* ᴀɪɢᴜ *que forment entre eux les deux plans.*

70. Il est d'ailleurs facile d'étendre, *par la méthode des li-*

mites, la même proposition au cas d'une *aire plane* S terminée par *une ligne courbe* ou *mixte;* car, en y inscrivant un polygone P, et désignant par S′ et P′ les projections de ces deux surfaces sur le plan fixe, on voit bien qu'à mesure qu'on multipliera les côtés du polygone, les deux quantités constantes S′ et S. cos α seront *les limites* des deux quantités variables P′ et P. cos α; or, ces dernières étant toujours égales entre elles d'après la formule précédente, on en conclut que leurs limites sont aussi égales, c'est-à-dire que S′ = S. cos α.

Ainsi un cercle dont le rayon égale *a*, étant projeté sur un plan, donnera une ellipse dont l'aire sera E = πa^2. cos α; mais il est évident que les deux demi-axes de cette ellipse seront *a*, et *b* = *a* cos α; donc l'aire deviendra E = πab : résultat conforme à ce que l'on sait d'ailleurs.

71. Si l'on projette la *surface plane* P sur trois plans rectangulaires, avec lesquels elle forme des angles désignés par α, ς, γ, on aura, pour les trois projections P′, P″, P‴ de cette surface,

$$P' = P \cos \alpha, \quad P'' = P \cos \varsigma, \quad P''' = P \cos \gamma;$$

puis, en faisant la somme des carrés, et en se rappelant (n° 56) que $\cos^2 \alpha + \cos^2 \varsigma + \cos^2 \gamma = 1$, il viendra cette relation très remarquable

$$P'^2 + P''^2 + P'''^2 = P^2.$$

72. Occupons-nous maintenant de la transformation des coordonnées rectilignes, et supposons qu'il s'agisse de *passer d'un système d'axes rectangulaires* OX, OY, OZ, *à un système d'axes obliques* OX′, OY′, OZ′, qui ont *la même origine* que les premiers. Si d'un point quelconque M de l'espace, nous menons les droites MP, MP′, respectivement parallèles à OZ, OZ′, et terminées aux points P, P′, où elles rencontrent l'une le plan XY, l'autre le plan X′Y′; puis, si de ces pieds nous tirons PQ, P′Q′, parallèles à OY, OY′, nous aurons pour les coordonnées de M dans les deux systèmes,

FIG. 12.

$$x = OQ, \quad y = PQ, \quad z = MP,$$
$$x' = OQ', \quad y' = P'Q', \quad z' = MP',$$

et la question consistera à trouver les valeurs des unes en fonction des autres. Pour cela projetons la ligne brisée $x' + y' + z'$ sur l'axe OX, en abaissant de chacun de ses angles les perpendiculaires Q'G, P'H, MQ : cette dernière étant nécessairement dans le plan MPQ, aboutira précisément à l'extrémité de l'abscisse $x = OQ$, et l'on aura

$$(1) \qquad x = OQ = OG + GH + HQ;$$

mais par le théorème du n° 67, on obtient

$$OG = x' \cos (x',x), \; GH = y' \cos (y', x), \; HQ = z' \cos (z', x),$$

en désignant toujours par ces notations et autres semblables, les angles compris *entre deux demi-axes positifs*. Donc, en substituant, il viendra

$$(2) \; x = x' \cos (x', x) + y' \cos (y', x) + z' \cos (z',x).$$

A la vérité, la construction paraît supposer que les axes OX', OY', OZ', forment tous des angles aigus avec OX; cependant si l'un d'entre eux, par exemple OY', formait un angle obtus, alors dans la figure, que l'on construira aisément, le point H tomberait à gauche de G, et l'on aurait, au lieu de (1), cette équation

$$(3) \qquad x = OG - GH + HQ,$$

avec laquelle s'accorde encore l'équation générale (2), puisque d'après l'hypothèse Y'OX $>$ 90°, le terme $y' \cos (y',x)$ sera aussi *négatif,* et toujours égal *numériquement* à la projection GH de l'ordonnée P'Q' $= y'$.

D'un autre côté, si en laissant l'angle Y'OX aigu, il arrivait que le point M eût son ordonnée y' négative, le point H tomberait aussi à gauche de G, et l'équation (3) remplacerait encore l'équation (1); ce qui prouve que, pour rendre la formule (2) applicable à tous les cas, il faut tenir compte *des signes des coordonnées* et *des signes des cosinus*, en rapportant toujours ces cosinus aux angles compris *entre les demi-axes positifs*. D'ailleurs, en projetant la même ligne brisée $x' + y' + z'$ sur OY et sur OZ, on aurait nécessairement des résultats semblables : donc on peut dire que *chaque coordonnée rectangulaire est égale à la somme algébrique des projections des trois nouvelles coordonnées sur chacun des anciens axes*, et poser les trois formules générales qui suivent :

$$(4)\begin{cases} x = x'\cos(x',x) + y'\cos(y',x) + z'\cos(z',x) = ax' + by' + cz', \\ y = x'\cos(x',y) + y'\cos(y',y) + z'\cos(z',y) = a'x' + b'y' + c'z', \\ z = x'\cos(x',z) + y'\cos(y',z) + z'\cos(z',z) = a''x' + b''y' + c''z'. \end{cases}$$

Toutefois, il faut bien remarquer que les *neuf* constantes qui entrent dans ces formules, ne peuvent pas toutes recevoir des valeurs arbitraires. En effet, a, a', a'', par exemple, désignant les cosinus des angles que forme uue même droite OX$'$ avec trois axes rectangulaires OX, OY, OZ, doivent être soumis à la condition citée n° 31 : il en arrive autant pour b, b', b'', et pour c, c', c''; par conséquent il faudra toujours joindre aux formules (4) les trois relations suivantes :

$$(5) \quad a^2 + a'^2 + a''^2 = 1, \; b^2 + b'^2 + b''^2 = 1, \; c^2 + c'^2 + c''^2 = 1,$$

ce qui ne laissera que *six* constantes dont on puisse disposer arbitrairement.

73. *Passer d'un système d'axes rectangulaires à un autre système d'axes aussi rectangulaires?* Il suffira d'employer les formules précédentes (4) et (5), en y joignant de nouvelles conditions propres à exprimer que les axes OX$'$, OY$'$, OZ$'$, sont aussi perpendiculaires entre eux. Or, d'après la formule (12) du n° 34, on a dans tous les cas,

$$\cos(x',y') = \cos(x',x)\cos(y',x) + \cos(x',y)\cos(y',y)$$
$$+ \cos(x',z)\cos(y',z)$$
$$= ab + a'b' + a''b'',$$
$$\cos(x',z') = ac + a'c' + a''c'',$$
$$\cos(y',z') = bc + b'c' + b''c''.$$

Donc, pour exprimer que les angles des nouveaux axes sont droits, il est nécessaire et suffisant de poser les conditions

$$(6) \quad \begin{cases} ab + a'b' + a''b'' = 0, \\ ac + a'c' + a''c'' = 0, \\ bc + b'c' + b''c'' = 0; \end{cases}$$

de sorte que la solution du problème actuel est fournie par les formules (4), (5) et (6); mais comme cela établit six relations entre les neuf constantes, *il n'en restera plus que* TROIS *dont on puisse disposer arbitrairement* pour modifier l'équation d'une surface donnée, tant que les axes resteront perpendiculaires entre eux.

74. Dans le cas de *deux systèmes rectangulaires*, on a quelquefois besoin de résoudre les formules (4) par rapport à x', y', z'; il suffit pour cela de les ajouter, 1°. après avoir multiplié la première par a, la deuxième par a' et la troisième par a'': 2°. après les avoir multipliées respectivement par b, b', b'': 3°. par c, c', c''; car ces trois opérations donnent, en ayant égard aux relations (5) et (6), les formules

$$(7) \quad \begin{cases} ax + a'y + a''z = x', \\ bx + b'y + b''z = y', \\ cx + c'y + c''z = z'. \end{cases}$$

On pourrait d'ailleurs établir directement ces formules, en regardant x', y', z', comme les coordonnées *primitives* rectangulaires, et en se rappelant que chacune d'elles est (n° 72) *égale à la somme algébrique des projections des trois coordonnées x, y, z,* sur les divers axes OX', OY', OZ'. Sous ce point de vue, on aperçoit qu'il doit exister entre les constantes, les six relations

$$(8) \quad a^2 + b^2 + c^2 = 1, \quad a'^2 + b'^2 + c'^2 = 1, \quad a''^2 + b''^2 + c''^2 = 1,$$

$$(9) \quad aa' + bb' + cc' = 0, \quad aa'' + bb'' + cc'' = 0, \quad a'a'' + b'b'' + c'c'' = 0,$$

que l'on doit regarder comme entièrement équivalentes aux conditions (5) et (6); car les unes ou les autres ne font qu'exprimer, dans un ordre différent, que les six angles XOY, XOZ, YOZ et X'OY', X'OZ', Y'OZ', sont tous droits.

75. Les équations (7), relatives à deux systèmes d'axes rectangulaires, manifestent une propriété remarquable, que présente la projection d'une droite sur une autre droite. En effet, on doit voir, comme au n° 72, que le rayon vecteur OM (fig. 12), projeté perpendiculairement sur OX' considéré comme une ligne quelconque, se réduit à la coordonnée $OQ' = x'$: mais les projections de ce même rayon vecteur sur les trois axes rectangulaires OX, OY, OZ, sont respectivement (n° 72) les coordonnées x, y, z ; et puisque l'on a par la première des équations (7),

$$x' = x \cos (x, x') + y \cos (y, x') + z \cos (z, x'),$$

il en résulte que, *pour projeter une droite* OM $=$ r *sur une droite quelconque* OX', *on peut d'abord projeter* r *sur trois axes rectangulaires, puis projeter de nouveau ces premières projections sur* OX', *et ensuite faire la somme analytique des résultats.* C'est d'ailleurs ce à quoi l'on arrive directement, en remarquant que la projection cherchée est égale à $r. \cos (r, x')$, ou bien, d'après la formule (12) du n° 34, égale à

$$r\,[\cos(r,x)\cos(x'x) + \cos(r,y)\cos(x',y) + \cos(r,z)\cos(x',z)] :$$

or, les produits $r \cos (r, x)$, $r \cos (r, y)$, $r \cos (r, z)$, ne sont autre chose que les projections de r sur les trois axes rectangulaires; et ces produits se trouvant multipliés par les seconds cosinus, deviennent bien les projections sur OX' des trois premières projections.

76. Il nous sera facile maintenant d'exprimer *la distance de deux points en fonction de leurs coordonnées obliques.* Commençons par la distance OM de l'origine des axes à un point M (fig. 12), dont les coordonnées rectangulaires sont x, y, z, et les coordonnées obliques x', y', z'. Nous aurons d'abord (n° 6)

$$\overline{OM}^2 = x^2 + y^2 + z^2 ;$$

mais si l'on y substitue les valeurs de x, y, z, données par les équations (4), et qu'on se rappelle (n° 73) que , pour des axes quelconques , on a toujours

$$ab + a'b' + a''b'' = \cos (x', y'),$$
$$ac + a'c' + a''c'' = \cos (x', z'),$$
$$bc + b'c' + b''c'' = \cos (y', z'),$$

il viendra

$$(10) \quad \overline{OM}^2 = x'^2 + y'^2 + z'^2 + 2x'y' \cos(x',y') + 2x'z' \cos(x',z')$$
$$+ 2y'z' \cos (y',z').$$

77. Observons ici que le rayon vecteur OM est la diagonale d'un *parallélépipède oblique*, qui aurait pour arètes contiguës x', y', z' ; par conséquent, la formule (10) fait connaître *la longueur de la diagonale* d'un tel solide, *en fonction des arètes et des angles compris entre ces dernières.*

78. A présent, soient M' et M" deux points dont les coordonnées *obliques* seraient x', y', z', et x'', y'', z''. Si par les deux points donnés, on menait six plans respectivement parallèles aux plans coordonnés obliques, on formerait évidemment un parallélépipède dont la droite M'M" serait la diagonale, et dont les trois arètes contiguës égaleraient $x'-x''$, $y'-y''$, $z'-z''$. Par conséquent, d'après la remarque du n° 77 et la formule (10), on aura pour la distance demandée,

$$\overline{M'M''}^2 = (x'-x'')^2 + (y'-y'')^2 + (z'-z'')^2$$
$$+ 2(x'-x'')(y'-y'') \cos (x',y')$$
$$+ 2(x'-x'')(z'-z'') \cos (x', z')$$
$$+ 2(y'-y'')(z'-z'') \cos (y', z').$$

79. Les formules propres à *passer d'un système oblique à un* Fig. 16. *autre système aussi oblique,* sont très rarement employées, à cause de leur complication ; cependant, pour compléter cette théorie , nous allons donner un moyen d'y parvenir, en n'employant que des projections *orthogonales.* Soit M (fig. 16)

4..

un point de l'espace qui, rapporté tour à tour à deux systèmes d'axes obliques OX , OY, OZ, et OX′, OY′, OZ′, ait pour coordonnées

$$z = \text{MP}, \quad y = \text{PQ}, \quad x = \text{OQ},$$
$$z' = \text{MP}', \quad y' = \text{P}'\text{Q}', \quad x' = \text{OQ}'.$$

Par l'origine commune O, élevons perpendiculairement au plan XY, *une normale* ON *dirigée du même côté* de ce plan *que le demi-axe positif* OZ, et projetons sur cette normale la ligne brisée $x + y + z$: cette projection se réduira à celle de MP $= z$, parce que les deux autres coordonnées sont dans le plan XY perpendiculaire à ON ; ainsi l'on aura (n° 67)

$$\text{ON} = z \cos (\text{N}, z).$$

Maintenant si nous projetons sur la même normale , la ligne brisée $x' + y' + z'$ qui a les mêmes extrémités que la précédente, nous aurons encore

$$\text{ON} = \text{OG} + \text{GH} + \text{HN}$$
$$= x' \cos(\text{N}, x') + y' \cos(\text{N}, y') + z' \cos(\text{N}, z'),$$

formule qui conviendra à toutes les situations, pourvu qu'on y tienne compte, ainsi que nous l'avons montré au n° 72, des signes des coordonnées et de ceux des cosinus des *angles compris entre les demi-axes positifs et la normale* ON dirigée comme il a été prescrit plus haut. Cela posé, en égalant les deux valeurs précédentes de ON, on obtiendra l'expression de z en fonction des trois nouvelles coordonnées : mais si l'on élève aussi deux autres normales ON′, ON″, respectivement perpendiculaires aux plans XZ, YZ, et *dirigées du même côté que les demi-axes positifs* OY, OX ; puis, si l'on projette encore sur ces nouvelles normales, les deux lignes brisées $x + y + z$ et $x' + y' + z'$, on obtiendra évidemment des résultats semblables aux précédens, lesquels fourniront enfin pour les formules demandées,

$$(11.) \begin{cases} z \cos(\text{N},z) = x' \cos(\text{N},x') + y' \cos(\text{N},y') + z' \cos(\text{N},z'), \\ y\cos(\text{N}',y) = x' \cos(\text{N}',x') + y' \cos(\text{N}',y') + z' \cos(\text{N}',z'), \\ x\cos(\text{N}'',x) = x' \cos(\text{N}'',x') + y' \cos(\text{N}'',y') + z' \cos(\text{N}'',x'). \end{cases}$$

80. Les angles qui entrent dans ces équations, supposent l'introduction de normales auxiliaires, distinctes des axes anciens et nouveaux ; mais on pourrait y substituer des angles formés par les données immédiates de la question, en observant que

$$\cos(N,z) = \sin(z,xy),\ \cos(N,x') = \sin(x',xy),\ \ldots\ldots$$

Toutefois, eela aurait l'inconvénient d'exiger l'emploi d'angles *négatifs* dans les seconds membres ; car on apercevra aisément que le facteur $\sin(x',xy)$, par exemple, devrait être affecté du signe *moins,* si le demi-axe positif OX' tombait du côté opposé à OZ par rapport au plan XY. Ainsi il faut mieux garder les formules sous la forme (11), parce que les angles n'y pouvant varier que de 0 à 180°, les cosinus prendront d'eux-mêmes les signes convenables.

Observons enfin qu'en supposant *rectangulaires* les axes primitifs OX, OY, OZ, les trois normales ON", ON', ON, viendront coïncider avec ces axes, et les formules (11) feront retomber alors sur les équations (4) du n° 72.

81. Dans toutes les transformations de coordonnées qui précèdent, nous avons supposé que l'origine restait invariable. Or, si, *en déplaçant les axes parallèlement à eux-mémes,* on transportait seulement l'origine du point O à un autre point O' dont les coordonnées relatives à O, fussent désignées par $\alpha, \beta, \gamma,$ il est clair qu'il faudrait employer les formules

$$x = x'' + \alpha,\quad y = y'' + \beta;\quad z = z'' + \gamma;$$

d'où il résulte évidemment que pour passer d'un système d'axes OX, OY, OZ, à un autre système O'X', O'Y', O'Z', dont la direction et l'origine sont différentes, il suffira d'ajouter aux valeurs de x, y, z trouvées pour les divers cas précédens, les coordonnées α, β, γ de la nouvelle origine O', comptées parallèlement aux anciens axes.

82. Il importe d'observer que quand on emploiera un des systèmes de formules qui précèdent, pour rapporter l'équation

d'une surface $F(x, y, z) = 0$ à de nouveaux axes, l'équation transformée $F'(x', y', z') = 0$ sera toujours *du même degré* n. que la première; et l'on sait que l'on entend par degré d'une équation, *la plus haute somme des exposans des trois variables dans un même terme.* En effet, dans tous ces systèmes, les valeurs de x, y, z, étant *linéaires* par rapport à x', y', z', une quantité telle que x^p deviendra $(ax' + by' + cz' + u)^p$, dont les termes sont au plus de la dimension p; et un produit $x^p . y^q . z^t$ donnera des termes $x^{p'} . y^{q'} . z^{r'}$, dans lesquels $p' + q' + r'$ égalera au plus le degré $p + q + r$: donc, d'abord, le degré n' de l'équation $F'(x', y', z')$ ne pourra surpasser n.

D'un autre côté, on ne saurait prétendre que, par des réductions de termes, le degré n' soit devenu moindre que n. Car, en substituant dans $F'(x', y', z') = 0$, les valeurs de x', y', z', tirées des formules qu'on aurait employées pour la première transformation, valeurs qui seront encore évidemment *linéaires,* on doit toujours retomber identiquement sur $F(x, y, z) = 0$; or, cela exigerait que le degré n' pût s'élever jusqu'à n par une transformation de coordonnées, ce qui vient d'être démontré impossible; par conséquent, le degré n' restera toujours égal à n.

C'est ainsi que, comme nous l'avons vu n° 38, l'équation du plan est toujours du premier degré, soit que les axes se trouvent rectangulaires ou obliques.

83. Toute section faite dans une surface $F(x, y, z) = 0$ du degré n, par un plan quelconque, est une courbe *du degré n au plus.*

En effet, concevez que cette surface soit rapportée à d'autres axes, dont deux, OX' et OY', soient *situés dans le plan sécant* : alors son équation $F'(x', y', z') = 0$ sera encore (n° 82) du degré n; et comme il suffira évidemment d'y poser $z' = 0$, pour obtenir la section demandée, le résultat ne pourra être d'un degré supérieur à n. Seulement, ce degré sera moindre, si l'hypothèse $z' = 0$ anéantit tous les termes de l'ordre le plus élevé.

84. Pour connaître cette section *en vraie grandeur*, ce qui
est utile dans la discussion des surfaces, il ne suffirait pas de
combiner $F(x, y, z) = 0$ avec l'équation du plan sécant
$Ax + By + Cz + D = 0$, en éliminant la variable z, par
exemple ; parce que le résultat $f(x, y) = 0$ représenterait
seulement *la projection* de la courbe demandée, projection
qui n'est pas ordinairement identique avec la section dans l'espace : mais il faut effectuer une transformation de coordonnées équivalente à la marche indiquée n° 83, et pour laquelle
nous allons donner des formules directes, après avoir déterminé, 1°. l'angle φ que forme avec OX la trace du plan sécant
sur le plan XY ; 2°. l'angle θ qui exprime l'inclinaison du plan
sécant sur le même plan XY. Or, la trace en question étant

$Ax + By + D = 0$, on aura $\tang \varphi = -\dfrac{A}{B}$; et par les for-

mules du n° 56, on sait que $\cos \theta = \dfrac{C}{\sqrt{A^2 + B^2 + C^2}}$.

85. Cela posé, soient OX, OY, OZ les axes rectangulaires
auxquels est rapportée la surface $F(x, y, z) = 0$; OAB le plan Fig. 15.
sécant que nous supposons passer par l'origine, et OX′ sa
trace sur le plan XY. Menons dans ce plan sécant une
droite OY′ perpendiculaire sur OX′, et cherchons à rapporter
à ces deux derniers axes, la section faite par le plan OAB
dans la surface. Or, pour un point M de cette section, on a en
même temps

$$MP = z, \quad PQ = y, \quad OQ = x,$$
$$MR = y', \quad OR = x';$$

puis, si nous tirons la droite RP, elle sera évidemment perpendiculaire sur OX′, et parallèle à la projection orthogonale
OY″ de OY′ sur le plan XY ; de sorte que l'inclinaison du plan
sécant sera mesurée par l'angle $MRP = Y'OY'' = \theta$. Alors le
triangle rectangle MRP donnera

$$\mathrm{MP} = z = y' \sin \theta,$$
$$\mathrm{PR} = y'' = y' \cos \theta;$$

mais en considérant le point P, projection de M, comme rapporté tour à tour aux deux systèmes de coordonnées *rectangulaires* $x = \mathrm{OQ}$, $y = \mathrm{PQ}$, et $x' = \mathrm{OR}$, $y'' = \mathrm{PR}$, on aura entre ces coordonnées les relations connues

$$x = x' \cos \varphi + y'' \sin \varphi,$$
$$y = x' \sin \varphi - y'' \cos \varphi:$$

ce sont les formules ordinaires pour la transformation des coordonnées rectangulaires dans un plan; seulement nous avons changé le signe de y'' partout, attendu que. dans la figure actuelle les y'' positifs se projettent sur les y négatifs. Donc, en substituant ici la valeur précédente de y'', on obtiendra enfin pour les coordonnées d'un point commun à la surface et au plan OAB, les expressions

$$(12) \quad \begin{cases} x = x' \cos \varphi + y' \cos \theta \cdot \sin \varphi, \\ y = x' \sin \varphi - y' \cos \theta \cdot \sin \varphi, \\ z = y' \sin \theta. \end{cases}$$

Ainsi ces formules, substituées dans $\mathrm{F}(x, y, z) = 0$, donneront l'équation $f(x', y') = 0$ de la section *rapportée à des axes rectangulaires pris dans son plan.*

86. Si le plan sécant OAB était perpendiculaire à XY, il faudrait poser $\theta = 90°$, et les trois formules (12) se réduiraient aux deux suivantes :

$$(13) \quad \begin{cases} x = x' \cos \varphi, \\ y = x' \sin \varphi, \end{cases}$$

parce qu'ici l'axe OY' coïncidant avec OZ, il est inutile de substituer y' à l'ancienne coordonnée z; et l'équation de la section faite dans $\mathrm{F}(x, y, z) = 0$, se présentera alors sous la forme $f(x', z) = 0$.

87. On pourrait d'ailleurs obtenir directement les formules (13) en passant du système primitif OZ, OX, OY, à un autre

système rectangulaire OZ, OX', OY'; ce qui n'exige que l'emploi des équations relatives au changement de coordonnées *dans un plan,* à cause que l'axe OZ est commun. On poserait donc

$$(14) \qquad \left\{ \begin{array}{l} x = x' \cos \varphi - y' \sin \varphi, \\ x = x' \sin \varphi + y' \cos \varphi, \end{array} \right.$$

mais après avoir substitué dans $F(x, y, z) = 0$, il resterait à faire $y' = 0$ dans le résultat, puisqu'on ne cherche ici que les points de la surface qui sont situés dans le plan sécant, lequel coïncide avec ZX' : or, cela revient évidemment à introduire d'abord la condition $y' = 0$ dans les formules (14), qui coïncideront alors avec les équations (13).

88. On se souviendra que quand le plan sécant ne passera pas par l'origine des anciens axes, ou quand on voudra placer l'origine des nouveaux axes autre part qu'en O dans le plan sécant, il faudra (n° 81) ajouter aux seconds membres des formules (12) et (13) les coordonnées de la nouvelle origine, comptées parallèlement aux axes primitifs.

89. FORMULES D'EULER *pour passer d'un système rectangulaire à un autre système aussi rectangulaire.* Les formules (4), (5) et (6) que nous avons données aux n°ˢ 72 et 73 pour remplir cet objet, sont bien simples et fort symétriques ; mais elles ont l'inconvénient de renfermer *neuf* constantes a, b, c, a', b', ... qui se trouvent liées par *six* équations de condition, entre lesquelles l'élimination ne peut s'effectuer commodément pour réduire à *trois données,* comme cela devrait être possible, la détermination des nouveaux axes relativement aux anciens. On a donc cherché à exprimer ces neuf constantes en fonction de trois autres choisies de la manière suivante : soient OX, OY, OZ, les trois axes rectangulaires Fɪɢ. 13. primitifs, et ON la trace du nouveau plan X'Y' sur XY : ce plan X'Y' sera déterminé par l'angle NOX $= \psi$ et par son inclinaison θ sur le plan XY ; si d'ailleurs on donne l'angle NOX' $= \varphi$ que forme l'axe OX' avec ON, la position de cet

axe OX′ sera connue, ainsi que celle de OY′ qui lui est per-pendiculaire ; et enfin le troisième axe OZ′ devra être mené perpendiculairement aux deux premiers, et formera l'angle ZOZ′ = θ. Nous supposerons en outre qu'ici le plan X′Y′ est situé *au-dessous* de XY, afin de faire coïncider nos formules avec celles qui sont employées ordinairement dans la Mécanique.

Cela posé, en imaginant une sphère décrite du point O avec un rayon arbitraire, elle sera coupée par les trois faces de l'angle trièdre ONXX′ suivant un triangle sphérique ABC dont chaque angle, tel que A, sera lié avec les trois côtés BC = α, CA = ς, AB = γ, par la relation connue (*)

$$(15) \qquad \cos \alpha = \cos A \sin \varsigma \sin \gamma + \cos \varsigma \cos \gamma.$$

(*) Nous démontrerons au chapitre XVIII cette formule que nous employons ici pour abréger ; car on pourrait arriver aux valeurs de x, y, z, en fonction de x', y', z', par une succession de systèmes rectangulaires qui, ayant deux à deux *un axe commun*, n'exigeraient que l'emploi des formules (14) relatives à la transformation des coordonnées dans un plan. En effet, si l'on regarde la droite ON comme un axe auxiliaire OX″, et que l'on en imagine deux autres OY″ et OY‴ qui soient les intersections des plans XY et X′Y′ avec le plan ZOZ′, on passera du système primitif OX, OY, OZ, au système OX″, OY″, OZ, par les formules

Fɪɢ. 13.

$$x = x'' \cos \psi + y'' \sin \psi,$$
$$y = y'' \cos \psi - x'' \sin \psi ;$$

puis, du système OX″, OY″, OZ, on passera au système OX″, OY‴, OZ′, par les relations analogues

$$y'' = y''' \cos \theta + z' \sin \theta,$$
$$z = z' \cos \theta - y''' \sin \theta ;$$

enfin, on passera du système OX″, OY‴, OZ′, au système OX′, OY′, OZ′, par le moyen des équations

$$x'' = x' \cos \varphi - y' \sin \varphi,$$
$$y''' = y' \cos \varphi + x' \sin \varphi ;$$

et si l'on substitue ces diverses valeurs dans les précédentes, on trouvera pour expressions des coordonnées x, y, z, en fonction de x', y', z' et des angles θ, φ, ψ, les formules (16) citées dans le texte.

Or ici, on a $A = \theta$, $\alpha = XOX'$, $\mathfrak{C} = \varphi$, $\gamma = \psi$; par conséquent l'équation (15) devient

$$a = \cos XOX' = \cos\theta \sin\varphi \sin\psi + \cos\phi \cos\psi.$$

La même sphère serait coupée par l'angle trièdre ONXY' suivant un triangle ABD où l'on aurait $A = \theta$, $\alpha = XOY'$, $\mathfrak{C} = \varphi + 90°$, $\gamma = \psi$; donc, en substituant dans (15), ou bien en remplaçant seulement φ par $90° + \varphi$ dans la valeur de a, il viendra

$$b = \cos XOY' = \cos\theta \cos\varphi \sin\psi - \sin\varphi \cos\psi.$$

De même, l'angle trièdre ONXZ' fournira un triangle sphérique ABE où l'on aura $A = 90° - \theta$, $\alpha = XOZ'$, $\mathfrak{C} = 90°$, $\gamma = \psi$; donc la formule (15) donnera

$$c = \cos XOZ' = \sin\theta \sin\psi.$$

Maintenant si, dans les valeurs de a, b, c, on remplace ψ par $90° + \psi$, l'axe OX deviendra OY, et il en résultera immédiatement

$$a' = \cos YOX' = \cos\theta \sin\varphi \cos\psi - \cos\phi \sin\psi,$$
$$b' = \cos YOY' = \cos\theta \cos\varphi \cos\psi + \sin\varphi \cos\psi,$$
$$c' = \cos YOZ' = \sin\theta \cos\psi.$$

Enfin, si l'on considère l'angle trièdre ONZX', il coupera la sphère suivant un triangle sphérique ACF où l'on aura

$$A = 90° + \theta, \quad \alpha = ZOX', \quad \mathfrak{C} = AC = \varphi, \quad \gamma = AF = 90° ;$$

donc la formule (15) donnera

$$a'' = \cos ZOX' = -\sin\theta \sin\varphi ;$$

et en remplaçant ici φ par $90° + \varphi$, on en déduira

$$b'' = \cos ZOY' = -\sin\theta \cos\varphi ;$$

d'ailleurs, on a évidemment

$$c'' = \cos ZOZ' = \cos\theta.$$

Voilà donc, en fonction des trois angles θ, φ, ψ, les valeurs des neuf coefficiens qui entrent dans les formules (4) du n° 72; et en les y substituant, ces formules deviendront

$$(16) \begin{cases} x = x' (\cos\theta \sin\varphi \sin\psi + \cos\varphi \cos\psi) \\ \quad + y' (\cos\theta \cos\varphi \sin\psi - \sin\varphi \cos\psi) \\ \quad + z' \sin\theta \sin\psi : \\ y = x' (\cos\theta \sin\varphi \cos\psi - \cos\varphi \sin\psi) \\ \quad + y' (\cos\theta \cos\varphi \cos\psi + \sin\varphi \sin\psi) \\ \quad + z' \sin\theta \cos\psi : \\ z = - x' \sin\theta \sin\varphi - y' \sin\theta \cos\varphi + z' \cos\theta. \end{cases}$$

FIG. 12.   90. COORDONNÉES POLAIRES. On peut encore fixer la position d'un point M de l'espace, au moyen des trois variables suivantes : 1°. le rayon vecteur $OM = r$; 2°. l'angle $ZOM = \theta$ formé par ce rayon avec l'axe positif OZ ; 3°. l'angle $POX = \omega$ que forme le plan *méridien* ZOM avec le plan fixe ZOX. De ces deux angles, le premier θ qui est compris entre deux droites prolongées d'un seul côté du *pôle* O, ne variera que de o à 180°, tandis que le second ω devra varier de o à 360°, pour que le rayon vecteur OM puisse atteindre tous les points de l'espace. Maintenant, si l'on veut exprimer en fonction de r, θ, ω, les coordonnées rectangulaires $MP = z$, $PQ = y$, $OQ = x$, on observera que les triangles rectangles MOP et POQ donnent

$$x = OP \cos\omega, \quad y = OP \sin\omega, \quad OP = r \sin\theta, \quad z = r\cos\theta;$$

d'où l'on conclut

$$(17) \quad x = r \sin\theta \cos\omega, \quad y = r \sin\theta \sin\omega, \quad z = r\cos\theta.$$

91. Nous avons déjà trouvé (n° 29) pour les valeurs de ces coordonnées en fonction du rayon vecteur r et des trois angles α, ε, γ, qu'il forme avec les axes rectangulaires, les relations

$$(18) \quad x = r \cos\alpha, \quad y = r \cos\varepsilon, \quad z = \cos\gamma;$$

ainsi, en comparant les formules (17) et (18), on pourra exprimer ces trois derniers angles en fonction de deux ω et θ, dont le dernier est ici le même que γ. Cette réduction s'accorde bien d'ailleurs avec la dépendance qui doit toujours exister entre α, ζ, γ, laquelle est donnée (n° 31) par l'équation

$$\cos^2 \alpha \; + \; \cos^2 \zeta \; + \; \cos^2 \gamma \; = \; 1.$$

CHAPITRE V.

Du Centre dans les surfaces quelconques, et spécialement dans les surfaces du second degré.

92. On appelle *centre* d'une surface quelconque, un point O Fig. 17. tel que toutes les *cordes* MOM', NON', ... menées par ce point, y sont divisées *chacune en deux parties égales*. Il faut cependant ajouter que si la droite OM coupait la surface en plus de deux points, il suffirait que ceux-ci, combinés dans un certain ordre, se trouvassent deux à deux à égale distance de O. Cela posé, si l'on conçoit que la surface soit rapportée à trois axes rectangulaires ou obliques, mais *dont l'origine soit au centre* O, et que l'on mène parallèlement à OZ les ordonnées MP et M'P', des extrémités d'une corde, on verra aisément, par les triangles égaux MOP, M'OP', que ces ordonnées sont égales et de signes contraires. Il en sera évidemment de même pour les x et pour les y des points M, M', et aussi pour toute autre corde passant par le centre : d'où il suit que si $f(x, y, z) = 0$ représente l'équation de la surface *rapportée au centre comme origine*, cette équation devra se trouver vérifiée par une infinité de systèmes de valeurs tels que

$$x', \; y', \; z', \quad \text{et} \quad - x', \; - y', \; - z',$$
$$x'', \; y'', \; z'', \quad \text{et} \quad - x'', \; - y'', \; - z''.$$
$$\cdot \; \cdot \; \cdot \; \cdot \; \cdot \; \cdot \; \cdot \; \cdot \; \cdot \; \cdot \; \cdot \; \cdot$$

Par conséquent, *il faut que l'équation* $f(x, y, z) = 0$ soit composée de manière qu'elle *ne change pas quand on change à la fois les signes des trois variables* x, y, z : et la réciproque est également vraie.

93. Lorsque l'équation $f(x, y, z) = 0$ rapportée au centre est *algébrique,* c'est-à-dire qu'elle ne renferme aucune fonction transcendante, la condition précédente revient évidemment à dire que dans chaque terme *la somme des exposans* des variables *doit être de même parité que le degré de l'équation.* Ainsi quand l'équation sera d'un degré *pair,* il faudra qu'il n'y entre que des termes dont le *degré* soit aussi *pair;* et quand elle sera d'un degré *impair,* il ne devra y entrer que des termes de *degré impair,* parce que ceux-ci changeront tous de signe en remplaçant x, y, z, par $-x$, $-y$, $-z$, ce qui n'altérera pas l'équation, attendu que le second membre est zéro. On sent bien que, dans ce dernier cas, l'équation ne saurait avoir de terme *constant;* donc elle sera vérifiée par les valeurs simultanées $x = 0$, $y = 0$, $z = 0$, et ainsi une des nappes de la surface passera par le centre. Par exemple, chacune des équations

$$A xyz^2 + B xy^3 + C yz + D xy + E = 0,$$
$$A xyz + B yz^2 + C x + D y + E z = 0,$$

représente une surface qui admet pour centre l'origine des coordonnées actuelles.

94. Maintenant, soit $F(x, y, z) = 0$ l'équation *algébrique* d'une surface rapportée à des axes quelconques. *Pour reconnaître si elle admet un centre,* il faudra transporter simplement les axes parallèlement à eux-mêmes en un point indéterminé (x_1, y_1, z_1), en substituant dans $F(x, y, z) = 0$, les formules (n° 81),

$$x = x' + x_1, \quad y = y' + y_1, \quad z = z' + z_1;$$

puis, égaler à zéro les coefficiens de tous les termes où *la somme des exposans ne sera pas de même parité que le de-*

gré de l'équation, et voir si l'on peut satisfaire à ces conditions par des valeurs *réelles* et *finies* des coordonnées x_i, y_i, z_i, qui alors détermineront la nouvelle origine pour le centre demandé; mais lorsqu'on ne pourra satisfaire à ces conditions par de telles valeurs, la surface proposée n'admettra point de centre.

95. Appliquons ces principes aux surfaces du second degré qui sont toutes renfermées dans l'équation générale

$$(1) \quad \left\{ \begin{array}{l} Ax^2 + A'y^2 + A''z^2 + 2Byz + 2B'zx + 2B''xy \\ \qquad + 2Cx + 2C'y + 2C''z + E \end{array} \right\} = 0 = \varphi(x,y,z).$$

Nous y laisserons les coordonnées quelconques, *rectangulaires* ou *obliques*; et pour reconnaître si ces surfaces admettent toutes un centre, nous y substituerons $x = x' + x_i$, $y = y' + y_i$, $z = z' + z_i$, puis nous égalerons à zéro les coefficiens des termes de *degré impair*. Alors, en supprimant les accens des nouvelles coordonnées, l'équation résultante deviendra

$$(2) \quad Ax^2 + A'y^2 + A''z^2 + 2Byz + 2B'zx + 2B''xy + K = 0,$$

dans laquelle les coefficiens des variables sont les mêmes que dans (1), et où le terme constant est égal à $\varphi(x_i, y_i, z_i)$, c'est-à-dire que

$$K = Ax_i^2 + A'y_i^2 + A''z_i^2 + 2By_iz_i + 2B'z_ix_i + 2B''x_iy_i$$
$$+ 2Cx_i + 2C'y_i + 2C''z_i + E.$$

D'ailleurs les termes disparus auront donné les conditions

$$(3) \quad Ax_i + B'z_i + B''y_i + C = 0,$$
$$(4) \quad A'y_i + Bz_i + B''x_i + C' = 0,$$
$$(5) \quad A''z_i + B'x_i + By_i + C'' = 0,$$

dont les premiers membres ne sont autre chose que les *dérivées* de la fonction φ, relatives à x, à y, à z, dans lesquelles on aurait remplacé x, y, z par x_i, y_i, z_i (*) ; et si alors on résout ces trois équations du premier degré, on en déduira des valeurs de la forme

$$x_i = \frac{N}{D}, \quad y_i = \frac{N'}{D}, \quad z_i = \frac{N''}{D},$$

dans lesquelles

$$D = AB^2 + A'B'^2 + A''B''^2 - AA'A'' - 2BB'B'',$$
$$N = C(A'A'' - B^2) + C'(BB' - B''A'') + C''(BB'' - B'A'),$$
$$N' = C'(AA'' - B'^2) + C''(B'B'' - BA) + C(BB' - B''A''),$$
$$N'' = C''(AA' - B''^2) + C(BB'' - B'A') + C'(B'B'' - BA).$$

96. Cela posé, lorsque l'équation donnée (1) rendra le polynome $D \gtrless 0$, les valeurs précédentes de x_i, y_i, z_i qui sont toujours réelles, se trouveront *finies*; par conséquent, la surface admettra *un centre unique* dont la position sera dé-

---

(*) On peut s'assurer que, dans toute fonction rationnelle et entière, $F(x, y, z)$ les termes du premier ordre en x, y, z, après qu'on y aura substitué $x + x_i$, $y + y_i$, $z + z_i$, auront toujours pour coefficiens les dérivées de F; car si l'on effectue cette substitution dans l'ordre $x_i + x$, $y_i + y$, $z_i + z$, la formule de *Taylor* donnera pour la fonction variée

$$\begin{aligned}
&F(x_i, y_i, z_i) + \frac{dF}{dx_i}x + \frac{dF}{dy_i}y + \frac{dF}{dz_i}z \\
&+ \frac{d^2F}{dx_i^2} \cdot \frac{x^2}{2} + \frac{d^2F}{dx_i\,dy_i}xy + \ldots \\
&\cdots\cdots\cdots\cdots\cdots\cdots\cdots \\
&+ \frac{d^nF}{dx_i^n} \cdot \frac{x^n}{1.2\ldots n} + \ldots
\end{aligned}$$

On voit aussi que le terme indépendant des variables est $F(x_i, y_i, z_i)$, et que la dernière ligne reproduira tous les termes de l'ordre n le plus élevé, qui entraient dans $F(x, y, z)$; mais ceux d'un ordre inférieur se trouveront augmentés de nouvelles quantités qui s'obtiendront par la formule précédente. D'ailleurs, pour que la surface $F(x, y, z)$ admette un centre, il faudra pouvoir égaler à zéro toutes les dérivées *d'ordre impair* ou *d'ordre pair*, selon que le degré de cette surface sera *pair* ou *impair*.

terminée par les coordonnées x_i, y_i, z_i de la nouvelle origine, pour laquelle l'équation de la surface prendra la forme (2).

Si l'équation (1) rend le polynome $D = o$, et que les trois numérateurs N, N', N'' ne soient pas nuls à la fois, une au moins des coordonnées du centre deviendra infinie; ce qui signifie que dans ce cas la surface sera *dépourvue de centre*.

Enfin, si en même temps que $D = o$, les trois numérateurs N, N', N'', sont tous nuls, la surface admettra *une infinité de centres*, puisque alors les équations (3), (4), (5) se réduiront à une ou à deux équations vraiment distinctes, ce qui permettra d'y satisfaire par une infinité de valeurs de x_i, y_i, z_i : mais ce cas présente deux variétés qu'il faut examiner séparément.

97. Lorsque le système (3), (4), (5) se réduira à *deux équations* distinctes, ce qu'on reconnaîtra en voyant si les valeurs de x_i, y_i, tirées de (3) et (4), par exemple, vérifient (5), quel que soit z_i, on en conclura qu'il existe une infinité de centres, situés tous sur la droite EF représentée par (3) et (4); et dans ce cas la surface sera nécessairement *un cylindre* à base *elliptique* ou *hyperbolique*. En effet, tous les plans menés par EF couperont la surface suivant des lignes du second degré (n° 83) qui devront évidemment admettre pour centres tous les points O', O''... de EF; donc, chacune de ces sections ne pourra être que le système de *deux droites parallèles* à EF : ainsi la surface proposée se trouvera le lieu de diverses droites parallèles entre elles, c'est-à-dire qu'elle sera cylindrique. J'ajoute que ce cylindre aura nécessairement une base *elliptique* ou *hyperbolique;* car, si on le coupait par un plan GO'H perpendiculaire à EF, on devrait trouver pour section une courbe du second degré qui admît pour centre le point O'.

98. Quand les équations (3), (4), (5) se réduiront à *une seule*, ce qu'on reconnaîtra en voyant si la valeur de x_i tirée de (3), par exemple, vérifie (4) et (5) quels que soient y_i, z_i, on en conclura qu'il existe encore une infinité de centres

situés tous dans le plan GO'F déterminé par l'équation (3);
et alors la surface proposée ne sera autre chose que le système de *deux plans parallèles* à GO'F. En effet, si l'on trace
dans ce dernier plan deux droites EF et GH, on prouvera,
comme ci-dessus (n° 97), que la surface est un cylindre parallèle à EF. Mais ensuite un plan sécant mené par GH perpendiculairement au premier, devra donner une courbe qui
ait pour centre tous les points de GH; c'est-à-dire que cette
section, base du cylindre, sera le système de deux droites
parallèles à GH, et par conséquent le cylindre lui-même se
réduira à deux plans parallèles à celui des centres. Dans ce
cas, l'équation (1) devrait pouvoir se décomposer en deux
facteurs rationnels du premier degré.

99. On voit par cette discussion que les surfaces du second
degré peuvent être rangées en trois classes : la première comprend *les surfaces qui ont un centre unique;* la deuxième,
les surfaces dépourvues de centre; et la troisième se compose
de *cylindres* qui admettent une infinité de centres, situés
tous sur un *axe central* ou sur un *plan central.* Mais comme
ces cylindres se retrouveront compris, ainsi qu'on le verra
par la suite, dans les équations des surfaces douées d'un
centre, on peut borner l'énoncé général aux deux premières
classes.

Toutefois, puisque la considération du centre, qui serait
propre à simplifier l'équation générale (1) et à en rendre la
discussion plus facile, n'est point applicable à toutes les surfaces du second ordre, nous allons employer pour réduire
cette équation, une autre propriété qui aura l'avantage d'être
commune à toutes ces surfaces : c'est celle des plans diamétraux.

CHAPITRE VI.

Des Plans diamétraux, et réduction de l'équation générale du second degré aux deux formes les plus simples.

100. Dans une surface quelconque $F(x, y, z) = 0$, si l'on mène une suite de *cordes* parallèles toutes à une direction donnée, et que l'on prenne les milieux de ces droites, le lieu géométrique de tous ces points formera ce qu'on appelle une *surface diamétrale* de la première. Elle aurait plusieurs nappes, si chacune des droites parallèles avait plus de deux points communs avec la surface proposée ; et comme le nombre de ces points d'intersection, réels ou imaginaires, égalera toujours le degré n de l'équation $F(x, y, z) = 0$, leurs combinaisons deux à deux formeront sur une même droite indéfinie, $\dfrac{n(n-1)}{2}$ cordes différentes dont les milieux seront en même nombre : par conséquent, la surface diamétrale pouvant être rencontrée par cette droite indéfinie dans $\dfrac{n(n-1)}{2}$ points, aura une équation qui se trouvera du degré $\dfrac{n(n-1)}{2}$ (*).

Pour les surfaces du second ordre, où $n = 2$, les surfaces diamétrales ne peuvent être que des plans.

101. Lorsqu'une surface quelconque $F(x, y, z) = 0$ admet un *plan diamétral*, c'est-à-dire un plan qui passe par les mi-

---

(*) Ces considérations et l'emploi fort utile d'un plan diamétral pour simplifier immédiatement l'équation générale du second degré, sont dus à M. J. Binet. (Voyez *la Correspondance sur l'École Polytechnique*, vol. 2, p. 74.)

lieux de toutes les cordes parallèles à une certaine direction,
si l'on rapporte cette surface à trois axes dont deux soient quelconques, mais *situés dans le plan diamétral*, et dont le troisième OZ soit *parallèle aux cordes conjuguées avec ce plan*,
alors l'équation nouvelle $f(x, y, z) = 0$ de cette surface devra
évidemment, pour chaque système de valeurs simultanées
$x = a$ et $y = b$, fournir des valeurs de z qui soient deux à
deux égales et de signes contraires. Donc cette équation,
supposée algébrique, *devra ne contenir que des puissances
paires de la variable* z ; ce qui n'exclut par les termes constans , ou indépendans de z, comme dans

$$Az^4 + Byz^2 + Cx^3 + Dy + E = 0.$$

Réciproquement, toutes les fois qu'une équation ne renfermera que des puissances paires d'une des variables, z par
exemple, on pourra affirmer que le plan des xy est *diamétral*
et *conjugué* avec les cordes parallèles à l'axe des z.

102. *Trois plans diamétraux sont dits* CONJUGUÉS *entre eux*,
*lorsque chacun coupe en deux parties égales les cordes qui
sont parallèles à l'intersection des deux autres plans ;* alors
on prouvera, comme ci-dessus, que quand une surface admet trois plans de ce genre, et qu'on les choisit pour plans
coordonnés, l'équation $f(x, y, z) = 0$, supposée algébrique,
*doit ne contenir que des puissances paires de chacune des trois
variables.*

103. Comme les plans diamétraux, isolés ou conjugués,
sont en général obliques, relativement aux cordes qu'ils coupent par leurs milieux, nous donnerons le nom particulier de
plan principal à un plan qui se trouverait en même temps
diamétral et *perpendiculaire* à ses cordes conjuguées.

104. Nous appellerons aussi *diamètre* d'une surface, toute
droite qui sera l'intersection de deux plans diamétraux ; et si
ces deux plans étaient *principaux*, leur intersection deviendrait un *diamètre principal* ou un *axe* de la surface. Cette définition des diamètres aura l'avantage de s'appliquer même
aux surfaces dépourvues de centre.

Enfin, on donne le nom de *sommets* aux points où une surface rencontre quelqu'un de ses axes.

Cela posé, pour réduire l'équation générale des surfaces du second degré à une forme simple, qui embrasse néanmoins toutes les surfaces de cet ordre, et *qui conserve les coordonnées rectangulaires* avec lesquelles on aperçoit bien mieux les points et les lignes remarquables, nous allons démontrer que, dans toutes ces surfaces, il existe au moins *un plan principal*.

105. Cherchons d'abord le plan diamétral qui serait conjugué avec un système de cordes parallèles, dont la direction est fixée par les angles α, $\mathcal{6}$, γ, qu'elles forment avec trois axes *rectangulaires* quelconques. La surface, rapportée à ces mêmes axes, aura pour équation la plus générale,

$$(1) \quad \left\{ \begin{matrix} Ax^2 + A'y^2 + A''z^2 + 2Byz + 2B'zx + 2B''xy \\ + 2Cx + 2C'y + 2C''z + E \end{matrix} \right\} = 0 = \Phi(x,y,z);$$

et une des cordes du système donné, sera représentée par

$$(2) \quad x = mz + p, \quad y = nz + q,$$

où les quantités $m = \dfrac{\cos \alpha}{\cos \gamma}$, $n = \dfrac{\cos \mathcal{6}}{\cos \gamma}$ (n° 30), seront les mêmes pour toutes les cordes en question, tandis que p et q varieront d'une corde à une autre. Pour avoir les points où la droite (2) rencontre la surface Φ, je substitue dans (1) les coordonnées x, y de cette droite, et il est clair, sans effectuer les calculs, que j'arriverai à un résultat de la forme

$$(3) \quad Rz^2 + Sz + T = 0,$$

équation dont les racines seraient les ordonnées des deux extrémités de la corde. Mais l'ordonnée z_i du *milieu* de cette corde étant, comme on sait, égale à la demi-somme des ordonnées extrêmes, on aura évidemment $z_i = -\dfrac{S}{2R}$; ce qui revient à dire que l'ordonnée du milieu de la corde sera fournie par l'*équation dérivée* de (3), savoir :

$$(4) \quad 2Rz + S = 0.$$

Or, on peut former cette dernière sans effectuer les substitutions qui auraient conduit à (3); il suffit de différentier (*) la fonction Φ, en y regardant x et y comme tenant la place de leurs valeurs, c'est-à-dire comme des fonctions de z détermi-

---

(*) Si l'on ne veut pas employer ici le calcul différentiel, qui cependant évite une substitution et une élimination un peu longues, il n'y a qu'à remplacer effectivement dans (1) les coordonnées x et y par leurs valeurs tirées de (2), et l'on trouvera, pour l'équation (3), le résultat suivant :

$$\left. \begin{array}{l} z^2(Am^2 + A'n^2 + A'' + 2Bn + 2B'm + 2B''mn) \\ + 2z(Amp + A'nq + Bq + B'p + B''mq + B''np + Cm + C'n + C'') \\ + Ap^2 + A'q^2 + 2B''pq + 2Cp + 2C'q + E \end{array} \right\} = 0.$$

Cette équation aurait pour racines les ordonnées des deux extrémités de la corde; mais l'ordonnée z_i du point milieu devant être la demi-somme de celles-là, on peut, sans résoudre l'équation précédente, en conclure immédiatement que

$$z_1 = - \frac{p(Am + B' + B''n) + q(A'n + B + B''m) + Cm + C'n + C''}{Am^2 + A'n^2 + A'' + 2Bn + 2B'm + 2B''mn}.$$

D'ailleurs, les trois coordonnées x_1, y_1, z_1, de ce point milieu, devant vérifier les équations (2) de la corde, on aura encore

$$x_1 = mz_1 + p, \quad y_1 = nz_1 + q;$$

de sorte que si entre les trois dernières équations, on élimine p et q, qui seules distinguent une corde du système donné d'avec une autre corde de ce même système, on obtiendra l'équation de la surface diamétrale cherchée. Or, en substituant $p = x_1 - mz_1$, $q = y_1 - nz_1$, dans la valeur de z_1, on trouve, après quelques réductions,

$$\left. \begin{array}{l} (Am + B''n + B')x_1 + (A'n + B''m + B)y_1 + (A'' + Bn + B'm)z_1 \\ + Cm + C'n + C'' \end{array} \right\} = 0;$$

résultat qui coïncide avec l'équation (7) du texte.

Il est bon d'observer ici que l'équation du plan diamétral (7) conserverait la même forme, quand bien même la surface (1) serait rapportée à des *axes obliques*; seulement les constantes m et n changeraient alors de signification géométrique (n° 16).

nées par les relations

$$(2) \quad x = mz + p, \quad y = nz + q.$$

Ainsi, d'après la règle qui sert à différentier les *fonctions de de fonctions*, on formera l'équation

$$\frac{d\Phi}{dx} \cdot \frac{dx}{dz} + \frac{d\Phi}{dy} \cdot \frac{dy}{dz} + \frac{d\Phi}{dz} = 0,$$

ou bien,

$$(5) \quad m\frac{d\Phi}{dx} + n\frac{d\Phi}{dy} + \frac{d\Phi}{dz} = 0,$$

laquelle équivaudra à l'équation (4); et alors le système (5) et (2) donnera les trois coordonnées x, y, z, du *milieu* de la corde en question. Cela posé, pour obtenir la *surface diamétrale*, lieu géométrique des milieux de toutes les cordes parallèles, il faudrait évidemment éliminer de ce système les constantes p et q, qui seules varient d'une corde à une autre; mais l'équation (5) ne renferme pas explicitement ces constantes : elles n'y entreraient qu'autant qu'on aurait substitué dans (1) les valeurs de x et y tirées de (2). Donc, puisque nous avons évité cette substitution, l'équation (5) elle-même représente la surface diamétrale cherchée, et l'on reconnaît que cette surface est *un plan*, car en effectuant les dérivées qui sont indiquées dans (5), il vient

$$(6) \quad \left\{ \begin{array}{l} m(\mathrm{A}x + \mathrm{B}'z + \mathrm{B}''y + \mathrm{C}) + n(\mathrm{A}'y + \mathrm{B}z + \mathrm{B}''x + \mathrm{C}') \\ \qquad + (\mathrm{A}''z + \mathrm{B}y + \mathrm{B}'x + \mathrm{C}'') \end{array} \right\} = 0,$$

ou bien, en ordonnant par rapport aux variables,

$$(7) \quad \left\{ \begin{array}{l} (\mathrm{A}m + \mathrm{B}' + \mathrm{B}''n)\,x + (\mathrm{A}'n + \mathrm{B} + \mathrm{B}''m)\,y + (\mathrm{A}'' + \mathrm{B}n + \mathrm{B}'m)\,z \\ \qquad + \mathrm{C}m + \mathrm{C}'n + \mathrm{C}'' \end{array} \right\} = 0.$$

Dans cette équation du *plan diamétral*, il est utile de remarquer que le coefficient de la variable x est la dérivée relative à x des termes du second ordre qui entrent dans Φ, dérivée où l'on doit ensuite remplacer x, y, z par m, n et 1. Une composition analogue a lieu pour les coefficiens de y et de z ; et l'on pourrait d'ailleurs rendre toutes les formules précédentes complètement symétriques, quoique plus longues à écrire, en y introduisant les valeurs $m = \dfrac{\cos \alpha}{\cos \gamma}$, $n = \dfrac{\cos \delta}{\cos \gamma}$.

106. Il résulte de ce qui précède, que, pour tout système de cordes parallèles dont la direction est définie par les angles α, δ, γ, ou par les constantes m et n, il existe un plan diamétral, puisque les coefficiens de x, y, z, dans l'équation (7), sont réels. A la vérité, ce plan se trouverait à une distance infinie si les coefficiens des trois variables étaient nuls ensemble, c'est-à-dire si la direction des cordes était telle qu'on eût à la fois

$$A m + B' + B''n = 0,$$
$$A'n + B + B''m = 0,$$
$$A'' + Bn + B'm = 0;$$

mais pour que ces trois équations, qui ne renferment que deux inconnues, puissent s'accorder, on verra aisément que la condition $D = 0$ (n° 96) doit être satisfaite. Ainsi, la circonstance d'un plan diamétral situé à l'infini ne peut se rencontrer que dans les surfaces dépourvues de centre ; toutefois, nous aurons égard, dans la suite, à cette restriction.

107. Réciproquement, étant donné un plan $Rx + Sy + z = 0$, on peut trouver la direction des cordes qui sont conjuguées avec un plan parallèle au premier ; car ce nouveau plan

$$Rx + Sy + z + T = 0$$

étant identifié avec (7), on aura pour déterminer m et n, les conditions suivantes

$$R = \frac{A m + B' + B''n}{A'' + Bn + B'm}, \quad S = \frac{A'n + B + B''m}{A'' + Bn + B'm};$$

mais ensuite il faudra adopter pour T la valeur

$$T = \frac{Cm + C'n + C''}{A'' + Bn + B'm}.$$

108. On doit observer que tout plan diamétral passe par le centre, ou en général par le lieu des centres ; car l'équation de ce plan, écrite sous la forme (6), est évidemment satisfaite quand on y substitue les coordonnées du centre, fournies par les équations (3), (4), (5) du n° 95 ; et l'on pouvait d'ailleurs prévoir cette circonstance, d'après la définition même du centre.

109. Cherchons maintenant si, parmi tous les plans diamétraux qu'admet la surface Φ, il y en a un qui soit *principal* (n° 103). Pour cela, il faut ne plus se donner arbitrairement les angles α, ξ, γ, ou les coefficiens m et n, mais les choisir tels que le plan diamétral (7) se trouve perpendiculaire à la corde (2). Ainsi l'on doit satisfaire (n° 47) aux deux conditions

$$(8) \quad \frac{Am + B' + B''n}{A'' + Bn + B'm} = m, \qquad (9) \quad \frac{A'n + B + B''m}{A'' + Bn + B'm} = n,$$

desquelles on pourrait déduire, par l'élimination de m, une équation du troisième degré seulement, qui admettrait toujours pour n une valeur réelle ; mais on arrive à un résultat plus symétrique, et qui nous sera d'ailleurs utile plus tard, en introduisant une inconnue auxiliaire

$$s = A'' + Bn + B'm ;$$

alors les équations (8) et (9) se trouvent remplacées par les trois suivantes, qui sont du premier degré en m et n,

$$(10) \quad Am + B' + B''n = ms,$$
$$(11) \quad A'n + B + B''m = ns,$$
$$(12) \quad A'' + Bn + B'm = s.$$

Or, des deux premières on tire

$$(13) \quad m\left[(s - A)(s - A') - B''^2\right] = B'(s - A') + BB'',$$
$$(14) \quad n\left[(s - A)(s - A') - B''^2\right] = B(s - A) + B'B'' ;$$

et en substituant dans (12) ces valeurs de m et de n, il vient

$$(15) \quad \left\{ \begin{array}{l} (s-A)(s-A')(s-A'') - B^2(s-A) - B'^2(s-A') \\ \qquad - B''^2(s-A'') - 2BB'B'' \end{array} \right\} = 0,$$

ou bien, en développant,

$$(16) \quad s^3 - s^2(A+A'+A'') - s(B''^2 - AA' + B'^2 - AA'' + B^2 - A'A'')$$
$$+ (AB^2 + A'B'^2 + A''B''^2 - AA'A'' - 2BB'B'') = 0.$$

Cette équation (*) étant d'un degré impair, admettra toujours

---

(*) **Comme** elle sera nécessaire à citer plus tard, nous ferons observer ici que le terme connu est précisément le dénominateur D des coordonnées du centre (n° 95) : le coefficient de s^2 est facile à retenir; et quant au coefficient de s, il se compose de la somme des trois binomes $B''^2 - AA'$, $B'^2 - AA''$, $B^2 - A'A''$, qui sont analogues à $b^2 - 4ac$ dans les courbes du second degré, et qui serviraient à indiquer le genre des sections faites dans la surface (1) par les plans coordonnés $z = 0$, $y = 0$, $x = 0$, ou par des plans parallèles à ceux-ci.

D'ailleurs nous verrons plus loin (n° 117) que l'équation (16) a toujours ses trois racines réelles; mais *M. Cauchy* a donné de cette proposition une démonstration *directe* et ingénieuse. Pour cela, il écrit l'équation (15) sous la forme

$$(15) \quad (s-A)[(s-A')(s-A'')-B^2] - [B'^2(s-A')+B''^2(s-A'')+2BB'B''] = 0;$$

puis il remarque que, dans le cas particulier où l'on aurait $B' = 0$ et $B'' = 0$, les trois racines seraient

$$s = A, \; s = \frac{A'+A''}{2} \pm \tfrac{1}{2}\sqrt{(A'-A'')^2+4B^2} = \left\{ \begin{array}{l} a \\ b \end{array} \right. ;$$

alors, revenant au cas général, il fait, dans (15), les hypothèses suivantes :

$$s = \infty \text{ qui donne } +,$$
$$s = a \ldots\ldots\ldots -,$$
$$s = b \ldots\ldots\ldots +,$$
$$s = -\infty \ldots\ldots -.$$

Ainsi, puisque ces résultats sont alternativement positifs et négatifs, les trois racines de l'équation sont toutes réelles, et généralement inégales. Pour manifester clairement le signe du résultat de la substitution $s = a$, il faut remarquer que les quantités $a - A'$, $a - A''$, sont essentiellement positives, et peuvent être représentées par h^2 et k^2; d'ailleurs, on a évidemment......

une racine réelle, à laquelle correspondront dans (13) et (14) des valeurs réelles pour m et n; par conséquent, *dans toute surface du second degré, il existe au moins un plan principal;* et il peut y avoir au plus *trois plans* de ce genre, à moins qu'il n'y en ait une infinité, ce qui arriverait si la forme particulière de la surface rendait quelqu'une des équations (10), (11), (12) identique avec les autres; mais nous reviendrons plus tard (n° 118) sur cette discussion.

110. Toutefois, il importe d'observer que la racine réelle de l'équation (16) prouve bien *l'existence d'un système de cordes principales,* c'est-à-dire qui sont coupées à angle droit par leur plan diamétral; mais elle n'apprend rien sur la position absolue de ce plan, qui pourrait se trouver *à une distance infinie* (n° 106), et dans ce cas ne saurait être employé comme plan coordonné. C'est pourquoi nous allons appuyer les transformations suivantes, non sur le plan principal lui-même, mais sur le système de cordes principales dont la réalité est certaine.

111. Concevons que la surface générale Φ du n° 105 est rapportée à trois axes rectangulaires dont l'un, OZ, soit pris *parallèle à ces cordes principales;* il faudra qu'alors les équations (10), (11), (12) se trouvent vérifiées par les hypothèses $\alpha = 90°$, $\varepsilon = 90°$ et $\gamma = 0$, ou bien par les valeurs

$$m = \frac{\cos \alpha}{\cos \gamma} = 0, \qquad n = \frac{\cos \varepsilon}{\cos \gamma} = 0.$$

Or, cela entraîne évidemment les conditions $B' = 0$ et $B = 0$; d'où il résulte que, pour de tels axes, l'équation de la

---

$B^2 = (a - A')(a - A'') = h^2 k^2$; de sorte que l'équation (15) se réduit pour $s = a$, à la forme d'un carré négatif

$$- [B'^2 h^2 + B''^2 k^2 \pm 2B'B''hk].$$

Au contraire, quand on pose $s = b$, les quantités $b - A'$, $b - A''$, sont de la forme $- h^2$, $- k^2$, et l'on a encore $B^2 = h^2 k^2$; donc l'équation (15) donne alors un résultat nécessairement positif.

surface du second degré, *sera toujours débarrassée de deux des trois rectangles*, et prendra la forme

$$(17)\quad Ax^2 + A'y^2 + A''z^2 + 2B''xy + 2Cx + 2C'y + 2C''z + E = 0.$$

Par conséquent, tous les genres de surfaces du second ordre sont renfermés sans exception dans cette équation; mais elle peut encore être réduite. En effet, si, sans déplacer l'axe OZ, on fait tourner dans leur plan les axes OX et OY, en les laissant rectangulaires, par les formules connues

$$x = x' \cos \omega - y' \sin \omega,$$

$$y = x' \sin \omega + y' \cos \omega,$$

on pourra faire disparaître le rectangle xy, puisqu'on arrive, comme dans l'équation à deux variables, à la condition

$$2 \sin \omega \cos \omega \,(A' - A) + 2B'' (\cos^2 \omega - \sin^2 \omega) = 0,$$

d'où

$$\tang 2\omega = \frac{2B''}{A - A'}.$$

Cette valeur étant réelle et toujours admissible, même quand $A = A'$, prouve que l'équation (17) peut toujours être ramenée à la forme

$$(18)\quad Px^2 + P'y^2 + P''z^2 - Qx - Q'y - Q''z + E = 0,$$

qui renferme encore *toutes les surfaces* du second degré, et dans laquelle P, P', P'', Q.... peuvent avoir des signes et des valeurs numériques quelconques; mais ici va commencer la séparation des diverses classes.

112. Si les trois coefficiens P, P', P'' sont tous différens de zéro, il sera toujours possible de faire évanouir les premières puissances des variables; car en transportant les axes actuels parallèlement à eux-mêmes, par les formules $x = x' + a$, $y = y' + b$, $z = z' + c$, on trouve les conditions

$$2aP - Q = 0, \quad 2bP' - Q' = 0, \quad 2cP'' - Q'' = 0,$$

auxquelles on peut satisfaire par des valeurs *finies* de a, b, c, tant qu'aucun des coefficiens P, P′, P″ ne se trouve nul. Ainsi, dans ce cas, l'équation (18) se ramènera à la forme

$$(19) \qquad Px^2 + P'y^2 + P''z^2 = H,$$

qui comprend une *première classe* de surfaces du second degré.

113. Si un seul des trois coefficiens des carrés se trouve nul, par exemple, $P = 0$, et le coefficient correspondant $Q \gtrless 0$, on ne pourra plus faire disparaître le terme Qx, puisque la valeur précédente de a serait infinie ; mais en place, on pourra faire évanouir le terme constant, et réduire l'équation (18) à cette forme

$$(20) \qquad P'y^2 + P''z^2 = Qx,$$

qui présente une *deuxième classe* de surfaces du second ordre.

114. Lorsque, dans l'équation (18), on a à la fois $P = 0$ et $Q = 0$, sans qu'il manque aucun des deux autres carrés, alors cette équation se réduit d'elle-même à

$$P'y^2 + P''z^2 - Q'y - Q''z + E = 0 ;$$

et comme elle ne renferme que deux variables, elle appartient nécessairement (n° 8) à *un cylindre* perpendiculaire au plan des yz, et dont la base sera évidemment *une ellipse* ou *une hyperbole*. Or, il sera toujours possible de rapporter cette courbe à son centre, ou de ramener l'équation précédente à la forme

$$P'y^2 + P''z^2 = H ;$$

et puisque cette dernière se déduirait de l'équation (19) en y posant $P = 0$, nous pourrons regarder les cylindres elliptiques ou hyperboliques, comme un genre particulier qui sera compris dans *la première classe* générale représentée par l'équation

(19), en sous-entendant que, dans celle-ci, quelqu'un des coefficiens peut être nul.

115. Enfin, si dans l'équation (18) on a en même temps $P = o$ et $P' = o$, il restera

$$P''z^2 - Qx - Q'y - Q''z + E = o.$$

Or, cette surface étant coupée par des plans parallèles à XY, tels que $z = h$, $z = h'$,... donnera toujours des droites parallèles entre elles ; donc c'est un *cylindre* parallèle au plan XY, et *à base parabolique*, puisqu'en posant $y = o$, on obtient une parabole. A la vérité, les arètes de ce cylindre sont obliques sur cette base : mais en coupant la surface par un plan ZOX′, perpendiculaire à ses génératrices, on aurait encore évidemment une parabole ; et l'équation de ce cylindre, rapporté au plan de cette *section droite,* se réduirait (n° 8) à celle de sa nouvelle base, que l'on sait pouvoir être ramenée à

$$P''z'^2 = Rx'.$$

Donc, puisque cette équation peut être déduite de (20) en y posant $P' = o$, ce genre particulier de surfaces rentre dans la seconde classe.

116. Nous n'examinerons pas l'hypothèse où P, P′ et P″ seraient nuls à la fois ; car il est impossible (n° 82) que l'équation (17) s'abaisse au premier degré par des transformations de coordonnées.

117. Il résulte de cette discussion, que toutes les surfaces du second ordre, avec leurs variétés, sont comprises dans les *deux classes* représentées par les équations à coordonnées rectangulaires

$$(19) \qquad Px^2 + P'y^2 + P''z^2 = H,$$

$$(20) \qquad P'y^2 + P''z^2 = Qx.$$

Les surfaces de la première classe ont évidemment *un centre* qui est l'origine des coordonnées actuelles (n° 93), puisque la somme des exposans des variables est paire dans chaque terme, comme le degré de l'équation. Elles admettent aussi *trois plans principaux conjugués entre eux* (n°s 102 et 103), qui sont les plans coordonnés rectangulaires auxquels elles se trouvent rapportées maintenant; car chaque variable n'entre qu'à des puissances paires dans l'équation (19). D'où l'on doit conclure que, pour ces surfaces, l'équation (16) a ses *trois racines réelles*.

Quant aux surfaces de la seconde classe, *elles n'admettent point de centre,* puisqu'en transportant l'origine (n° 94) on ne pourrait jamais faire disparaître le terme Qx, dont le *degré* n'est pas *de même parité* que celui de l'équation (20). Parmi les plans coordonnés actuels, ceux des (x, y) et des (x, z) seulement, sont *diamétraux* et *principaux,* attendu que les variables z et y n'entrent chacune qu'à des puissances paires; d'où l'on conclut qu'il existe ici au moins *deux* systèmes de *cordes principales,* qui sont parallèles à l'axe des z et à l'axe des y; et par suite, le troisième système, déterminé avec les autres par l'équation (16), doit être aussi réel : mais le plan principal correspondant se trouve à une distance infinie, comme nous allons le voir.

D'ailleurs, par cette discussion, il reste prouvé que, dans tous les cas, *l'équation* (16) du n° 109 *a ses trois racines réelles.*

118. Il suffirait sans doute, pour étudier les surfaces du second ordre, de les avoir renfermées toutes, avec leurs variétés, dans les équations (19) et (20); mais si l'on veut compléter la discussion des cordes et des plans principaux, il n'y a qu'à reprendre la méthode générale du n° 109, en l'appliquant à l'équation plus simple

$$(18) \qquad Px^2 + P'y^2 + P''z^2 - Qx - Q'y - Q''z + E = 0,$$

laquelle comprend sans exception toutes les surfaces du second ordre (n° 111). En cherchant d'abord le plan diamétral conjugué avec les cordes parallèles à la droite quelconque

$$(21) \qquad x = mz = \frac{\cos a}{\cos \gamma}. z, \qquad y = nz = \frac{\cos \zeta}{\cos \gamma}. z,$$

on trouvera, par la formule générale (5),

$$(22) \quad (2Px - Q) \cos a + (2P'y - Q') \cos \zeta + (2P''z - Q'') \cos \gamma = 0.$$

Ensuite, pour que ce plan et la corde (21) soient perpendiculaires entre eux, il faudra (n° 48) satisfaire aux trois conditions (*)

$$(23) \quad \begin{cases} P \cos a . \cos \gamma = P'' \cos a . \cos \gamma, \\ P' \cos \mathcal{C} . \cos \gamma = P'' \cos \mathcal{C} . \cos \gamma, \\ P \cos a . \cos \mathcal{C} = P' \cos \mathcal{C} . \cos a, \end{cases}$$

lesquelles ne peuvent être vérifiées à la fois, quand P, P', P'' sont inégaux,
que par l'un des systèmes de valeurs qui suivent :

$$(24) \quad \begin{cases} \cos a = o \quad \text{avec} \quad \cos \mathcal{C} = o, \\ \cos a = o \ldots\ldots \cos \gamma = o, \\ \cos \mathcal{C} = o \ldots\ldots \cos \gamma = o. \end{cases}$$

Or, ces valeurs prouvent, 1°. qu'il existe trois systèmes de cordes principales, *toujours réels*, et *perpendiculaires entre eux*, puisqu'ils sont
parallèles aux trois axes rectangulaires OX, OY, OZ, qui ont ramené
l'équation du second ordre à la forme (18); et qu'il n'y a *jamais plus
de trois systèmes de ce genre*, tant que P, P', P'' sont inégaux;

2°. Que les plans principaux conjugués avec ces trois systèmes de cordes,
et déduits de l'équation (22), sont :

$$(25) \quad 2P''z - Q'' = o,$$

$$(26) \quad 2P'y - Q' = o,$$

$$(27) \quad 2Px - Q = o;$$

mais le dernier sera situé à une distance infinie $x = \dfrac{Q}{2P}$, si P = o, ce
qui arrive dans les surfaces de la forme (20). Cela vient évidemment de
ce que les cordes parallèles à OX ne rencontrent plus la surface qu'en
un seul point, et se prolongent indéfiniment dans l'autre sens.

119. Si l'on avait à la fois P = o et Q = o, ce plan principal (27)
perpendiculaire à OX, se trouverait à une distance indéterminée. En
effet, la surface devient alors (n° 114) un cylindre elliptique ou hyperbolique ; et les cordes parallèles à OX, ou bien à l'axe du cylindre, se
prolongeant indéfiniment dans les deux sens, leurs milieux peuvent être
pris à volonté sur tout plan perpendiculaire à leur direction commune.

120. Maintenant, supposons que deux des coefficiens P, P', P'' soient
égaux, par exemple, P = P'. Alors on satisfera aux conditions (23)
d'une manière plus générale que par les valeurs (24); on pourra encore
poser

$$\cos a = o \quad \text{avec} \quad \cos \mathcal{C} = o,$$

---

ce qui fait retrouver le système de cordes parallèles à OZ, avec le plan principal (25); ou bien il suffira de poser

$$\cos \gamma = 0,$$

en laissant a et ζ indéterminés, ce qui montre que *toutes les cordes parallèles au plan XY appartiennent à des systèmes principaux*, dont le nombre est par conséquent infini. Les plans principaux correspondans sont fournis par l'équation (22), en y substituant la valeur $\cos \gamma = 0$, ce qui donne

$$(28) \qquad x \cos a + y \cos \zeta - \frac{Q \cos a + Q' \cos \zeta}{2P} = 0.$$

Ce cas est celui où la surface (18) est *de révolution*; car tous les plans $z = h$, $z = h', \ldots$ coupent alors cette surface suivant des cercles, dont les centres sont situés évidemment sur une même droite parallèle à l'axe OZ, savoir :

$$x = \frac{Q}{2P}, \quad y = \frac{Q'}{2P}.$$

D'ailleurs, cette droite se trouve l'intersection commune de tous les plans principaux représentés par l'équation (28).

121. Si l'on supposait à la fois $P = P' = P''$, les conditions (23) se trouveraient vérifiées d'elles-mêmes, quelles que fussent les valeurs de a, ζ, γ; d'où il résulte qu'alors tout système de cordes parallèles serait un système principal ; et tout plan de la forme (22), c'est-à-dire passant par le point

$$x_1 = \frac{Q}{2P}, \quad y_1 = \frac{Q'}{2P}, \quad z_1 = \frac{Q''}{2P},$$

serait un plan principal. Dans ce cas, la surface est une sphère; car l'équation (18) peut alors s'écrire sous la forme

$$(x - x_1)^2 + (y - y_1)^2 + (z - z_1)^2 = \frac{Q^2 + Q'^2 + Q''^2 - 4EP}{4P^2},$$

laquelle exprime que la distance du point (x_1, y_1, z_1) à chaque point de la surface, est une quantité constante.

122. Lorsque deux des coefficiens P et P' sont égaux et en même temps nuls, on sait (n° 115) que la surface est un cylindre parabolique. On retrouve alors, comme au n° 120, un système de cordes principales parallèles à OZ, avec un plan principal correspondant, savoir :

$$(25) \qquad 2P''z - Q'' = 0 ;$$

puis un nombre infini de cordes principales, parallèles à XY, et indéterminées dans leur direction; mais les plans conjugués de ces systèmes, représentés par l'équation (28), semblent tous situés à l'infini. Cependant on en trouvera un situé à une distance finie, ou plutôt arbitraire, si l'on choisit a et c de manière que l'on ait

$$Q \cos a + Q' \cos c = 0;$$

ce qui suppose que l'on prend des cordes parallèles aux génératrices du cylindre, et le plan principal (28) devient alors celui de la *section droite*. On se rendra aisément compte de ces diverses circonstances, par des considérations géométriques, et l'on interprétera d'une manière analogue le cas de deux plans parallèles, lequel arrive quand on suppose nuls P, P', Q et Q'.

123. Il résulte des discussions précédentes, 1°. que dans toutes les surfaces du second ordre, les systèmes de cordes principales sont au nombre de trois, distincts et rectangulaires entre eux; ou bien leur nombre est infini, et l'un est alors perpendiculaire à tous les autres; excepté dans le cas de la sphère, où toutes les directions possibles donnent des cordes principales.

2°. Les plans principaux sont aussi au nombre de trois, ou bien il y en a une infinité; mais, dans tous les cas, *deux au moins de ces plans* sont à une distance finie.

CHAPITRE VII.

Discussion des Surfaces douées d'un centre.

124. Les surfaces de cette classe sont (n° 117) toutes renfermées dans l'équation

$$Px^2 + P'y^2 + P''z^2 = + H,$$

qui donne lieu à plusieurs *genres*, suivant les signes dont les coefficiens se trouvent affectés; mais pour abréger la discussion, sans omettre aucun cas réellement distinct, nous supposerons que l'on ait toujours eu soin, préalablement, de rendre *positif* le second membre H de l'équation proposée; et comme alors les trois carrés ne sauraient avoir des coefficiens négatifs à la fois, sans que la surface ne fût imaginaire, il nous restera à examiner les *trois genres* renfermés dans les cas suivans.

125. ELLIPSOÏDE. *Trois carrés positifs*. L'équation avec les signes explicites, conserve la forme

$$(1) \quad Px^2 + P'y^2 + P''z^2 = H;$$

pour obtenir les points où la surface rencontre les axes coordonnés, on égalera à zéro deux des variables x, y, z, et l'on trouvera *six sommets réels* A et A', B et B', C et C', situés Fig. 18. aux distances

$$x = \pm \sqrt{\frac{H}{P}} = a, \, y = \pm \sqrt{\frac{H}{P'}} = b, \, z = \pm \sqrt{\frac{H}{P''}} = c.$$

Ces distances $OA = a$, $OB = b$, $OC = c$, se nomment les *demi-axes* ou *demi-diamètres principaux* (n° 104) de la surface; car chacune de ces droites est l'intersection de deux plans coordonnés qui sont ici des plans *principaux* (n° 117). Si d'ailleurs on introduit ces axes dans l'équation (1), en y substituant les valeurs de P, P', P'', tirées des relations précédentes, cette équation prendra la forme très symétrique

$$(2) \quad \frac{x^2}{a^2} + \frac{y^2}{b^2} + \frac{z^2}{c^2} = 1.$$

126. Les sections parallèles au plan XY seront données par les équations simultanées,

$$z = \pm h, \quad \frac{x^2}{a^2} + \frac{y^2}{b^2} = 1 - \frac{h^2}{c^2};$$

et l'on voit que ce sont toujours des *ellipses semblables*, puisque leurs *axes* qui s'obtiennent en posant tour à tour $x = 0$, $y = 0$, dans la dernière équation, conservent entre eux un rapport constant, quel que soit h. Ces ellipses deviennent imaginaires, quand $h^2 > c^2$; ainsi la surface ne s'étend pas au-dessus du point C, ni au-dessous du point C'. On obtiendra des conséquences semblables pour les sections parallèles au plan XZ, ou au plan YZ; et généralement, *tout plan quelconque donne une section elliptique*, puisque l'équation

$$z = mx + ny + k,$$

combinée avec (1), conduit à

$$(P + P''m^2)x^2 + (P' + P''n^2)y^2 + 2P''mnxy + \ldots = 0,$$

résultat où la condition $B^2 - 4AC < 0$ se trouve manifestement remplie. L'ellipsoïde est donc *une surface fermée* dans
tous les sens.

127. Lorsque deux quelconques des coefficiens sont égaux,
par exemple, $P = P'$ ou $a = b$, l'ellipsoïde est *de révolution*
autour de l'axe des z; car les sections trouvées (n° 126), pour
des plans perpendiculaires à cet axe, tels que $z = h$, deviennent alors des cercles dont les centres sont sur OZ. Ainsi,
dans ce cas, la surface pourrait être engendrée par la révolution de l'ellipse CAC' autour de son axe CC'.

128. Si l'on suppose $P = P' = P''$, ou $a = b = c$, l'ellipsoïde se change en une sphère, puisque l'équation (2) devient

$$x^2 + y^2 + z^2 = a^2,$$

laquelle exprime que la distance de l'origine à un point quelconque de la surface est constamment égale à a.

A cette occasion, nous ferons observer qu'une sphère du
rayon R, et dont le centre serait placé au point qui a pour
coordonnées α, ζ, γ, aurait pour équation

$$(x - \alpha)^2 + (y - \zeta)^2 + (z - \gamma)^2 = R^2;$$

car le premier membre de cette équation exprime bien (n° 6)
le carré de la distance du point (α, ζ, γ) à un point quelconque (x, y, z) de la surface.

128. HYPERBOLOÏDE A UNE NAPPE. *Un seul carré négatif.* L'é-
quation avec les signes explicites devient

$$(3) \qquad Px^2 + P'y^2 - P''z^2 = H,$$

et les points où la surface rencontre les axes coordonnés,

seront fournis par

$$x = \pm \sqrt{\frac{\mathrm{H}}{\mathrm{P}}} = a, \; y = \pm \sqrt{\frac{\mathrm{H}}{\mathrm{P'}}} = b, \; z = \pm \sqrt{\frac{\mathrm{H}}{-\mathrm{P''}}} = c\sqrt{-1} \, ;$$

d'où l'on conclut qu'il y a ici *quatre sommets réels* A et A', B Fig. 19. B', et *deux sommets imaginaires*. Les distances OA $= a$, OB $= b$, OC $= c$, sont encore nommées, par les mêmes raisons qu'au n° 125, les *demi-diamètres principaux* ou *demi-axes* de la surface ; mais les deux premiers sont dits *les axes réels*, et le troisième n'est que le coefficient de l'expression fournie par l'analyse pour *l'axe imaginaire*. En introduisant ces axes a, b, c, à la place de P, P', P", dans l'équation (3), elle prendra la forme

$$(4) \qquad \frac{x^2}{a^2} + \frac{y^2}{b^2} - \frac{z^2}{c^2} = 1.$$

129. Les sections parallèles au plan XY sont données par les équations simultanées

$$z = \pm h, \quad \frac{x^2}{a^2} + \frac{y^2}{b^2} = 1 + \frac{h^2}{c^2} \, ;$$

ainsi ces courbes sont des *ellipses,* toujours *semblables,* puisque les deux axes qui s'obtiendront en posant tour à tour $y = 0$, $x = 0$, dans l'équation précédente, conservent entre eux un rapport constant, quel que soit h. D'ailleurs les dimensions de ces ellipses augmentent indéfiniment avec la grandeur numérique de h ; de sorte que la plus petite de ces sections horizontales, nommée *ellipse de gorge,* s'obtiendra en posant $z = 0$ dans l'équation (4) ; c'est la courbe ABA'B', qui a pour diamètres principaux, les *deux axes réels* a et b de l'hyperboloïde.

Quant au plan XZ, il coupe la surface suivant une *hyperbole* (EAF, E'A'F') dont l'équation se déduit de (4) en y posant $y = 0$; et des résultats semblables ont lieu pour le plan YZ, ainsi que pour les plans parallèles à ceux-là.

130. On voit par là que cet hyperboloïde s'étend indéfiniment, mais qu'il est composé *d'une seule nappe* continue, sur laquelle on peut passer d'un point quelconque à un autre sans sortir de la surface. D'ailleurs la section faite par un plan quelconque

$$z = mx + ny + k,$$

peut être tour à tour une ellipse, une parabole ou une hyperbole, suivant l'inclinaison du plan sécant ; car cette équation combinée avec (3), conduit à

$$(P - P''m^2) x^2 + (P' - P''n^2) y^2 - 2P''mnxy + \ldots = o,$$

résultat où le binome caractéristique $B^2 - 4AC$ peut se trouver positif, nul ou négatif, suivant les valeurs de m et n.

131. Lorsque *les deux axes réels* sont égaux, c'est-à-dire que $a = b$, ou $P = P'$, l'hyperboloïde se trouve *de révolution* autour de l'axe imaginaire OZ, puisque les sections obtenues au n° 129, pour des plans $z = h$ perpendiculaires à cet axe, deviennent évidemment des cercles dont les centres sont sur cette droite. Alors la surface peut être engendrée par la révolution de l'hyperbole EAF autour de son axe *imaginaire*.

132. HYPERBOLOÏDE A DEUX NAPPES. *Deux carrés négatifs.* L'équation devient, en mettant les signes en évidence,

$$(5) \qquad Px^2 - P'y^2 - P''z^2 = H.$$

La surface rencontre les axes coordonnés aux distances

$$x = \pm \sqrt{\frac{H}{P}} = a, \quad y = \pm \sqrt{\frac{H}{-P'}} = b\sqrt{-1},$$

$$z = \pm \sqrt{\frac{H}{-P''}} = c\sqrt{-1};$$

Fig 20. de sorte qu'il n'y a ici que *deux sommets réels* A et A', et les quatre autres sont imaginaires ; mais les distances $OA = a$, $OB = b$, $OC = c$, sont toujours nommées (n° 104) les *demi-diamètres principaux* ou les *demi-axes* de la surface, et le premier est dit *l'axe réel,* parce que c'est le seul qui rencon tre effectivement cette surface. En introduisant ces trois axes a, b, c, à la place de P, P', P'', dans l'équation (5), elle prendra la forme

$$(6) \qquad \frac{x^2}{a^2} - \frac{y^2}{b^2} - \frac{z^2}{c^2} = 1.$$

133. La condition $y = 0$ introduite dans l'équation (6), montre que le plan XZ coupe l'hyperboloïde actuel suivant une hyperbole (EAE', FA'F'); et il en serait de même du plan XY, ainsi que des plans parallèles à ceux-là. Pour des plans sécans parallèles à YZ, ou perpendiculaires à l'axe réel OX, on obtient

$$x = \pm h, \quad \frac{y^2}{b^2} + \frac{z^2}{c^2} = \frac{h^2}{a^2} - 1 ;$$

ainsi ces sections sont des ellipses *semblables* entre elles, et qui croissent indéfiniment avec la grandeur absolue de h; mais elles deviennent *imaginaires* quand $h^2 < a^2$, c'est-à-dire dans l'intervalle des deux sommets réels A et A'.

134. De là, il résulte que cet hyperboloïde est composé de *deux nappes* non contiguës, indéfinies chacune dans un sens, mais séparées l'une de l'autre par un intervalle où il n'existe aucun point de la surface. Un plan sécant quelconque pourrait aussi donner, comme au n° 130, des sections tour à tour elliptiques, paraboliques, ou hyperboliques, suivant son inclinaison sur les axes.

135. L'hyperboloïde à deux nappes se trouve *de révolution*, quand *les deux axes imaginaires* sont égaux, c'est-à-dire quand $b = c$ ou P' = P''; car les sections obtenues au n° 133 pour des plans $x = h$ perpendiculaires à l'axe réel OX, deviennent évidemment des cercles dont les centres sont sur cet axe. Alors la surface pourrait être engendrée par la révolution de l'hyperbole (AE, A'F) autour de son axe *réel* A'OA.

136. Voilà *les trois genres* principaux de surfaces douées d'un centre; mais il reste à examiner quelques variétés, et d'abord le cas où H $= 0$.

Cette hypothèse introduite dans l'ellipsoïde, réduit l'équation (1) à

$$P x^2 + P' y^2 + P'' z^2 = 0,$$

laquelle ne peut être vérifiée par d'autres valeurs réelles que $x = 0$, $y = 0$ et $z = 0$; donc dans ce cas la surface se réduit à un point unique qui est l'origine des coordonnées.

137. Dans l'hyperboloïde à une nappe, la supposition $H = 0$ réduit l'équation (3) à

$$(7) \qquad P x^2 + P' y^2 - P'' z^2 = 0,$$

Fig. 19. laquelle représente une *surface conique* VOV′ dont le sommet est à l'origine. Pour s'en assurer, il suffit de voir si tout plan mené par ce point donnera des sections rectilignes. Or, en combinant $z = mx + ny$ avec l'équation (7) on obtient

$$(P - P'' m^2) x^2 + (P' - P'' n^2) y^2 - 2 P'' mn xy = 0,$$

équation homogène qui condüira nécessairement à des valeurs de la forme

$$\frac{y}{x} = p \pm \sqrt{q};$$

et ce résultat appartient effectivement à *deux droites passant par l'origine* des coordonnées, ou au point unique ($x = 0$, $y = 0$), quand le radical deviendra imaginaire pour certaines positions du plan sécant. D'ailleurs, l'hypothèse $z = h$ introduite dans l'équation (7), montre que ce cône a pour base parallèle au plan XY, une ellipse dont le centre est sur OZ : mais il faut généralement le regarder comme *un cône du second degré* dont la base peut être une des trois courbes de cet ordre.

Cette surface conique VOV′ est *asymptote* de l'hyperboloïde à une nappe; car, en comparant les ordonnées z et z' qui, dans les équations (3) et (7), répondent aux mêmes x et y, et sur la même nappe, on trouve

$$\sqrt{P''} \cdot (z' - z) = \sqrt{P x^2 + P' y^2} - \sqrt{P x^2 + P' y^2 - H},$$

ou bien, en multipliant par la somme des radicaux,

$$\sqrt{\mathrm{P}''}\,.\,(z'-z) = \frac{\mathrm{H}}{\sqrt{\mathrm{P}x^2 + \mathrm{P}'y^2} + \sqrt{\mathrm{P}x^2 + \mathrm{P}'y^2 - \mathrm{H}}}.$$

Donc la différence $z'-z$ décroît *indéfiniment* jusqu'à zéro, à mesure que x et y augmentent ; et comme cependant z sera toujours moindre que z', le cône est en dedans de l'hyperboloïde.

138. Si l'on veut comparer l'équation (7) du cône asymptote avec celle de l'hyperboloïde sous la forme

$$(4) \qquad \frac{x^2}{a^2} + \frac{y^2}{b^2} - \frac{z^2}{c^2} = 1,$$

il faut observer que, dans cette dernière surface, les longueurs absolues des axes étaient

$$a = \sqrt{\frac{\mathrm{H}}{\mathrm{P}}}, \quad b = \sqrt{\frac{\mathrm{H}}{\mathrm{P}'}}, \quad c = \sqrt{\frac{\mathrm{H}}{\mathrm{P}''}}.$$

Or, lorsqu'on fait décroître H sans changer P, P′, P″, les axes a, b, c décroissent ensemble, mais en demeurant toujours proportionnels aux quantités

$$\sqrt{\frac{1}{\mathrm{P}}}, \quad \sqrt{\frac{1}{\mathrm{P}'}}, \quad \sqrt{\frac{1}{\mathrm{P}''}} :$$

donc, quand ces axes sont devenus ainsi nuls par l'hypothèse $\mathrm{H} = 0$, et que l'hyperboloïde s'est changé en un cône, les trois quantités précédentes sont encore proportionnelles aux longueurs des axes primitifs, et l'on peut poser

$$\sqrt{\frac{1}{\mathrm{P}}} = \alpha a, \quad \sqrt{\frac{1}{\mathrm{P}'}} = \alpha b, \quad \sqrt{\frac{1}{\mathrm{P}''}} = \alpha c ;$$

d'où il résulte

$$\mathrm{P} = \frac{1}{\alpha^2 a^2}, \quad \mathrm{P}' = \frac{1}{\alpha^2 b^2}, \quad \mathrm{P}'' = \frac{1}{\alpha^2 c^2},$$

valeurs qui, substituées dans (7), ramèneront cette équation à la forme

$$\frac{x^2}{a^2} + \frac{y^2}{b^2} - \frac{z^2}{c^2} = 0.$$

139. L'hypothèse $H = 0$, introduite dans l'équation (5) de l'hyperboloïde à deux nappes, donne

$$(8) \qquad Px^2 - P'y^2 - P''z^2 = 0;$$

Fig. 20. et l'on prouvera, comme au n° 137, que cette équation représente *une surface conique* VOV' dont la base parallèle à YZ est une ellipse. Ce cône est encore *asymptote* de l'hyperboloïde à deux nappes, mais il enveloppe *extérieurement* cette dernière surface ; car en comparant les deux ordonnées x et x' qui, dans (5) et (8), répondent aux mêmes y et z, on obtient

$$\sqrt{P}.(x - x') = \sqrt{P'y^2 + P''z^2 + H} - \sqrt{P'y^2 + P''z^2},$$

ou bien, en multipliant par la somme des radicaux,

$$\sqrt{P}.(x - x') = \frac{H}{\sqrt{P'y^2 + P''z^2 + H} + \sqrt{P'y^2 + P''z^2}} :$$

donc, la différence $x - x'$ décroît indéfiniment jusqu'à zéro, à mesure que y et z approchent d'être infinis, quoique l'on ait toujours $x > x'$.

L'équation (8) de ce cône asymptote pourrait aussi, comme au n° 138, être ramenée à la forme

$$\frac{x^2}{a^2} - \frac{y^2}{b^2} - \frac{z^2}{c^2} = 0.$$

140. Les surfaces coniques à base du second degré ne sont pas les seules variétés que renferment les équations générales (1), (3) et (5). En y supposant nuls un ou plusieurs des coefficiens P, P', P'', H, elles fourniront encore des *cylindres* à base *elliptique* ou *hyperbolique*, comme

$$Px^2 + P'y^2 = H \quad \text{ou} \quad Px^2 - P'y^2 = H;$$

et aussi le système de *deux plans* qui se coupent, ou qui sont parallèles, comme

$$P x^2 - P' y^2 = 0, \quad \text{ou} \quad P x^2 = H ;$$

mais ces divers-cas-n'exigeant aucune discussion, il nous suffira de les avoir indiqués.

141. DES GÉNÉRATRICES RECTILIGNES. Examinons si, parmi les surfaces douées d'un centre, et autres que les surfaces coniques ou cylindriques, il y en a quelqu'une *sur laquelle une droite puisse être appliquée* dans toute sa longueur indéfinie, et effectuons cette recherche spécialement pour l'hyperboloïde à une nappe, parce qu'il est aisé de prévoir que la forme des deux autres surfaces ne permet pas qu'elles jouissent de cette propriété ; d'ailleurs il suffira de changer le signe du carré d'un axe, pour appliquer à ces dernières les résultats obtenus pour l'autre.

L'hyperboloïde à une nappe (n° 128) a pour équation

$$(9) \qquad \frac{x^2}{a^2} + \frac{y^2}{b^2} - \frac{z^2}{c^2} = 1.$$

S'il existe une droite qui puisse s'appliquer tout entière sur cette surface, une de ses projections sera de la forme

$$(10) \qquad y = \alpha x + \theta,$$

où α, θ, sont des constantes indéterminées ; et comme cette équation représente en-même temps le plan projetant de la droite, il faudra qu'en coupant la surface par ce plan, l'intersection, qui sera une ligne du second degré, ait une équation qui puisse se décomposer en deux facteurs dont un soit *linéaire,* et par suite l'autre le sera pareillement. Or, la combinaison des équations (9) et (10) donne, pour la projection de la section sur le plan XZ,

$$(11) \qquad \frac{z^2}{c^2} = \frac{x^2 (b^2 + a^2 \alpha^2) + 2 \alpha \theta a^2 x + a^2 (\theta^2 - b^2)}{a^2 b^2} ;$$

mais le premier membre étant un carré parfait, il faudra,

pour la décomposition annoncée , que le second membre soit aussi un carré ; donc il faudra établir , entre les indéterminées α et $\mathfrak{6}$, la relation

$$(b^2 + a^2\alpha^2)\,(\mathfrak{6}^2 - b^2)\,a^2 = \alpha^2\mathfrak{6}^2 a^4,$$

d'où l'on déduit

$$\mathfrak{6} = \pm\;\sqrt{b^4 + a^2\alpha^2},$$

valeur toujours réelle qui, substituée dans les équations (10) et (11), donne pour les projections de la droite cherchée,

$$(12) \qquad y = \alpha x + \sqrt{b^2 + a^2\alpha^2},$$

$$(13) \qquad \pm\frac{z}{c} = \frac{x\,\sqrt{b^2 + a^2\alpha^2} + a^2\alpha}{ab}.$$

Le radical qui entre ici renferme implicitement le double signe de la valeur de $\mathfrak{6}$, mais il faudra le prendre toujours avec le même signe dans les deux équations à la fois. D'ailleurs, puisque nous n'avons eu à satisfaire qu'à une relation unique entre $\mathfrak{6}$ et α , la dernière de ces constantes reste tout-à-fait *arbitraire* dans les équations (12) et (13) ; et par conséquent *il existe une infinité de droites situées tout entières sur l'hyperboloïde à une nappe.*

142. Observons ici que, pour appliquer ces résultats à l'ellipsoïde ou à l'hyperboloïde à deux nappes, il suffirait dans l'équation (9), de changer c en $c\sqrt{-1}$, ou b en $b\sqrt{-1}$; et comme chacune de ces modifications rendrait imaginaire l'équation (13), on doit en conclure que ces deux surfaces n'admettent aucune génératrice rectiligne.

143. Revenons à l'hyperboloïde à une nappe , et pour examiner la position qu'y occupent les diverses droites, re-Fig. 21. présentons cette surface projetée d'une part sur un plan horizontal, parallèle aux deux axes réels a et b qui sont dans le plan coordonné xy , et de l'autre sur un plan vertical parallèle aux deux axes a et c , situés dans le plan xz. Pour exécuter ces projections, il suffit de marquer sur le plan horizontal

les deux axes $Oa = a$, $Ob = b$, et de tracer l'ellipse de gorge abg; ensuite, sur le plan vertical, et à une hauteur quelconque, on portera les deux axes $O'a' = a$, $O'C' = c$, et l'on tracera l'hyperbole principale $D''a'D'$ qui se trouve dans le plan vertical OD. Si d'ailleurs, pour fixer les idées, on suppose l'hyperboloïde terminé aux deux plans horizontaux $D'H'$, $D''H''$, également éloignés du centre, ces deux plans couperont la surface suivant des ellipses égales, projetées l'une et l'autre sur DEH, et semblables à l'ellipse de gorge abg.

144. Cela posé, les équations (12) et (13), dont la seconde renferme un double signe, donnent pour chaque valeur attribuée à α, deux droites qui ont une projection horizontale commune AB, et sont par conséquent situées dans un même plan vertical : mais leurs projections sur XZ étant deux droites distinctes, A'A'' et B'B'', on peut ranger toutes les lignes qui correspondent aux diverses valeurs α, α', α''.... en *deux systèmes* (A) et (B), distingués par le signe qui affecte leurs projections sur le plan XZ, savoir :

$$(A)\begin{cases} y = \alpha x + \sqrt{b^2 + a^2\alpha^2}, \\ +\dfrac{z}{c} = \dfrac{x\sqrt{b^2+a^2\alpha^2}+a^2\alpha}{ab}, \end{cases} (B)\begin{cases} y = \alpha x + \sqrt{b^2 + a^2\alpha^2} \\ -\dfrac{z}{c} = \dfrac{x\sqrt{b^2+a^2\alpha^2}+a^2\alpha}{ab}, \end{cases}$$

$$(A_1)\begin{cases} y = \alpha'x + \sqrt{b^2 + a^2\alpha'^2} \\ +\dfrac{z}{c} = \dfrac{x\sqrt{b^2+a^2\alpha'^2}+a^2\alpha'}{ab}, \end{cases} (B_1)\begin{cases} y = \alpha'x + \sqrt{b^2+a^2\alpha'^2} \\ -\dfrac{z}{c} = \dfrac{x\sqrt{b^2+a^2\alpha'^2}+a^2\alpha'}{ab}, \end{cases}$$

$$(A_2)\ldots\ldots\ldots\ldots\qquad (B_2)\ldots\ldots\ldots$$

$$\ldots\ldots\ldots\ldots\ldots\qquad \ldots\ldots\ldots\ldots$$

Or, il est facile de reconnaître que *toutes les projections ho-* Fig. 21.
rizontales de ces diverses droites *sont des tangentes à l'ellipse de gorge abg,* telles que AB, A_1B_1.... En effet, si l'on combine l'équation

$$(12) \qquad y = \alpha x + \sqrt{b^2 + a^2\alpha^2},$$

avec celle de cette ellipse

$$a^2 y^2 + b^2 x^2 = a^2 b^2,$$

qui se déduit de (9) en y posant $z = o$, on trouve pour les abscisses des points de section,

$$(b^2 + a^2\alpha^2)\, x^2 + a^4\alpha^2 + 2a\alpha x\, \sqrt{b^2 + a^2\alpha^2} = o;$$

mais cette équation étant un carré parfait, a ses deux racines égales ; par conséquent la droite (12) est une sécante dont les deux points de section sont confondus, ainsi elle est bien tangente à l'ellipse abg, quelle que soit la valeur attribuée à α.

On vérifiera de même, que, pour toutes les valeurs de α, les projections

$$(13) \qquad \pm\, \frac{z}{c} = \frac{x\sqrt{b^2 + a^2\alpha^2} + a^2\alpha}{ab},$$

sont deux droites A$'$A$''$ et B$'$B$''$, *tangentes à l'hyperbole principale* D$''a'$D$'$ qui a pour équation $a^2 z^2 - c^2 x^2 = a^2 c^2$; et quand on pose $\alpha = o$, ce qui arrive pour le plan vertical A$_2$B$_2$, ces projections deviennent les asymptotes de cette hyperbole, puisqu'il reste $z = \pm\, \dfrac{c}{a}\, x$..

145. Si l'on mène, par l'origine des coordonnées qui est le centre de l'hyperboloïde, des parallèles aux diverses droites du système (A) ou à celles du système (B), on formera une surface conique dont une quelconque des arêtes sera représentée par

$$y = \alpha x \quad\text{et}\quad \pm\, \frac{z}{c} = \frac{x\sqrt{b^2 + a^2\alpha^2}}{ab};$$

puis, si l'on élimine α qui varie en passant d'une arête à une autre, on aura, pour l'équation de ce cône,

$$(14) \qquad \frac{z^2}{c^2} = \frac{x^2}{a^2} + \frac{y^2}{b^2},$$

laquelle coïncide avec l'équation du cône asymptote trouvée au n° 138. D'où l'on conclut que *toutes les droites situées sur l'hyperboloïde, sont respectivement parallèles aux arêtes du cône asymptote de cette surface.*

146. Il suit de là que *trois droites quelconques* de l'hyperboloïde *ne sont jamais parallèles à un même plan.* En effet, s'il en était autrement, il y aurait trois arêtes du cône asymptote qui seraient situées dans un plan unique, et ce plan devrait alors couper la base *elliptique* (n° 137) du cône dans *trois points placés en ligne droite;* résultat incompatible avec la forme des courbes du second degré. Cette remarque nous sera utile plus tard, pour distinguer la surface actuelle d'avec le paraboloïde hyperbolique.

147. *Deux droites quelconques du système* (A) *telles que* (AM, A'M') *et* (A,M,, A',M',), *ne sont jamais dans un même plan.* En effet, le point R, où se coupent leurs projections horizontales, se trouve pour la première au-delà de M par rapport au pied A de cette droite; et par conséquent il est, dans l'espace, au-dessus de l'ellipse de gorge; tandis que le point R de la seconde droite A,M, est évidemment au-dessous de cette ellipse : donc ces deux droites d'un même système ne se coupent pas. En outre, elles ne sont point parallèles, car leurs projections horizontales se coupent en général; et quand même on comparerait les deux tangentes aux extrémités d'un diamètre de l'ellipse de gorge, ces deux droites se trouveraient, dans l'espace, inversement situées par rapport au plan vertical mené par ce diamètre, de sorte qu'elles seraient bien loin d'être parallèles.

L'analyse conduit à la même conséquence. Car, si l'on combine les quatre équations (A) et (A,) du n° 144, en les soustrayant deux à deux, on arrive, après l'élimination des variables, à la condition $(\alpha - \alpha')^2 = 0$, qui ne saurait être satisfaite tant que les droites sont distinctes l'une de l'autre. Il est vrai que pour celles qui passeraient par les extrémités d'un même diamètre de l'ellipse de gorge, on aurait $\alpha = \alpha'$; mais alors il faudrait évidemment adopter pour le radical des signes contraires dans les équations (A) et (A$_1$), et, sous cette nouvelle forme, leur combinaison conduirait à $\sqrt{b^2 + a^2\alpha^2} = o$, condition également impossible.

La même relation subsiste évidemment entre les droites du système (B), *qui ne sont jamais situées deux à deux dans un même plan.*

148. Au contraire, *une droite quelconque du système* (A) *coupe toutes les lignes* (B), (B$_1$), (B$_2$)... *de l'autre système.* Cela est évident pour (AM, A'M') et (BM, B'M') qui sont dans le même plan vertical, et se coupent en (M, M') sur l'ellipse de gorge : comparons donc la première de ces droites avec (B$_1$M$_1$, B'$_1$M'$_1$). Les points projetés en R sont, sur l'une et l'autre de ces droites, situés *au-dessus* de l'ellipse de gorge, puisque R est au-delà des points de contact M et M$_1$; et comme la verticale élevée en R ne peut rencontrer la nappe *supérieure* de la surface qu'en un seul point R", ce point est nécessairement commun aux deux lignes (A) et (B$_1$). *Deux droites de systèmes différens sont donc toujours dans un même plan,* et seulement elles deviennent *parallèles* quand elles passent par les extrémités d'un diamètre de l'ellipse de gorge. L'analyse conduit à la même conséquence ; car la combinaison des quatre équations (A) et (B$_1$) du n° 144, mène à deux valeurs de x qui s'accordent entre elles.

149. On donne le nom de *surface gauche* à toute surface *engendrée par une droite qui se meut de telle sorte que deux positions consécutives ne sont pas dans un même plan ;* et c'est ce qui arrive (outre les cas généraux dont nous parlerons dans le chapitre XV) quand on assujettit la droite mobile A à s'appuyer constamment *sur trois droites fixes* B, B', B", *qui, deux à deux, ne sont pas dans un même plan.* D'abord, je dis que cette condition suffit pour régler le mouvement de la *génératrice* A ; car, si, pour chaque point M pris sur B, vous imaginez deux plans,

Fig. 21 bis.

dont l'un passe par M et la droite B′, l'autre par M et la droite B″, l'intersection de ces plans fournira une droite unique MNP qui s'appuiera bien sur les trois *directrices*. Ensuite, la surface sera gauche, puisque deux positions A et A′ de la génératrice ne sauraient être dans un même plan, sans que les droites B, B′, B″, qui ont chacune deux points communs avec A et A′, ne se trouvent elles-mêmes dans ce plan; ce qui est contraire aux données de la question.

150. Or, l'hyperboloïde à une nappe, considéré comme le lieu de toutes les droites (A), (A₁), (A₂).... ou (B), (B₁), (B₂).... du n° 144, est du genre des surfaces gauches dont nous venons de parler. En effet, dans chaque système, les droites ne se rencontrent pas (n° 147); et d'ailleurs puisque (A), par exemple, coupe (n° 148) toutes les droites de l'autre système, il n'y a qu'à choisir à volonté trois de celles-ci, (B), (B₁), (B₂), puis faire glisser sur elles la droite mobile (A) : alors cette dernière ne pourra prendre (n° 149) que les positions successives (A₁), (A₂)...., qui remplissent déjà la condition de s'appuyer sur les trois directrices : donc la droite mobile (A) engendrera ainsi l'hyperboloïde en question. Cette surface admet aussi évidemment *un second mode de génération,* dans lequel la droite (B) glisserait sur trois droites quelconques (A), (A₁), (A₂) du premier système.

151. Réciproquement, *lorsqu'une droite mobile* G *s'appuie constamment sur trois droites fixes* B, B′, B″, *dont deux quelconques ne sont pas dans un même plan,* la surface ainsi décrite est toujours *un hyperboloïde à une nappe;* pourvu cependant que les trois directrices ne soient point ensemble *parallèles à un même plan;* car, sans cette dernière restriction qui est vérifiée (n° 146) par les droites de l'hyperboloïde, la surface dégénérerait en un des paraboloïdes dont nous parlerons plus tard (n° 176).

Sous les conditions admises, il sera toujours possible de mener, par un point quelconque de l'espace, trois axes coordonnés obliques, respectivement parallèles aux trois directrices ; mais afin de manifester clairement la position d'un point remarquable de la surface, nous placerons cette origine au centre du parallélépipède construit de la manière

Fig. 14. suivante. Par la droite B concevons un plan BCD parallèle à B″, et par B′ un plan B′EF aussi parallèle à B″; ces deux plans, nécessairement distincts d'après les conditions admises ci-dessus, se couperont suivant une droite A″ évidemment parallèle à B″. De même, par B et B″ concevons deux plans BCF et B″HK parallèles à B′, lesquels se couperont suivant une droite A′ parallèle à B′; et enfin, par B′ et B″ imaginons deux plans B′EI et B″HF parallèles à B, dont l'intersection sera une droite A parallèle à B. Alors, ces six plans formeront bien un parallélépipède, au centre duquel nous allons placer l'origine des coordonnées, en menant l'axe OX parallèle à B, l'axe OY parallèle à B′, et OZ parallèle à B″.

152. Cela posé, en désignant par $2a$, 2β, 2γ, les longueurs de trois arêtes contiguës du parallélépipède précédent, les équations des trois directrices seront évidemment

$$(B'') \begin{cases} x = + a, \\ y = - \beta ; \end{cases}$$

$$(B') \begin{cases} z = + \gamma, \\ x = - a ; \end{cases}$$

$$(B) \begin{cases} y = + \beta, \\ z = - \gamma. \end{cases}$$

La génératrice mobile sera représentée par

$$(G) \quad x = mz + p, \quad y = nz + q ;$$

mais il faudra y joindre les conditions qui expriment que cette ligne a toujours un point de commun avec (B″), avec (B′), et aussi avec (B), ce qui donnera, (n° 25),

$$(15) \quad (a - p)\, n + (\beta + q)\, m = 0,$$

$$(16) \quad a + m\gamma + p = 0,$$

$$(17) \quad \beta + n\gamma - q = 0.$$

Les quatre constantes m, n, p, q se trouvant ainsi liées par trois relations, il en reste une seule d'arbitraire, m, par exemple; si donc on lui attribuait successivement diverses valeurs $m = 1, 10, 12\ldots$, et que l'on calculât les valeurs correspondantes de n, p, q, pour les substituer dans (G), on obtiendrait les équations d'autant de positions particulières de la génératrice; mais si, au contraire, on élimine m, n, p, q entre les cinq équations precédentes, le résultat fournira entre x, y, z une relation qui conviendra en même temps à toutes les positions de la génératrice, et qui sera l'équation du lieu géométrique engendré par cette droite mobile. Or, les équations (16), (17) et (G) donnent, en les combinant deux à deux,

$$m = \frac{x + \alpha}{z - \gamma}, \quad p = \frac{-\alpha z - \gamma x}{z - \gamma}, \quad n = \frac{y - \beta}{z + \gamma}, \quad q = \frac{\beta z + \gamma y}{z + \gamma};$$

et ces valeurs substituées dans (15), conduiront à

$$(18) \qquad \alpha y z + \beta z x + \gamma x y + \alpha \beta \gamma = 0.$$

La surface représentée par cette équation, est du second degré; elle admet *un centre* qui est l'origine O des coordonnées actuelles, puisque (n° 93) la somme des exposans des variables est *paire* dans chaque terme, comme le degré de l'équation. Ensuite, parmi les surfaces douées d'un centre, il n'y a que *l'hyperboloïde à une nappe* qui admette des génératrices rectilignes (n° 142); donc l'équation (18) représente bien un tel hyperboloïde, et les axes coordonnés actuels sont évidemment (n° 145) trois arêtes du cône asymptote de cette surface (*).

153. D'ailleurs, la forme symétrique de l'équation (18) manifeste clairement l'existence du *second mode de génération* que nous avons reconnu dans l'hyperboloïde (n° 150). En ef-

---

(*) C'est M. J. Binet qui a fait connaître l'existence du parallélépipède remarquable que nous venons d'employer, ainsi que celle de beaucoup d'autres qui sont aussi concentriques avec l'hyperboloïde. *Voyez* le 16ᵉ cahier du *Journal de l'École Polytechnique.*

fet, si l'on prend pour directrices de là droite mobile G du n° 151, les trois droites A, A′, A″, qui sont les arètes opposées à B, B′, B″, dans le parallélipipède de la figure 14, les équations de ces nouvelles directrices seront

$$(\text{A}'') \begin{cases} x = -\alpha, \\ y = +\varsigma; \end{cases}$$

$$(\text{A}') \begin{cases} z = -\gamma, \\ x = +\alpha; \end{cases}$$

$$(\text{A}) \begin{cases} y = -\varsigma, \\ z = +\gamma, \end{cases}$$

et alors la génératrice G va décrire *la même surface*, puisqu'il suffira évidemment, sans nouveaux calculs, de changer dans l'équation (18) α, ς, γ en $-\alpha$, $-\varsigma$, $-\gamma$, ce qui n'altère pas cette équation. D'ailleurs, les trois droites A, A′, A″ ne sont autres que des positions particulières de la génératrice G, lorsqu'elle glissait sur B, B′, B″, dans le premier mode ; car la ligne A′, par exemple, coupe B′ et B″, et se trouve parallèle à B ; de sorte qu'elle doit être regardée comme s'appuyant sur ces trois dernières droites. Donc, *lorsqu'on a fait mouvoir une droite sur trois directrices rectilignes, on peut prendre à leur tour trois quelconques des positions de la génératrice pour nouvelles directrices, et en faisant glisser sur celles-ci l'une des premières directrices, on retrouvera le même hyperboloïde que dans le premier mode.*

154. Si l'on admettait que *deux des directrices* B″ et B′ *sont dans un même plan*, la surface se réduirait, comme on doit le prévoir aisément, au système de deux plans, dont l'un serait celui des deux directrices en question, et dont l'autre passerait par le point commun à ces deux droites et par la troisième directrice. Effectivement, dans l'hypothèse $\alpha = 0$, l'équation (18) se décompose dans les deux suivantes :

$$x = 0, \qquad \varsigma z + \gamma y = 0.$$

Mais il ne faut pas chercher à déduire de l'équation (18),

le cas particulier où *les trois directrices* seraient *parallèles à un même plan ;* car alors il eût été impossible de prendre, comme nous l'avons fait, les trois axes coordonnés parallèles à ces droites. Nous traiterons plus tard ce cas intéressant (n° 179).

CHAPITRE VIII.

Discussion des surfaces dépourvues de centre.

155. Les surfaces du second degré qui sont dépourvues de centre, sont toutes comprises dans l'équation (20) du n° 117, où les diverses combinaisons de signes des coefficiens, se réduiront toujours aux deux suivantes :

$$+ \; \mathrm{P}'y^2 \; \pm \; \mathrm{P}''z^2 \; = \; + \; \mathrm{Q}x.$$

En effet, on pourra d'abord rendre *positif* le premier coefficient P′, s'il ne l'était pas, en changeant les signes de tous les termes de l'équation donnée. Ensuite, quand Q sera négatif, il suffira de remplacer x par $- x'$ pour ramener l'équation à la forme précédente ; or, comme ce changement équivaut à compter les x positifs dans le sens opposé à celui qu'on avait adopté d'abord, on voit que le signe de Q ne peut avoir d'influence que sur la position de la surface, et non sur sa forme ; c'est pourquoi nous nous arrêterons au cas où il est positif, et ainsi cette classe de surfaces ne présentera que *deux genres* vraiment distincts, appelés le *paraboloïde elliptique* et le *paraboloïde hyperbolique,* à cause de la nature des sections qu'ils admettent.

156. Paraboloïde elliptique. L'équation avec les signes ex-

plicites, est alors de là forme

$$(1) \qquad P'y^2 + P''z^2 = Qx.$$

Cette surface ne coupe évidemment les axes qu'à l'origine des coordonnées, et la droite OX, intersection des plans XY et XZ qui sont ici les seuls *principaux* (n° 117), est *l'axe* unique et *indéfini* du paraboloïde. Ces mêmes plans donnent pour Fɪɢ. 22. *sections principales*, deux paraboles AOA', BOB', ayant pour équations

$$z = 0 \quad \text{et} \quad y^2 = \frac{Q}{P'}\, x = px,$$

$$y = 0 \quad \text{et} \quad z^2 = \frac{Q}{P''}\, x = p'x;$$

et si l'on introduit leurs paramètres p, p', dans l'équation (1), à la place des coefficiens P', P'', elle prendra cette forme plus symétrique

$$(2) \qquad \frac{y^2}{p} + \frac{z^2}{p'} = x \quad \text{ou} \quad p'y^2 + pz^2 = pp'x.$$

157. Les sections parallèles au plan YZ, ou perpendiculaires à l'axe du paraboloïde, sont représentées par

$$x = h \quad \text{et} \quad \frac{y^2}{p} + \frac{z^2}{p'} = h; \qquad (3)$$

on voit que ce sont toujours des ellipses, telles que ABA'B', *semblables* entre elles, puisque leurs axes qui s'obtiennent en posant tour à tour $z = 0$, $y = 0$, dans l'équation (3), conservent un rapport indépendant de h. Ces ellipses s'agrandissent indéfiniment avec h, tant que cette quantité est positive ; mais elles deviendraient *imaginaires,* si h était négatif ; d'où l'on conclut que le paraboloïde actuel ne s'étend nullement du côté des x négatifs.

158. Lorsqu'on a $p = p'$, les ellipses précédentes (3) deviennent évidemment des cercles, dont les centres sont situés sur OX, et dont les plans sont perpendiculaires à cette droite ;

par conséquent, le paraboloïde est alors *de révolution*, et peut être engendré par la demi-parabole OA ou OB, tournant autour de son axe OX.

159. Coupons maintenant la surface (2) par un plan quelconque

$$z = mx + ny + h;$$

il viendra pour la projection de la courbe,

$$(p' + pn^2)\, y^2 + pm^2 x^2 + 2pmnxy + \ldots = 0.$$

Or, comme ici le binome caractéristique $B^2 - 4AC = -4pp'm^2$, il en résulte que *les sections* faites dans la surface *sont toujours des ellipses* ou *des paraboles* : d'ailleurs, ce dernier cas n'arrive que quand $m = 0$, c'est-à-dire *quand le plan sécant est parallèle à l'axe* OX du paraboloïde elliptique. Ainsi la dénomination de la surface rappelle très exactement les deux genres de sections planes qu'elle admet.

160. PARABOLOÏDE HYPERBOLIQUE. L'équation relative à ce genre est, avec les signes en évidence,

$$(4) \qquad P'y^2 - P''z^2 = Qx.$$

La surface ne coupe les axes coordonnés qu'à l'origine, et, comme au n° 156, *l'axe* unique et indéfini de ce paraboloïde est la droite OX, intersection des deux plans *principaux* XY et XZ. Les sections faites par ces plans sont

$$z = 0 \quad \text{et} \quad y^2 = \frac{Q}{P'}\, x = px,$$

$$y = 0 \quad \text{et} \quad z^2 = \frac{-Q}{P''}x = -p'x :$$

ce sont les deux paraboles AOA′ et BOB′, dont la seconde Fig.23. ayant un paramètre négatif, tourne sa concavité vers les x négatifs. Si l'on introduit les paramètres de ces courbes dans l'équation (4), elle prendra la forme symétrique

$$(5) \quad \frac{y^2}{p} - \frac{z^2}{p'} = x, \quad \text{ou} \quad p'y^2 - pz^2 = pp'x,$$

qui ne diffère de celle du paraboloïde elliptique que par le changement de p' en $-p'$; et cette relation est fort utile pour transporter à l'un les propriétés reconnues dans l'autre.

161. Les plans parallèles à YZ, ou perpendiculaires à l'axe OX du paraboloïde hyperbolique, couperont cette surface suivant des hyperboles représentées par

$$ x = h \quad \text{et} \quad \frac{y^2}{p} - \frac{z^2}{p'} = h. \quad (6) $$

Leurs axes qui s'obtiennent en posant tour à tour $z=0$, $y=0$, dans l'équation (6), conservent entre eux un rapport indépendant de h : ainsi, toutes ces hyperboles sont *semblables*, et elles s'agrandissent indéfiniment avec la valeur absolue de h, mais leur position change avec le signe de cette quantité. En effet, pour une valeur positive $h =$ OO′, l'équation (6) montre bien que l'hyperbole (GDH, G′D′H′) a son axe réel O′D dirigé parallèlement à OY, et que son axe imaginaire O′C est vertical; tandis que pour une valeur négative $h =$ OO″, l'équation (6) donne une hyperbole (gch, $g'c'h'$) dont l'axe réel O″c est vertical, et dont l'axe imaginaire O″d est parallèle à OY.

D'ailleurs, quand on pose $h = 0$ dans (6), on voit que le plan YZ coupe le paraboloïde suivant deux droites

$$ x = 0, \quad y = \pm z \sqrt{\frac{p}{p'}}, $$

qni sont les *asymptotes* communes à toutes les hyperboles précédentes projetées sur ce plan YZ.

162. De là on doit conclure que le paraboloïde hyperbolique est une surface composée d'une seule nappe continue, qui s'étend indéfiniment vers les x positifs et vers les x négatifs, mais dont la courbure présente une forme opposée dans ces deux régions. En outre, cette surface *ne sera jamais de révolution*, quand bien même on aurait $p = p'$, comme cela est arrivé (n° 158) pour le premier paraboloïde; et effectivement, nous allons démontrer que le paraboloïde hyperbo-

lique ne peut admettre, pour section plane, *aucune courbe fermée*.

163. Combinons l'équation (5) avec celle d'un plan quelconque

$$z = mx + ny + h;$$

il viendra, pour la projection de la section,

$$(7)\quad (p' - pn^2)\, y^2 - pm^2 x^2 - 2pmnxy + \dots = 0.$$

Ici la quantité $B^2 - 4AC = + pp'm^2$; donc, *toutes les sections planes* faites dans la surface qui nous occupe, *sont des hyperboles* ou *des paraboles*; et ce dernier cas arrive seulement quand $m = 0$, c'est-à-dire *quand le plan sécant est parallèle à l'axe* OX. C'est la nature de ces sections qui a fait nommer cette surface *paraboloïde hyperbolique* : cependant, parmi les hyperboles, il faut comprendre le système de deux droites qui se coupent, et parmi les paraboles, le cas d'une seule ligne droite; car ces variétés se retrouvent dans l'équation (7), lorsqu'il arrive que son premier membre peut se décomposer en deux facteurs rationnels, ou bien quand $m = 0$ avec $p' - pn^2 = 0$.

Dans ce dernier cas où la section est *une droite unique*, le plan sécant se trouve parallèle à l'un des deux *plans directeurs* dont nous parlerons au n° 171.

164. PROPRIÉTÉS COMMUNES *aux deux paraboloïdes*. Chacune de ces surfaces peut être engendrée par une des deux paraboles principales, OB par exemple, qui se mouvrait *parallèlement à elle-même* (*), *et de manière que son sommet glissât constamment sur l'autre parabole principale* OA.

Considérons d'abord le paraboloïde elliptique où ces deux Fɪɢ. 22. courbes ont pour équations,

---

$$OA\dots\dots z = 0 \quad \text{et} \quad y^2 = px,$$
$$OB\dots\dots y = 0 \quad \text{et} \quad z^2 = p'x.$$

Lorsque la génératrice mobile OB sera venue dans une position quelconque DE, son sommet D dont je désigne les coordonnées par $OO' = \alpha$, $O'D = \mathfrak{C}$, se projettera en O' sur le plan XZ ; et cette courbe étant dans un plan parallèle à ce dernier, elle conservera en projection le même paramètre p' ; d'où il suit que la parabole DE aura pour équations,

$$(8) \quad y = \mathfrak{C}, \quad (9) \quad z^2 = p'(x - \alpha).$$

D'ailleurs, le sommet D devant toujours se trouver sur la directrice OA, il faudra que ses coordonnées $x = \alpha$, $y = \mathfrak{C}$, $z = 0$, satisfassent aux équations de cette dernière courbe, ce qui fournira entre les constantes arbitraires α et $\mathfrak{C}$ la relation

$$(10) \quad \mathfrak{C}^2 = p\alpha.$$

Cela posé, si l'on attribuait à α diverses valeurs successives. $\alpha = 5$, $\alpha = 6,\dots\dots$ on déduirait de (10) les valeurs correspondantes de $\mathfrak{C}$, et en substituant ces valeurs simultanées dans (8) et (9), on obtiendrait les équations de telle ou telle position déterminée de la parabole mobile DE ; mais si au contraire on élimine les constantes α, $\mathfrak{C}$, entre les trois équations (8), (9) et (10), le résultat conviendra alors à toutes les positions de la génératrice, et représentera le lieu géométrique parcouru par cette ligne mobile. Or, en tirant de (8) et (9) les valeurs de α et $\mathfrak{C}$, pour les substituer dans (10), on trouve

$$y^2 = p\left(\frac{p'x - z^2}{p'}\right) \quad \text{ou} \quad p'y^2 + pz^2 = pp'x,$$

résultat qui coïncide avec l'équation (2) du n° 156, et prouve ainsi que la surface engendrée par le mode indiqué plus haut, est effectivement un paraboloïde elliptique.

Fig.23. 165. Quant au paraboloïde hyperbolique dans lequel les deux paraboles principales ont pour équations,

$$OA\ldots\ldots z = 0 \quad \text{èt} \quad y^2 = px,$$

$$OB\ldots\ldots y = 0 \quad \text{et} \quad z^2 = -p'x,$$

on verra, par des considérations toutes semblables aux précédentes, que cette dernière courbe, parvenue dans une position quelconque DE sera représentée par

$$(11) \quad y = \mathfrak{G}, \quad (12) \quad z^2 = -p'(x - \alpha).$$

Ensuite les constantes arbitraires $OO' = \alpha$, $O'D = \mathfrak{G}$, devant encore vérifier l'équation de la parabole OA, se trouveront aussi liées par la relation

$$(13) \quad \mathfrak{G}^2 = p\alpha\,;$$

de sorte qu'en raisonnant comme ci-dessus, il faudra éliminer α et $\mathfrak{G}$ entre les équations (11), (12) et (13), ce qui conduit à

$$y^2 = p\left(\frac{p'x + z^2}{p'}\right), \quad \text{ou} \quad p'y^2 - pz^2 = pp'x,$$

résultat qui, par son identité avec l'équation (5) du n° 160, prouve que le paraboloïde hyperbolique peut aussi être engendré par la parabole OB qui se mouvrait *parallèlement à elle-même*, et *de manière que son sommet glissât constamment sur l'autre parabole principale* OA.

166. *Tous les plans diamétraux*, dans les deux paraboloïdes, *sont parallèles à l'axe* OX de la surface. En effet, si l'on recourt à la formule générale (5) du n° 105,

$$m\frac{d\Phi}{dx} + n\frac{d\Phi}{dy} + \frac{d\Phi}{dz} = 0,$$

pour l'appliquer à l'équation des surfaces dépourvues de centre,

$$p'y^2 + pz^2 = pp'x,$$

ou p' pourra être supposé positif ou négatif, on trouve

$$(14) \quad 2p'ny + 2pz = pp'm,$$

équation qui représente un plan évidemment parallèle à OX.

Réciproquement, *tout plan qui sera parallèle à* OX, et représenté par une équation donnée

$$(15) \qquad R y + T z = K,$$

sera un *plan diamétral* du paraboloïde, puisqu'en identifiant l'équation (14) avec (15), on en déduira pour m et n, des valeurs toujours admissibles

$$m = \frac{2K}{Tp'}, \qquad n = \frac{Rp}{Tp'}.$$

167. *Tous les diamètres* des paraboloïdes *sont parallèles à l'axe* de la surface; car ces droites sont (n° 104) les intersections de deux plans diamétraux, et nous venons de voir que ceux-ci se trouvent toujours parallèles à OX.

Réciproquement, toute droite menée parallèlement à l'axe d'un paraboloïde, sera un diamètre de cette surface, puisque deux plans conduits par cette droite seront *diamétraux* (n° 166).

168. DES GÉNÉRATRICES RECTILIGNES. Il s'agit d'examiner *si une droite peut être appliquée* dans toute sa longueur indéfinie *sur un paraboloïde ;* or, comme la forme limitée du paraboloïde elliptique fait assez prévoir qu'il ne saurait jouir de cette propriété, et que d'ailleurs il suffira de changer le signe de p' pour appliquer les résultats à ce genre de surface, nous allons effectuer cette recherche spécialement sur le paraboloïde hyperbolique, dont l'équation avec les signes en évidence, est

$$(16) \qquad p' y^2 - p z^2 = p p' x.$$

S'il existe une droite située tout entière sur cette surface, sa projection horizontale sera de la forme

$$(17) \qquad y = a x + b,$$

où a et b sont deux constantes indéterminées; et le *plan projetant* représenté aussi par cette équation (17), devra donner par sa combinaison avec la surface (16), une intersection du second degré dont une branche soit *rectiligne*, et par suite l'autre branche le sera pareillement. Or, en éliminant x entre (16) et (17), parce que la projection sur le plan YZ est la plus intéressante, on obtient

$$(18) \qquad z^2 = \frac{p'}{p}\left(y^2 - \frac{py}{\alpha} + \frac{p\mathfrak{c}}{\alpha}\right);$$

et pour que cette équation puisse se décomposer en deux facteurs du premier degré, il faut que le second membre soit un carré parfait, puisque le premier membre en est un, ce qui exige que l'on pose

$$\frac{p^2}{\alpha^2} = \frac{4p\mathfrak{c}}{\alpha}, \quad \text{d'où} \quad \mathfrak{c} = \frac{p}{4\alpha}.$$

Cette relation unique entre $\mathfrak{c}$ et α, laisse arbitraire une de ces quantités; par conséquent il existera une infinité de droites situées sur la surface, et dont les projections, déduites des équations (17) et (18) où l'on aura substitué la valeur de $\mathfrak{c}$, seront

$$(19) \qquad y = \alpha x + \frac{p}{4\alpha},$$

$$(20) \qquad z = \pm \sqrt{\frac{p'}{p}}\left(y - \frac{p}{2\alpha}\right).$$

La troisième projection se déduirait de celles-ci par l'élimination de y, et aurait la forme

$$(21) \qquad z = \pm \sqrt{\frac{p'}{p}}\left(\alpha x - \frac{p}{4\alpha}\right).$$

169. Avant d'aller plus loin, observons que ces résultats deviendraient imaginaires, si l'on changeait le signe du paramètre p'; d'où il résulte que *le paraboloïde elliptique n'admet aucune génératrice rectiligne.*

170. Quant au paraboloïde hyperbolique, les diverses droites qu'il admet, pour des valeurs successives de l'indéterminée α, ont deux à deux une projection horizontale commune; mais comme elles se distinguent sur les autres plans, on doit

·les partager en *deux systèmes* (A) et (B), savoir :

$$(A) \begin{cases} y = \alpha x + \dfrac{p}{4\alpha}, \\[2mm] z = +\sqrt{\dfrac{p'}{p}}\left(y - \dfrac{p}{2\alpha}\right); \end{cases} \qquad (B) \begin{cases} y = \alpha x + \dfrac{p}{4\alpha}, \\[2mm] z = -\sqrt{\dfrac{p'}{p}}\left(y - \dfrac{p}{2\alpha}\right); \end{cases}$$

$$(A') \begin{cases} y = \alpha' x + \dfrac{p}{4\alpha'}, \\[2mm] z = +\sqrt{\dfrac{p'}{p}}\left(y - \dfrac{p}{2\alpha'}\right); \end{cases} \qquad (B') \begin{cases} y = \alpha' x + \dfrac{p}{4\alpha'}, \\[2mm] z = -\sqrt{\dfrac{p'}{p}}\left(y - \dfrac{p}{2\alpha'}\right); \end{cases}$$

$$(A'') \ldots\ldots\ldots\ldots \qquad\qquad (B'') \ldots\ldots\ldots\ldots$$
$$\ldots\ldots\ldots\ldots \qquad\qquad\qquad \ldots\ldots\ldots\ldots$$

Pour mieux apercevoir les positions respectives de ces lignes,
séparons les trois plans coordonnés, en les transportant pa-
FIG.24. rallèlement à eux-mêmes jusqu'à une certaine distance; et
alors on reconnaîtra que *les projections horizontales* de toutes
les génératrices des deux systèmes, *sont des tangentes* MT,
M'T'.... à la parabole principale $y^2 = px$. En effet, si nous
combinons cette dernière équation avec (19), pour avoir les
points communs à ces lignes, il vient

$$\alpha^2 x^2 - \frac{px}{2} + \frac{p^2}{16\alpha^2} = 0,$$

résultat qui, étant un carré parfait, annonce que les abscisses
des points de section de MT avec la parabole OA, sont toutes
deux égales, ainsi que les ordonnées qui se déduiraient de
(19) ; par conséquent la droite MT est bien tangente à la parabole horizontale OA.

On s'assurerait d'une manière semblable, que les projections des génératrices sur le plan XZ, lesquelles sont représentées, pour chaque valeur de α, par la double équation (21),
se trouvent des tangentes RS et RV.... à la parabole principale $z^2 = -p'x$.

171. Quant aux projections des génératrices sur le plan YZ,

les secondes équations des groupes (A), (A′), (A″).... où les coefficiens des variables sont indépendans de α, α',.... montrént que ces projections sont des *droites parallèles*, NA, N′A′,....; donc les plans projetans sont parallèles entre eux, et par suite, les génératrices dans l'espace se trouvent toutes parallèles à l'un de ces plans. Le paraboloïde hyperbolique offre donc cette propriété remarquable que *toutes les génératrices du système* (A) *sont parallèles à un même plan* aO′X, qui a pour équation

$$z = + y \sqrt{\frac{p'}{p}};$$

ce plan, ou tout autre de même direction, se nomme *le plan directeur* des droites du système (A).

Une relation semblable a lieu pour les droites du système (B) ; car les secondes équations (B), (B′)... montrent que leurs projections sur YZ sont des lignes parallèles NB, N′B′...; donc *ces génératrices*, dans l'espace, *sont toutes parallèles au plan directeur* bO′X, déterminé par l'équation

$$z = - y \sqrt{\frac{p'}{p}}.$$

Observons que les deux plans directeurs se coupent toujours suivant l'axe OX du paraboloïde, ou suivant une parallèle à cet axe ; et ils se trouveraient perpendiculaires entre eux, si l'on avait $p = p'$.

172. *Deux droites quelconques* (A) *et* (A′) *d'un même système, ne se trouvent jamais dans un même plan.* En effet, leurs projections sur le plan YZ sont parallèles : donc, les génératrices en question ne se coupent pas ; d'ailleurs elles ne sont point parallèles dans l'espace, puisque leurs projections sur XY se coupent nécessairement, comme tangentes à une même parabole : donc ces deux génératrices ne sont pas dans un même plan. Ainsi le paraboloïde hyperbolique, considéré comme le lieu des diverses droite (A), (A′), (A″).....

est *une surface gauche* (n° 149), mais qui offre cette circonstance particulière, que ses génératrices rectilignes sont toutes parallèles à un même plan aO′X.

Une conséquence analogue a lieu pour les droites du système B, qui ne se trouvent jamais deux à deux dans un même plan.

Fig. 24.   173. Au contraire, *une droite quelconque du système* (A) *coupe toutes celles de l'autre système.* Cela est évident pour les génératrices (A) et (B), situées toutes deux dans le même plan vertical MT, et projetées suivant NA et NB; mais comparons (A) avec (B′). Leurs projections sur YZ se rencontrent en E; et comme en menant de là une parallèle à OX, elle n'ira percer le paraboloïde qu'en un seul point D, puisque l'équation de cette surface est du premier degré en x, il est certain que le point projeté en E et D, est commun aux deux génératrices. D'ailleurs, l'analyse conduit à la même conséquence; car si l'on combine les quatre équations (A) et (B′) du n° 170, on verra aisément qu'elles s'accordent à donner une même valeur pour y, après l'élimination des variables x et z.

On démontrerait d'une manière semblable, que chaque génératrice (B) coupe toutes celles du système (A).

174. Or, puisque le mouvement d'une droite est complètement déterminé par la condition de s'appuyer sur trois autres droites fixes (n° 149), il s'ensuit que si l'on fait glisser la génératrice (A) sur (B), (B′) et (B″), elle ne pourra prendre que les positions (A′), (A″)...., qui déjà rencontrent ces directrices, et ainsi elle décrira le paraboloïde hyperbolique. Sous ce point de vue, cette surface devient un cas particulier de l'hyperboloïde à une nappe (n° 150), puisque ici *les trois directrices* (B), (B′), (B″) satisfont (n° 171) à la condition de se trouver *toutes parallèles à un même plan* bO′X.

175. Observons enfin que le mouvement d'une droite est aussi complètement réglé, quand on n'assigne que *deux directrices*, avec la condition que *la droite mobile restera parallèle à un plan donné.* En effet, si l'on coupe les deux lignes fixes par divers plans parallèles au *plan directeur*, et que l'on

joigne par des droites les points de section de chaque plan, on obtiendra autant de positions de la génératrice.

D'où il suit que le paraboloïde hyperbolique peut encore être engendré par la droite (A) assujettie à glisser seulement sur (B) et (B'), et de plus à rester parallèle au plan donné aO'X ; car elle ne pourra prendre ainsi que les positions (A'), (A'').... qui déjà satisfont à ces deux conditions.

D'ailleurs ce mode de génération, qui est le plus commode dans la pratique, est aussi double comme le précédent (n° 174), puisqu'on peut produire le même paraboloïde en faisant mouvoir la droite (B) sur (A) et (A'), avec la condition qu'elle demeure parallèle au plan directeur bO'X.

176. Réciproquement, *lorsqu'une droite quelconque A glisse sur deux droites fixes B et B' non situées dans le même plan, en demeurant parallèle à un plan donné, elle engendre toujours un paraboloïde hyperbolique.*

Prenons le plan directeur donné pour le plan coordonné XY, et choisissons le plan XZ parallèle aux deux directrices B et B', en laissant arbitraires, du reste, l'origine O et les deux axes OY, OZ ; alors les directrices rapportées à ces axes obliques, seront représentées évidemment par

$$(\text{B}) \quad y = h, \qquad x = az + b,$$
$$(\text{B}') \quad y = h', \qquad x = a'z + b'.$$

La génératrice qui doit être constamment parallèle au plan XY, aura des équations de la forme

$$(\text{A}) \quad z = \gamma, \qquad y = \alpha x + \mathfrak{c},$$

où les quantités α, $\mathfrak{c}$, γ, sont des constantes indéterminées ; mais il faudra y joindre les relations qui expriment que cette droite mobile rencontre toujours chacune des deux directrices, relations que l'on obtient (n° 25) par l'élimination des trois variables x, y, z, entre les équations (A) et (B), puis entre (A) et (B'), et qui sont

$$(22) \quad h = \alpha\,(a\gamma + b) + \mathfrak{c}$$
$$(23) \quad h' = \alpha\,(a'\gamma + b') + \mathfrak{c}.$$

8

Les trois constantes α, $\mathfrak{e}$, γ se trouvant ainsi liées par deux équations, une d'entre elles, par exemple α, reste arbitraire; de sorte que si on lui attribuait diverses valeurs successives $\alpha = 1$, $\alpha = 2$,.... on pourrait en déduire celles de $\mathfrak{e}$ et γ; puis, en substituant ces valeurs correspondantes dans les équations (A), on obtiendrait successivement telle ou telle position *déterminée* de la droite mobile; mais si au contraire on élimine α, $\mathfrak{e}$, γ, entre les quatre équations (22), (23) et (A), le résultat conviendra alors à toutes les positions de cette génératrice, et sera par conséquent l'équation du lieu géométrique parcouru par cette droite. Or, par des soustractions évidentes, on élimine aisément $\mathfrak{e}$ et γ, et l'on obtient

$$y - h = \alpha (x - az - b),$$
$$y - h' = \alpha (x - a'z - b');$$

d'où l'on déduit, en éliminant α,

$$(24) \quad yz(a-a') + y(b-b') + z(a'h-ah') + x(h'-h) = bh' - b'h.$$

Cette surface est du second degré, et *elle n'admet point de centre;* car le terme $x (h' - h)$ qui est *de degré impair*, ne pourra jamais disparaître (n° 94) en transposant les axes actuels parallèlement à eux-mêmes, puisque ce terme étant le seul qui soit fonction de x, conservera toujours le même coefficient donné $(h' - h)$. L'équation (24) représente donc un des deux paraboloïdes; et c'est évidemment le *paraboloïde hyperbolique*, puisqu'en posant $x = 0$, on obtient une hyperbole, ce qui ne saurait convenir (n° 159) à l'autre paraboloïde; d'ailleurs ce dernier n'admet pas (n° 169) de génératrice rectiligne (*).

(*) Si l'on supposait $h = h'$, l'équation (24) se décomposerait en deux facteurs du premier degré, lesquels représentent deux plans qui se coupent. En effet, cette hypothèse revient à dire que les deux directrices B et B' sont situées dans un même plan $y = h$, et alors la génératrice mobile, toujours parallèle au plan XY, ne peut plus prendre que l'un de ces deux mouvemens : 1°. décrire le plan même des deux droites B et B'; 2°. passer constamment par le point de section de celles-ci, et décrire un plan parallèle à XY.

177. Si nous n'avions pas voulu offrir au lecteur un exercice de calcul propre à servir de guide dans les cas généraux, nous aurions pu arriver à un résultat beaucoup plus simple, en choisissant les axes coordonnés d'une manière encore plus particulière. En effet, en conservant le plan directeur donné pour le plan XY, on peut choisir l'axe OY de manière qu'il passe par les deux points où ce plan est rencontré par les directrices B et B′; placer l'origine O au milieu de cette distance, (*), conduire le plan XOZ parallèlement aux deux droites B et B′, et enfin diriger l'axe OZ de sorte qu'il fasse *des angles égaux* avec ces directrices. Avec de tels axes obliques, les droites B et B′ se projetteront sur le plan XZ suivant des lignes passant par l'origine, et elles auront évidemment pour équations

$$\text{(B)} \qquad y = h, \qquad x = az,$$
$$\text{(B}') \qquad y = -h, \qquad x = -az.$$

La génératrice aura encore des équations de la forme

$$\text{(A)} \qquad z = \gamma, \qquad y = \alpha x + \mathcal{C};$$

mais pour qu'elle s'appuie constamment sur (B) et sur (B′), on trouvera les équations de condition

$$\mathcal{C} = 0, \qquad h = a\alpha\gamma \,;$$

de sorte qu'en éliminant α, $\mathcal{C}$, γ, entre les quatre dernières équations, on obtiendra pour la surface demandée,

$$(25) \qquad ayz = hx,$$

résultat qui pouvait se déduire de l'équation (24), en y supposant $b = 0$, $b' = 0$, $a' = -a$, $h' = -h$.

178. Observons que sous les deux formes (24) et (25), les plans XY et XZ sont évidemment *les deux plans directeurs* du

---

.8..

paraboloïde, auxquels les génératrices des deux systèmes sont respectivement parallèles (n° 171) ; et ici leur intersection OX est seulement *parallèle* à l'axe principal de cette surface : aussi quand on pose $z = k$, ou $y = k$, on trouve pour section une droite unique.

179. Démontrons encore la réciproque du mode de génération indiqué au n° 174, en cherchant l'équation de *la surface engendrée par une droite mobile* A *assujettie à glisser constamment sur trois droites fixes* B, B′, B″, qui sont toutes trois *parallèles à un même plan :* on sous-entend d'ailleurs que deux quelconques de ces droites ne sont pas dans un même plan, parce que l'hypothèse contraire ne conduirait qu'à trouver le système de deux plans dont la position est facile à prévoir d'avance (n° 154).

Prenons le plan XY parallèle aux trois directrices B, B′, B″, et la première de ces droites pour l'axe OX : dirigeons l'axe OY parallèlement à B′, et enfin par le point arbitraire O, où se coupent ces axes, menons-en un troisième OZ qui rencontre à la fois les trois directrices ; alors ces lignes auront pour équations

$$(B) \ldots y = 0, \quad z = 0,$$
$$(B') \quad x = 0, \quad z = h,$$
$$(B'') \quad y = ax, \quad z = k.$$

La génératrice sera représentée par

$$(A) \quad x = \alpha z + \gamma, \quad y = 6z + \delta \, ;$$

mais pour qu'elle rencontre chacune des directrices, il faudra (n° 25) y joindre les conditions

$$\delta = 0, \quad \alpha h + \gamma = 0, \quad 6k + \delta = a \, (\alpha k + \gamma),$$

et en raisonnant comme au n° 176, il s'agira d'éliminer α, 6, γ, δ, entre ces cinq équations. Si, d'abord, on substitue les valeurs des trois dernières quantités dans les équations (A), il viendra pour une position quelconque de la génératrice ,

$$(26) \qquad x = \alpha (z - h), \quad y = \frac{a\alpha (k - h)}{k} z;$$

puis enfin, éliminant α, on obtiendra pour le lieu géométrique cherché,

$$(27) \qquad kyz + a (h - k) xz = hky.$$

Or, dans cette équation du second degré, le polynome D (n° 95) qui sert de dénominateur aux coordonnées du centre, se trouve évidemment nul; ainsi la surface ne peut être qu'un des deux paraboloïdes, ou bien un cylindre (n° 96). Mais cette dernière hypothèse étant manifestement incompatible avec la direction des génératrices qui ne sont point parallèles entre elles, il demeure certain que la surface (27) est un *paraboloïde hyperbolique*, puisque l'autre paraboloïde n'admet pas (n° 169) de génératrice rectiligne.

180. En outre, il est aisé de reconnaître que les positions (A), (A'), (A'').... de la génératrice se trouvent aussi, comme cela doit arriver dans un paraboloïde, *toutes parallèles à un même plan*. En effet, ces diverses positions sont représentées par les équations (26), dans lesquelles on attribuerait à α des valeurs arbitraires et successives α', α'', α'''.... : or, un plan

$$Ax + By + Cz = 0$$

sera parallèle à la droite (26), si l'on établit (n° 45) la relation

$$A\alpha + B \frac{a\alpha (k - h)}{k} + C = 0;$$

et cette condition se trouvera vérifiée indépendamment de α, si l'on pose

$$Ak + Ba (k - h) = 0, \text{ et } C = 0:$$

donc, d'après ces valeurs de A, B, C, le plan

$$ky = a (k - h) x$$

se trouvera bien parallèle à toutes les droites que représentent les équations (26), quelle que soit la valeur attribuée à α.

181. Observons enfin que dans les deux modes de génération employés n°s 176 et 179, les directrices prises deux à deux, comme (B) et (B′), ou (B′) et (B″), se trouvent *coupées en parties proportionnelles* par les positions successives (A), (A′), (A″).... de la génératrice. En effet, ces dernières droites étant toutes parallèles à un certain plan, on peut mener par chacune d'elles un plan parallèle à ce plan directeur, et l'on sait que des plans parallèles divisent toujours deux droites quelconques en parties proportionnelles. Cette propriété sert à construire très simplement un modèle *en relief* du paraboloïde hyperbolique, en employant un quadrilatère *gauche*, dont on divise les côtés opposés en un même nombre de parties égales, réunies par des fils : voyez *la Géométrie descriptive*, n°s 543 et 554.

CHAPITRE IX.

Théorèmes divers sur la similitude des courbes et des surfaces quelconques ; sur les sections parallèles dans les surfaces du second ordre, etc.

182. SIMILITUDE DES COURBES. Deux courbes d'un degré quelconque, situées dans le même plan (ou dans des plans parallèles), sont dites *semblables* et *semblablement placées*, lorsque après avoir pris dans la première un point arbitraire O, et mené divers rayons vecteurs OM, ON... on peut trouver dans la deuxième courbe un point O′ tel que les rayons vecteurs O′M′, O′N′..... tracés parallèlement aux autres, et dirigés dans le même sens, aient avec ceux-là un rapport cons-

Fig 25.

tant ; c'est-à-dire que

$$\frac{O'M'}{OM} = \frac{O'N'}{ON} = \ldots = k.$$

Lorsque ces conditions se trouvent remplies pour deux *centres de similitude* O et O', il en existe une infinité d'autres. En effet, prenons un point I arbitraire, et tirons parallèlement à OI, la droite O'I' sur laquelle nous porterons une longueur telle que

$$\frac{O'I'}{OI} = k;$$

alors on démontrera aisément par des triangles semblables, que les rayons vecteurs IM et I'M', IN et I'N',... sont respectivement parallèles et ont entre eux le rapport k : par conséquent les points I et I' seront encore deux centres de similitude correspondans.

183. Il est bon d'observer que dans les courbes *semblables de forme et de position*, les tangentes aux extrémités de deux rayons vecteurs homologues OM et O'M', sont toujours parallèles entre elles. En effet, les triangles OMN et O'M'N' évidemment semblables, prouvent que les sécantes MN et M'N' sont parallèles ; or, comme cette relation continuera de subsister à mesure que les rayons ON et O'N' formeront avec les droites fixes OM et O'M', des angles plus petits, mais toujours égaux entre eux, il s'ensuit que quand ces angles deviendront nuls ensemble, alors les sécantes réduites à des tangentes, se trouveront encore parallèles.

184. Si les rayons vecteurs qui sont proportionnels n'étaient pas respectivement parallèles, mais du moins formaient des angles égaux avec deux droites fixes OX et O'X', de direction différente, les courbes seraient semblables *de forme* seulement, et *non de position*. Alors, pour rétablir la similitude sous les deux rapports, il suffirait évidemment de faire tourner la seconde courbe autour de O', d'une quantité angulaire marquée par l'angle compris entre les droites OX et O'X'.

Enfin, si après cette rotation, on transportait la seconde courbe parallèlement à elle-même, de manière à faire coïncider le point O′ avec O, les deux courbes semblables deviendraient *concentriques*, quant à leur centre de similitude.

185. Pour exprimer analytiquement les conditions de la *similitude de forme et de position*, représentons par

$$(1) \qquad F(x, y, \mathcal{A}) = 0, \qquad (2) \qquad F'(x', y', \mathcal{A}) = 0,$$

les équations des deux courbes rapportées aux mêmes axes quelconques OX, OY ; puis, en adoptant pour centre de similitude de la première courbe, l'origine O des coordonnées, il devra exister dans la seconde un centre correspondant O′, dont nous désignerons les coordonnées inconnues par α, $\mathcal{C}$; alors les triangles semblables MOP et M′O′P′ montrent qu'on exprimera complètement *la proportionnalité* et *le parallélisme* des rayons OM et O′M′, en posant les deux conditions

$$(3) \qquad \frac{x' - \alpha}{x} = k, \qquad (4) \qquad \frac{y' - \mathcal{C}}{y} = k,$$

dans lesquelles k est une constante inconnue, mais essentiellement *positive* ; à moins qu'on ne voulût admettre une *similitude inverse*, dans laquelle les rayons vecteurs proportionnels auraient des directions précisément contraires ; car, dans ce cas, les numérateurs des fractions (3) et (4) devraient être remplacés par $\alpha - x'$ et $\mathcal{C} - y'$, ce qui reviendrait à supposer k négatif.

Cela posé, puisque les coordonnées des deux courbes semblables (1) et (2) doivent avoir entre elles les relations (3) et (4), si l'on tire de ces dernières les valeurs de x et y, pour les substituer dans (1), le résultat

$$(5) \qquad F\left(\frac{x' - \alpha}{k}, \frac{y' - \mathcal{C}}{k}\right) = 0$$

devra se trouver identique avec l'équation (2), puisque l'une et l'autre expriment une relation entre les coordonnées de la seconde courbe rapportée aux mêmes axes. Il faudra donc, dans chaque exemple, ordonner et *identifier* les équations (2) et (5) ; puis, voir si l'on peut satisfaire aux conditions qu'amènera cette opération, par des valeurs réelles et finies des constantes inconnues α, $\mathfrak{6}$ et k. Toutefois, la dernière de ces quantités peut être imaginaire, sans que la similitude cesse d'exister sous le rapport analytique, ainsi que nous le verrons plus loin, dans les hyperboles conjuguées (n° 190).

186. Appliquons cette marche à deux courbes du second degré, représentées par

$$(6) \quad Ay^2 + Bxy + Cx^2 + Dy + Ex + F = 0,$$

$$(7) \quad A'y'^2 + B'x'y' + C'x'^2 + D'y' + E'x' + F' = 0.$$

En substituant dans la première, pour x et y, leurs valeurs tirées des relations (3) et (4), il vient

$$(8) \quad Ay'^2 + Bx'y' + Cx'^2 + y'(Dk - 2A\mathfrak{6} - B\alpha) + x'(Ek - 2C\alpha - B\mathfrak{6})$$
$$+ (A\mathfrak{6}^2 + C\alpha^2 + B\alpha\mathfrak{6} - kD\mathfrak{6} - kE\alpha + Fk^2) = 0,$$

équation qui, devant être identique avec (7), exige que l'on ait les cinq relations

$$(9) \quad \frac{A}{A'} = \frac{B}{B'}, \qquad (10) \quad \frac{A}{A'} = \frac{C}{C'},$$

$$(11) \quad \frac{A}{A'} = \frac{Dk - 2A\mathfrak{6} - B\alpha}{D'},$$

$$(12) \quad \frac{A}{A'} = \frac{Ek - 2C\alpha - B\mathfrak{6}}{E'},$$

$$(13) \quad \frac{A}{A'} = \frac{A\mathfrak{6}^2 + C\alpha^2 + B\alpha\mathfrak{6} - kD\mathfrak{6} - kE\alpha + Fk^2}{F'};$$

mais comme il y entre trois inconnues α, $\mathfrak{6}$ et k, les conditions de similitude, proprement dites, seront au nombre de *deux*, qui s'obtiendront par l'élimination des inconnues ; et d'après l'ordre adopté ci-dessus ; ce sont les équations (9) et (10). Les trois autres serviront à déterminer α, $\mathfrak{6}$ et k, e'est-à-dire le centre et le rapport de similitude, comme nous l'expliquerons bientôt.

187. Il résulte des conditions (9) et (10) que deux courbes du second degré sont semblables et semblablement placées, *quand les coefficiens des trois termes du second ordre sont respectivement proportionnels dans les deux équations;* et comme en posant

$$h = \frac{A}{A'} = \frac{B}{B'} = \frac{C}{C'},$$

il en résulte

$$B^2 - 4AC = h^2(B'^2 - 4A'C'),$$

on voit que les deux courbes semblables seront toujours *du même genre.*

D'ailleurs, si l'on conçoit la courbe (6) rapportée à ses *diamètres principaux*, on aura évidemment

$$B = 0, \quad D = 0, \quad E = 0;$$

et pour que la seconde soit semblable, il faudra admettre que

$$B' = 0, \quad \text{et} \quad \frac{A}{A'} = \frac{C}{C'},$$

ce qui exprime évidemment que *les deux axes de celle-ci sont parallèles à ceux de la première*, et que *les uns sont proportionnels aux autres.*

188. Dans le cas de deux paraboles, si l'on conçoit la première rapportée à son *axe principal* et à son sommet, on aura dans (6)

$$B = 0, \quad C = 0, \quad D = 0, \quad F = 0;$$

et pour satisfaire aux conditions (9) et (10), il faudra admettre que

$$B' = 0, \quad C' = 0,$$

ce qui indique que l'axe de la seconde parabole est parallèle à celui de la première, mais ne fait rien connaître sur la valeur du rapport $\dfrac{A}{A'}$. D'où il suit que *deux paraboles dont les axes se trouvent parallèles, sont toujours semblables* de forme et de position, *quels que soient leurs paramètres.*

Il en résulte aussi que deux paraboles quelconques sont toujours semblables, du moins quant à la forme, puisqu'on peut (n° 184) faire tourner l'une de manière à rendre les axes parallèles entre eux.

189. Revenons maintenant aux équations (6) et (7), relatives à des axes quelconques, et en supposant remplies les conditions (9) et (10), calculons les inconnues α, ζ, k. Si, pour simplifier, on pose

$$ h = \frac{A}{A'} = \frac{B}{B'} = \frac{C}{C'}, $$

les équations (11), (12), (13) deviendront

$$ (14) \quad 2A\zeta + B\alpha = Dk - D'h, $$

$$ (15) \quad 2C\alpha + B\zeta = Ek - E'h, $$

$$ A\zeta^2 + C\alpha^2 + B\alpha\zeta - D\zeta k - E\alpha k = F'h - Fk^2, $$

dont la dernière, combinée avec les autres, peut être remplacée par la suivante, qui est du premier degré en α, ζ :

$$ (16) \quad \zeta(Dk + D'h) + \alpha(Ek + E'h) = 2(Fk^2 - F'h). $$

Alors on tire de (14) et (15) les valeurs

$$ (17) \quad \alpha = \frac{B(Dk - D'h) - 2A(Ek - E'h)}{B^2 - 4AC}, $$

$$ (18) \quad \zeta = \frac{B(Ek - E'h) - 2C(Dk - D'h)}{B^2 - 4AC}; $$

puis, en substituant dans (16), on obtient, après quelques réductions, une équation du second degré à deux termes, qui donne

$$ (19) \quad k = \sqrt{ h^3 . \frac{2F'(B'^2 - 4A'C') - E'(B'D' - 2A'E') - D'(B'E' - 2C'D')}{2F(B^2 - 4AC) - E(BD - 2AE) - D(BE - 2CD)} }. $$

Cette valeur unique, puisque (n° 185) on doit prendre k positivement, ne fournira, dans les expressions de α et $\mathcal{C}$, qu'un *centre unique* qui corresponde à l'origine O des coordonnées, adoptée pour centre de similitude de la première courbe ; mais pour que α et $\mathcal{C}$ soient réels, il faudra en général que k soit aussi réel, condition qui ne dépendra point de la quantité numérique h, toujours positive, si l'on a eu soin de rendre tels les coefficiens A′ et A.

190. Toutefois, observons que le rapport de similitude k pourrait être imaginaire, et α, $\mathcal{C}$ réels, si dans les expressions (17) et (18) le coefficient de k se trouvait nul : et pour faire comprendre comment dans un pareil cas, les conditions *analytiques* de la similitude continuent d'être remplies, nous citerons l'exemple de deux hyperboles *conjuguées*, représentées par

$$a^2 y^2 - b^2 x^2 + a^2 b^2 = 0,$$
$$a^2 y'^2 - b^2 x'^2 - a^2 b^2 = 0.$$

On trouvera ici

$$\alpha = 0, \quad \mathcal{C} = 0, \quad k = \sqrt{-1},$$

ce qui indique que les deux centres de similitude coïncident avec le centre de figure commun aux deux courbes. Or, si de ce point on mène deux rayons vecteurs parallèles, terminés respectivement aux deux hyperboles, on verra que l'un est imaginaire, quand l'autre est réel, et réciproquement ; mais en calculant leurs expressions analytiques, on trouvera qu'elles sont de la forme

$$r = \sqrt{\pm p^2}, \quad r' = \sqrt{\mp p^2},$$

de sorte qu'il sera vrai de dire que leur rapport est constant, et égal à $\sqrt{-1}$.

191. LES DIVERSES SECTIONS PARALLÈLES *faites dans une même surface du second ordre, sont des courbes semblables de forme et de position.* Considérons d'abord les surfaces douées

d'un centre, et combinons leur équation générale

$$(20) \qquad P x^2 + P' y^2 + P'' z^2 = H$$

avec celle d'un plan quelconque

$$(21) \qquad z = ax + by + \delta;$$

en éliminant z, la courbe d'intersection, projetée sur le plan XY, sera représentée par

$$(22) \quad (P + P'' a^2) x^2 + (P' + P'' b^2) y^2 + 2 P'' ab xy$$
$$+ 2 P'' a\delta x + 2 P'' b\delta y + P'' \delta^2 - H = 0;$$

et pour obtenir la section faite par un autre plan

$$z = ax + by + \delta',$$

parallèle au plan (21), il suffirait évidemment de remplacer δ par δ', dans l'équation (22). Or ce changement n'altérant pas du tout les coefficiens des termes du second degré qui sont ici indépendans de δ, il s'ensuit que les conditions (9) et (10) du n° 186 se trouveront bien vérifiées ; et par conséquent (*fig.* 25) *les projections* MN... et M'N'... des deux sections parallèles *seront semblables de forme et de position.* J'ajoute qu'il en est de même de ces courbes dans l'espace ; car si par les rayons vecteurs parallèles OM et O'M', ON et O'N',... on mène des plans verticaux, ils couperont évidemment les plans des deux sections suivant des droites *parallèles deux à deux,* et que je désigne par *om* et *o'm'*, *on* et *o'n'*,... En outre, il est facile de voir que l'on aura entre ces droites et leurs projections, les relations suivantes (n° 67)

$$OM = om \cdot \cos\alpha, \quad ON = on \cdot \cos\zeta, \dots$$
$$O'M' = o'm' \cdot \cos\alpha, \quad O'N' = o'n' \cdot \cos\zeta, \dots ;$$

mais comme la similitude des deux courbes MN... et M'N'... donnait les rapports égaux

$$\frac{OM}{O'M'} = \frac{ON}{O'N'} = \dots\dots = k,$$

on conclura des égalités précédentes, la nouvelle suite de rapports égaux,

$$\frac{om}{o'm'} = \frac{on}{o'n'} = \;\ldots\ldots\; = k,$$

ce qui démontre bien la similitude de forme et de position, pour les courbes $mn\ldots$ et $m'n'\ldots$ situées dans l'espace.

· 192. Pour connaître *le lieu des centres* de toutes les sections parallèles au plan (21), observons que le centre d'une courbe dans l'espace, se projette toujours sur le centre de la projection. Or, celui de la courbe (22) sera donné, comme pour une surface du second degré (n° 95), en égalant à zéro les *dérivées* relatives à x et à y, c'est-à-dire par les équations simultanées

$$(23) \quad (\mathrm{P} + \mathrm{P}''a^2)x + \mathrm{P}''aby + \mathrm{P}''a\delta = 0,$$
$$(24) \quad (\mathrm{P}' + \mathrm{P}''b^2)y + \mathrm{P}''abx + \mathrm{P}''b\delta = 0;$$

puis, en y joignant l'équation

$$(21) \qquad z = ax + by + \delta$$

du plan sécant, dans lequel doit être évidemment situé le centre cherché, on pourrait calculer les trois coordonnées du centre de la section qui, dans l'espace, répond à une valeur donnée de δ. Mais si, au contraire, on élimine cette constante, variable d'une section à une autre, entre les équations (21), (23) et (24), on obtiendra le lieu de tous les centres des sections parallèles ; or, en tirant de (21) la valeur de δ pour la substituer dans (23) et (24), on trouve

$$(25) \qquad \mathrm{P}x + \mathrm{P}''az = 0,$$
$$(26) \qquad \mathrm{P}'y + \mathrm{P}''bz = 0,$$

c'est-à-dire une droite passant par l'origine des coordonnées qui est ici le centre de la surface (20) : donc *le lieu des centres de toutes les sections parallèles, est un diamètre de la surface.*

193. Il est bon d'observer que ce diamètre est *conjugué* avec celui des plans sécans qui passe par le centre de la surface. En effet, les équations précédentes reviennent à

$$x = - \frac{P''a}{P} z = mz,$$

$$y = - \frac{P''b}{P'} z = nz ;$$

et le plan diamétral, conjugué avec ce diamètre , étant (n° 105) de la forme

$$m \frac{d\Phi}{dx} + n \frac{d\Phi}{dy} + \frac{d\Phi}{dz} = 0,$$

devient, pour la surface (20),

$$Pmx + P'ny + P''z = 0 ;$$

puis, par la substitution des valeurs précédentes de m et de n, il se réduit à

$$z = ax + by.$$

194. Lorsque le plan sécant (21) a une direction propre à donner dés sections paraboliques, on pourrait se demander comment les centres de ces courbes se trouvent sur le diamètre (25) et (26); mais si l'on cherche la condition nécessaire pour que l'équation (22) représente une parabole; on verra qu'elle rend en même temps ce diamètre parallèle au plan sécant, de sorte que leur rencontre, qui aurait dû donner le centre de la courbe, n'a effectivement lieu qu'à l'infini.

195. Quant aux surfaces dépourvues de centre, qui sont toutes deux comprises dans l'équation

$$(27) \qquad p'y^2 + pz^2 = pp'x,$$

la section faite par un plan quelconque

$$(28) \qquad x = by + cz + \delta,$$

aura pour projection sur le plan YZ,

$$(29) \qquad p'y^2 + pz^2 - pp'by - pp'cz - pp'\delta = 0 ;$$

et puisqu'en faisant varier δ seulement, les coefficiens des termes du second ordre ne changent pas, on en conclura, comme au n° 191, que *les sections parallèles sont*, dans l'espace, *semblables* et *semblablement placées*.

196. Le centre de la courbe (29) sera déterminé par les dérivées de son équation, égalées à zéro, savoir

$$(30) \qquad 2y - pb = 0 ;$$
$$(31) \qquad 2z - p'c = 0 ;$$

et le centre de la section dans l'espace s'obtiendrait en joignant à celles-ci l'équation du plan sécant; mais puisqu'il faudrait (n° 192) éliminer entre elles la constante δ, pour avoir la ligne des centres, il s'ensuit que cette ligne est déterminée par les équations (30) et (31), qui se trouvent ici indépendantes de δ. Or, comme ces équations représentent une droite parallèle à l'axe OX du paraboloïde, on doit en conclure que *le lieu des centres des sections parallèles* est encore *un diamètre* de la surface, d'après ce que nous avons prouvé au n° 167 sur les diamètres des paraboloïdes.

197. On verra aisément qu'ici le diamètre, lieu des centres, a son plan diamétral conjugué situé à une distance infinie, et que ce diamètre disparaît lui-même lorsque le plan sécant a une direction propre à donner des sections paraboliques. En effet, pour obtenir de telles courbes, il faudrait (n°⁵ 159 et 163) rendre le plan sécant (28) parallèle à l'axe OX, ce qui s'effectuera en posant

$$b = \frac{b'}{a}, \quad c = \frac{c'}{a}, \quad \delta = \frac{\delta'}{a},$$

et ensuite $a = 0$; mais comme cela revient à faire $b = \infty$ et $c = \infty$, on voit qu'alors le diamètre représenté par les équations (30) et (31) s'éloigne tout entier à l'infini.

198. On peut déduire de ce qui précède, un mode de gé—

nération commun à toutes les surfaces du second degré, et
qui en fournit la définition la plus propre à se prêter aux
constructions graphiques de la Géométrie descriptive. Concevons que dans une ellipse ABDE, on ait tracé un diamètre Fɪɢ. 26.
quelconque AD, et l'une de ses cordes conjuguées BE; puis
que, dans un plan passant par cette corde, et incliné d'une
quantité arbitraire sur le premier, on ait construit une
seconde ellipse BCE ayant pour diamètres conjugués la corde
BE et une ligne quelconque 2OC; alors, si l'on fait mouvoir
cette dernière ellipse *parallèlement à elle-même*, de manière
que son centre O parcoure la droite AD, et que ses diamètres
conservant *un rapport constant*, le premier devienne successivement égal aux diverses cordes B′E′, B″E″...., on engendrera une surface qui sera évidemment un ellipsoïde, puisqu'elle sera le lieu de sections parallèles, semblables entre
elles, et ayant leurs centres sur le diamètre AD, lequel sera
conjugué avec le plan mené par le centre O″, parallèlement
à l'ellipse mobile.

Si, d'ailleurs, on veut confirmer cette conséquence par un
calcul direct, on imaginera trois axes coordonnés obliques,
menés par le centre O″, parallèlement à OA, OB, OC; l'ellipse directrice sera représentée alors par les équations

$$z = 0, \qquad \frac{x^2}{a^2} + \frac{y^2}{b^2} = 1,$$

et l'ellipse variable par

$$x = \alpha, \qquad \frac{y^2}{b'^2} + \frac{z^2}{c'^2} = 1;$$

mais pour qu'elle ait un point commun avec la première, et
que ses diamètres conservent un rapport constant, il faudra
y joindre les relations

$$\frac{\alpha^2}{a^2} + \frac{b'^2}{b^2} = 1, \qquad c' = k . b',$$

alors, en éliminant de ces quatre équations les constantes

9

variables α, b', c', ou arrivera aisément à

$$\frac{x^2}{a^2} + \frac{y^2}{b^2} + \frac{z^2}{k^2 b^2} = 1.$$

199. Pour obtenir, par ce mode de génération, les deux hyperboloïdes, il suffirait de remplacer l'ellipse directrice ABDE par une hyperbole dont AD fût un diamètre imaginaire, ou bien un diamètre réel. Quant au paraboloïde elliptique, il faudrait prendre pour directrice une parabole; et si en même temps on substituait à la génératrice BCE, une hyperbole dont BE fût le diamètre réel, on obtiendrait le paraboloïde hyperbolique. Seulement il faut observer, dans ce dernier cas, que l'hyperbole mobile arrivée en A se réduirait à ses asymptotes, et qu'au-delà la corde $BE = 2b'$ devenant imaginaire, l'hyperbole se renverserait; en effet, ses diamètres $2b'$ et $2c' \sqrt{-1}$ devant conserver un rapport constant, le second deviendra $2c'$ quand le premier se changera en $2b' \sqrt{-1}$: ces circonstances sont d'ailleurs conformes à la nature du paraboloïde hyperbolique. (Voyez la *Géométrie descriptive*, n° 89).

200. SIMILITUDE DES SURFACES. Deux surfaces d'un degré quelconque sont dites *semblables de forme et de position*, lorsque après avoir mené dans la première divers rayons vecteurs partant tous d'un même point arbitraire, on peut trouver dans la seconde un point tel que les rayons vecteurs de cette surface, dirigés parallèlement aux premiers et dans le même sens, aient avec ceux-là un rapport constant.

D'après cela, si les surfaces rapportées aux mêmes axes coordonnés sont représentées par

$$F(x, y, z) = 0, \quad F'(x', y', z') = 0,$$

et si l'on désigne par $(\alpha, \epsilon, \gamma)$ le centre de similitude qui, dans la seconde surface, correspond à l'origine des coordonnées prise pour centre de la première, on verra aisément, comme au n° 185, que les conditions du *parallélisme* et de la *proportionnalité* des rayons vecteurs, sont exprimées analytiquement par les relations

$$(32) \qquad \frac{x' - \alpha}{x} = k, \qquad \frac{y' - \zeta}{y} = k, \qquad \frac{z' - \gamma}{z} = k;$$

de sorte qu'en tirant de là les valeurs de x, y, z, pour les substituer dans $F(x, y, z) = 0$, le résultat devra pouvoir être identifié avec $F'(x', y', z') = 0$.

201. Si l'on applique cette marche à deux surfaces du second degré, représentées par

$$(33) \quad Ax^2 + A'y^2 + A''z^2 + Byz + B'xz + B''xy + Cx + C'y + C''z + E = 0,$$
$$(34) \quad ax^2 + a'y^2 + a''z^2 + byz + b'xz + b''xy + cx + c'y + c''z + e = 0,$$

on trouvera, pour établir l'identité comme au n° 186, *neuf* équations dont les *cinq* premières, savoir,

$$(35) \qquad \frac{A}{a} = \frac{A'}{a'} = \frac{A''}{a''} = \frac{B}{b} = \frac{B'}{b'} = \frac{B''}{b''},$$

seront indépendantes des inconnues α, ζ, γ, k, et par conséquent exprimeront les véritables *conditions de la similitude;* les quatre dernières serviront à déterminer ces inconnues, quand les conditions (35) seront remplies.

202. On prouvera aisément, comme au n° 187, que les relations (35) expriment que les deux surfaces (33) et (34) ont *leurs axes principaux* respectivement *parallèles et proportionnels*. Il en résulte évidemment que deux diamètres menés dans ces surfaces sous la même direction, auront leurs plans diamétraux conjugués parallèles l'un à l'autre.

203. Quand les deux surfaces (33) et (34) satisfont aux conditions de similitude (35), et qu'elles se coupent, *la ligne d'intersection est toujours plane*. En effet, si l'on pose

$$h = \frac{A}{a} = \frac{A'}{a'} = \dots,$$

et que l'on multiplie l'équation (34) par h, pour la retrancher de (33), il restera

$$(C - ch)\, x + (C' - c'h)\, y + (C'' - c''h)\, z + E - eh = 0 ;$$

équation d'un plan qui, combinée avec une des deux proposées, devra donner tous les points communs aux deux surfaces : mais si ce plan ne les rencontre pas, l'intersection sera imaginaire.

On peut d'ailleurs observer que le plan de la courbe de section se trouve parallèle au plan diamétral qui, dans l'une ou l'autre surface, est conjugué avec la droite qui joint les deux centres; et pour s'en convaincre aisément, on supposera que les axes coordonnés sont choisis parallèles aux axes principaux, ce qui ne change rien à la position relative des surfaces.

FIG. 27.   204. Lorsque deux surfaces d'un ordre quelconque sont semblables de forme et de position, et que leurs centres de similitude coïncident en O, si on les coupe par deux plans parallèles MNP, M'N'P', dont les distances au point O soient dans le rapport $1 : k$ des rayons vecteurs homologues, les sections ainsi obtenues seront nécessairement des courbes semblables. En effet, les rayons OM, ON, OP... menés aux différens points de la section faite par le premier plan, sont rencontrés par le second en des points qui donnent évidemment les relations

$$\frac{OM}{OM'} = \frac{ON}{ON'} = \cdots = \frac{1}{k},$$

et par conséquent les points M', N', P'... sont bien sur la deuxième surface. D'ailleurs, en projetant ces rayons parallèlement à une droite quelconque $O\omega'\omega$, on aura aussi entre les projections, les rapports

$$\frac{\omega M}{\omega' M'} = \frac{\omega N}{\omega' N'} = \cdots = \frac{1}{k} :$$

donc *les deux sections sont semblables*, et leurs centres de similitude sont en ω et ω'.

205. Supposons en outre que les surfaces en question soient du second degré, que O se trouve leur centre de figure, et que la droite arbitraire O$\omega'\omega$ soit le diamètre conjugué avec le plan diamétral parallèle aux plans sécans: les points ω et ω' deviendront (n° 193) les centres de figure des deux sections. Mais le plan MNP coupera la seconde surface suivant une courbe *mnp* semblable avec M'N'P' (n° 191), et par conséquent semblable avec MNP, et dont le centre sera en ω. D'où il résulte que *deux surfaces du second ordre, concentriques et semblables de forme et de position,* sont coupées par un même plan quelconque suivant *des courbes semblables, semblablement placées et concentriques.*

Cette proposition s'applique avec avantage dans plusieurs questions de Géométrie descriptive, et entre autres à l'hyperboloïde comparé avec le cône asymptote qui lui est semblable (n° 138); on en conclut que, pour trouver *le centre* et *l'espèce* de la section que produira dans la première surface un plan sécant donné, il suffit de chercher le centre et l'espèce *de la section produite par le même plan dans le cône asymptote,* ce qui offre une construction facile, et quelquefois la seule praticable.

206. On s'appuie souvent aussi, dans la Géométrie descriptive, sur une propriété des surfaces du second ordre qui ne suppose nullement leur similitude, et dont voici l'énoncé.

Lorsque deux surfaces quelconques de cet ordre se coupent suivant *une courbe plane,* laquelle est par conséquent du second degré, il existe en général une autre ligne d'intersection, puisque la combinaison des équations des deux surfaces conduirait à un résultat du quatrième degré : or, *cette seconde section est également plane;* et c'est ce qu'on exprime en disant que *quand la* COURBE D'ENTRÉE *est plane, la* COURBE DE SORTIE *l'est pareillement.*

Pour justifier cette assertion, il ne suffirait pas de dire que l'équation finale du quatrième degré résultant de l'élimination d'une des variables, devra, dans l'hypothèse admise, se décomposer en deux facteurs dont un appartienne à la courbe d'entrée, et dont l'autre soit par conséquent aussi du second degré : car cela prouverait seulement que la courbe de sortie *se projette* suivant une ligne du second ordre, mais ne ferait rien connaître de certain sur la nature de la section dans l'espace. Concevons donc les deux surfaces (*) rapportées à trois plans coordonnés dont un, par exemple le plan XY, soit celui de la courbe d'entrée commune aux deux surfaces, et représentons dans cette hypothèse leurs équations par

$$(36) \quad Ax^2 + A'y^2 + A''z^2 + Byz + B'xz + B''xy + Cx + C'y + C''z + E = 0,$$

$$(37) \quad ax^2 + a'y^2 + a''z^2 + byz + b'xz + b''xy + cx + c'y + c''z + e = 0.$$

Il devra exister alors, entre les coefficiens, certaines relations provenant de ce que les deux surfaces ont une courbe commune située dans le plan XY; en effet, si l'on pose $z = 0$, il faudra que les deux équations

$$Ax^2 + A'y^2 + B''xy + Cx + C'y + E = 0,$$

$$ax^2 + a'y^2 + b''xy + cx + c'y + e = 0,$$

soient identiques, et par conséquent les coefficiens de l'une ne devront différer de ceux de l'autre, que par un certain facteur commun λ; ainsi on aura nécessairement les conditions

$$(38) \quad A = a\lambda, \quad A' = a'\lambda, \quad B'' = b''\lambda, \quad C = c\lambda, \quad C' = c'\lambda, \quad E = e\lambda.$$

Cela posé, pour obtenir l'intersection complète des deux surfaces (36) et (37), combinons leurs équations, en multipliant la seconde par λ et la retranchant de la première; il restera en ayant égard aux relations (38),

$$(39) \quad (A''-a''\lambda)z^2 + (B-b\lambda)yz + (B'-b'\lambda)xz + (C''-c''\lambda)z = 0.$$

Cette équation représente une nouvelle surface qui contient encore *tous les points communs aux proposées*, et qui, combinée avec l'une d'elles, fera connaître les diverses branches

---

(*) Cette démonstration, remarquable par sa simplicité et sa rigueur, est due à M. Binet, ainsi que la remarque du n° 209.

de l'intersection cherchée. Or, l'équation (39) se décompose en ces deux-ci

$$z = 0,$$

$$(40)\quad (A'' - a''\lambda)\,z + (B - b\lambda)\,y + (B' - b'\lambda)\,x + (C'' - c''\lambda) = 0,$$

dont la première fera retomber sur la courbe d'entrée, et la seconde, qui représente évidemment un plan, ne pourra donner par sa combinaison avec (36) qu'une *courbe de sortie plane*.

207. Toutefois, il peut arriver que cette seconde section n'existe pas ; car si les coefficiens des trois variables dans l'équation (40) étaient nuls ensemble, ce plan se trouverait tout entier à une distance infinie, et l'on rentrerait dans le cas du n° 203, puisque les surfaces satisferaient évidemment aux conditions de la similitude. D'ailleurs, sans admettre ces hypothèses très particulières, s'il arrive que le plan (40) ne rencontre pas la surface (36), la courbe de sortie sera imaginaire ; mais toutes les fois qu'elle existera, elle sera plane.

208. Il est un cas particulier qui offre une circonstance remarquable ; c'est celui où l'équation (40) se réduirait d'elle-même à

$$(A'' - a''\lambda)\,z = 0 \quad \text{ou} \quad z = 0,$$

ce qui ferait coïncider la courbe de sortie avec la courbe d'entrée. Alors il ne faut pas croire que les deux surfaces proposées *se coupent* suivant une seule branche plane, comme cela arrivait dans le cas de la similitude (n° 203); mais à cause des deux racines égales qu'admet l'équation (39) réduite ici à $z^2 = 0$, on doit dire qu'il y a deux branches d'intersection réunies ensemble, et qu'ainsi les surfaces sont *tangentes entre elles* tout le long de cette courbe commune. Dans ce cas, les deux surfaces sont dites *circonscrites l'une à l'autre* le long de la courbe située dans le plan XY, comme un cylindre ou un cône est circonscrit à une sphère le long d'un cercle.

209. Observons enfin que quand deux surfaces quelconques

du second ordre ont *un plan principal de commun*, quelle que soit d'ailleurs la position des axes principaux, *la ligne d'intersection est toujours projetée sur ce plan principal suivant une courbe du second degré.*

En effet, si l'on conçoit les deux surfaces rapportées à trois plans coordonnés rectangulaires, dont un, par exemple, le plan XZ, coïncide avec le plan principal qui est commun aux deux surfaces, leurs équations ne devront alors renfermer (n° 101) aucune puissance *impaire* de la variable y, et seront de la forme

$$A x^2 + A' y^2 + A'' z^2 + B' xz + C x + C'' z + E = 0,$$
$$a x^2 + a' y^2 + a'' z^2 + b' xz + c x + c'' z + e = 0;$$

de sorte que si on les retranche, après les avoir multipliées respectivement par a' et A', la coordonnée y se trouvera éliminée, et il restera une équation du second degré pour la projection de l'intersection sur le plan XZ.

Cette remarque peut servir dans l'épure relative à l'intersection de *deux surfaces de révolution dont les axes se rencontrent*; puisque alors tout plan méridien est nécessairement un plan principal, et que celui qui passe par les deux axes est évidemment commun aux deux surfaces proposées.

CHAPITRE X.

Des Sections circulaires dans les surfaces du second ordre.

210. Il s'agit d'examiner si toutes les surfaces du second ordre peuvent être coupées suivant des cercles, par des plans convenablement inclinés ; et comme, dans ces surfaces, les sections parallèles entre elles sont toujours *semblables*, il suf-

fira de chercher parmi tous les plans menés par un même point, le centre ou le sommet, quels sont ceux qui donnent des sections circulaires.

211. Les surfaces douées d'un centre sont représentées par l'équation générale

$$(1) \qquad Px^2 + P'y^2 + P''z^2 = +H,$$

où nous supposerons toujours que H a été rendu positif, et qu'il existe entre les coefficiens des variables, les relations de grandeur

$$(2) \qquad P > P' > P''.$$

Lorsque ces relations qui n'excluent pas *l'égalité*, et où *nous tenons compte des signes* de P, P', P'', ne seront pas vérifiées par l'équation donnée, il suffira d'y remplacer x par y ou par z, pour retomber sur l'hypothèse actuelle : et comme d'ailleurs un, au moins, de ces coefficiens doit être positif, ce sera P qui remplira toujours cette condition ; de sorte que les longueurs absolues des *axes* ou diamètres principaux, seront données par les équations

$$(3) \qquad \frac{H}{P} = a^2, \qquad \frac{H}{P'} = \pm b^2, \qquad \frac{H}{P''} = \pm c^2.$$

212. Cela posé, si nous menons par le centre, qui est ici l'origine des coordonnées, un plan quelconque, et que nous voulions obtenir la section même, et non pas seulement sa projection, il faudra recourir aux formules établies nº 85, savoir,

$$x = x' \cos \varphi + y' \cos \theta . \sin \varphi,$$
$$y = x' \sin \varphi - y' \cos \theta . \cos \varphi,$$
$$z = y' \sin \theta,$$

où les coordonnées x', y', sont parallèles aux deux axes *rectangulaires* OX', OY', situés dans le plan sécant (fig. 15), et dans lesquelles θ désigne l'inclinaison de ce plan sécant sur le plan XY, et φ l'angle que forme sa trace avec l'axe OX. En substituant donc dans (1), et supprimant les accens , il vient

$$(4) \quad \begin{matrix} \mathrm{P}\cos^2\varphi \\ +\mathrm{P}'\sin^2\varphi \end{matrix} \Big| \begin{matrix} x^2+2\mathrm{P}\cos\varphi\sin\varphi\cos\theta \\ -2\mathrm{P}'\cos\varphi\sin\varphi\cos\theta \end{matrix} \Big| \begin{matrix} xy+\mathrm{P}\cos^2\theta\sin^2\varphi \\ +\mathrm{P}'\cos^2\theta\cos^2\varphi \\ +\mathrm{P}''\sin^2\theta \end{matrix} \Big| y^2 = \mathrm{H}.$$

Pour que cette équation en coordonnées *rectangulaires* représente un cercle, il faut et il suffit que le rectangle des variables disparaisse, et que les carrés aient des coefficiens égaux ; on doit donc satisfaire aux conditions

$$(5) \qquad (\mathrm{P}-\mathrm{P}')\sin\varphi\cos\varphi\cos\theta = 0,$$

$$(6) \qquad \mathrm{P}\cos^2\varphi + \mathrm{P}'\sin^2\varphi = \cos^2\theta(\mathrm{P}\sin^2\varphi+\mathrm{P}'\cos^2\varphi) + \mathrm{P}''\sin^2\theta.$$

Or, comme P et P' sont en général inégaux , on ne peut vérifier la première que de trois manières,

$$\sin\varphi = 0, \quad \cos\varphi = 0, \quad \text{ou} \quad \cos\theta = 0.$$

L'hypothèse $\sin\varphi = 0$, réduit l'équation (6) à

$$\mathrm{P} = \mathrm{P}'\cos^2\theta + \mathrm{P}''\sin^2\theta = \frac{\mathrm{P}' + \mathrm{P}''\tang^2\theta}{1 + \tang^2\theta},$$

d'où l'on déduira la valeur de tang θ, que nous emploierons de préférence au sinus, parce que les résultats seront plus symétriques et plus simples à discuter : puis, en opérant de même pour les deux autres hypothèses , on obtiendra les trois systèmes de valeurs qui suivent :

$$\sin\varphi = 0 \quad \text{avec} \quad \tang\theta = \pm\sqrt{\frac{\mathrm{P}-\mathrm{P}'}{\mathrm{P}''-\mathrm{P}}}, \quad (7)$$

$$\cos\varphi = 0 \ldots\ldots \tang\theta = \pm\sqrt{\frac{\mathrm{P}'-\mathrm{P}}{\mathrm{P}''-\mathrm{P}'}}, \quad (8)$$

$$\cos\theta = 0 \ldots\ldots \tang\varphi = \pm\sqrt{\frac{\mathrm{P}''-\mathrm{P}}{\mathrm{P}'-\mathrm{P}''}}. \quad (9)$$

Dans le premier système , le plan sécant passerait par l'axe OX ; dans le second , qui se déduit du premier en changeant P en

P′, le plan passe par OY ; et enfin il passe par OZ dans le troisième système, qui se déduit du second, en y changeant P′ en P″.

Si, d'ailleurs, nous négligeons, dans l'équation (5), la solution fournie par l'hypothèse particulière P — P′ = o, c'est qu'elle conduirait évidemment dans (6) au même résultat que les formules (7) et (8) quand on y pose P = P′.

213. Maintenant, la discussion des valeurs obtenues pour les angles θ et φ devient bien facile par les conditions (2) admises précedemment ; car on voit de suite que les formules (7) et (9) sont nécessairement *imaginaires,* quand P, P′, P″, sont inégaux ; et qu'elles ne donnent rien de plus que les formules (8), lorsque quelques-uns de ces coefficiens sont égaux entre eux. Il ne reste donc, pour déterminer un plan sécant propre à donner des sections circulaires, que les valeurs

$$\cos \varphi = o, \qquad \tang \theta = \pm \sqrt{\frac{P' - P}{P'' - P'}} ; \quad (8)$$

lesquelles montrent que ce plan *doit passer par l'axe* OY, et qu'il peut avoir *deux positions* symétriques, représentées par la double équation

$$z = x \tang \theta = \pm x \sqrt{\frac{P' - P}{P'' - P'}} ; \quad (10)$$

mais il importe d'examiner quel est, dans chaque surface douée d'un centre, celui des diamètres principaux qui coïncide avec l'axe OY par lequel doit passer le plan sécant.

214. ELLIPSOÏDE. Ici les trois coefficiens P, P′, P″, sont tous positifs, et la condition admise

$$P > P' > P'' \quad \text{revient à} \quad a < b < c ;$$

de sorte que le diamètre principal $2b$ qui coïncide avec OY, est *l'axe moyen* de l'ellipsoïde ; d'ailleurs l'inclinaison du plan sécant devient

$$\tang \theta = \pm \frac{c}{a} \sqrt{\frac{a^2 - b^2}{b^2 - c^2}},$$

quantité facile à construire ; mais il vaudra mieux déterminer graphiquement la trace du plan sécant sur l'ellipse qui a pour axes $2a$ et $2c$, en prenant simplement dans cette courbe un diamètre qui soit égal à $2b$.

215. Lorsque l'ellipsoïde est *de révolution*, on ne peut admettre, d'après la relation (2), que les égalités suivantes :

$$P = P' \quad \text{d'où} \quad a = b,$$
$$\text{ou bien} \quad P' = P'' \quad \text{d'où} \quad b = c \,;$$

dans l'une et l'autre hypothèse, les deux valeurs de θ se réduisent à une seule, $\theta = 0$ ou $\theta = 90°$, ce qui annonce que le plan sécant n'est plus susceptible que d'une position unique, dans laquelle il passe *par les deux axes égaux*.

216. Enfin, si l'on avait $P = P' = P''$, la formule (8) donnerait pour θ une valeur *indéterminée*, et en outre il en serait de même de l'angle φ, car alors les équations (5) et (6) se trouvent vérifiées identiquement. Dans ce cas, tout plan sécant quelconque donnera donc une section circulaire ; et en effet, la surface (1) devient alors *une sphère*.

219. Hyperboloïde *à une nappe*. Pour cette surface, un seul des coefficiens est négatif, et ce doit être P'' d'après la relation (2) ; d'ailleurs cette même relation, combinée avec les équations (3), entraîne la condition $a < b$, sans rien faire connaître sur la grandeur absolue de c. D'où il résulte que le diamètre principal $2b$ par lequel passe le plan sécant qui donne des sections circulaires, se trouve ici *le plus grand des deux axes réels ;* mais il peut être plus grand ou plus petit que $2c$. La position du plan sécant se déterminera graphiquement comme au n° 214.

218. Pour rendre l'hyperboloïde à une nappe *de révolution*, il faut admettre que les deux coefficiens de même signe, P et P', sont égaux ; et alors la formule (8) donnant $\theta = 0$, montre que le plan sécant n'admet plus qu'une direction unique, où il passe *par les deux axes égaux*.

219. Hyperboloïde *à deux nappes*. Ici il faut supposer né-

gatif deux des coefficiens, et ce sont nécessairement P′ et P″, d'après la relation (2). Cette relation donne aussi

$$ -\frac{H}{b^2} > -\frac{H}{c^2}, \quad \text{d'où} \quad b > c, $$

sans qu'il en résulte aucune condition sur la grandeur du seul axe réel $2a$; par conséquent le diamètre principal $2b$ par lequel passe le plan sécant, est ici *le plus grand des deux axes imaginaires*.

A la vérité, le plan sécant déterminé par la formule (8), et mené par le centre de l'hyperboloïde actuel, ne donnerait qu'un cercle *imaginaire*, puisque l'équation (4) deviendrait ici

$$ - P'x^2 - P'y^2 = H : $$

cela tient à ce que le plan sécant se trouve placé dans l'intervalle qui sépare les deux nappes de l'hyperboloïde; mais en menant un parallèle à celui-là, et assez éloigné du centre, on obtiendrait une section réelle et *circulaire*, puisqu'elle satisferait, du moins analytiquement, aux conditions de la similitude avec la première section.

220. Ici, il ne peut y avoir égalité qu'entre les deux coefficiens négatifs P′ et P″; et comme cette hypothèse introduite dans la formule (8), donne $\theta = 90°$, il s'ensuit que le plan sécant n'est plus susceptible que d'une direction unique, dans laquelle il passe par les deux axes imaginaires b et c *qui sont égaux*. La surface est alors *de révolution* autour de l'axe réel a; et la grandeur de celui-ci, ou de P, ne modifie jamais les conséquences précédentes.

221. Il résulte de cette discussion que, pour les surfaces douées d'un centre, il n'y a que deux directions dans lesquelles un plan sécant mené par le centre puisse couper la surface *suivant un cercle*. Ces deux directions sont *perpendiculaires à un même plan principal;* et tous les plans parallèles à l'une ou à l'autre de ces directions fournissent deux séries de sections circulaires, dont les centres sont sur deux

diamètres qui, d'après le n° 193, se trouvent nécessairement dans le plan principal dont nous venons de parler.

Dans l'ellipsoïde, ces plans sécans passent toujours *par l'axe moyen*, ou lui sont parallèles.

Dans l'hyperboloïde à une nappe, ils passent toujours *par le plus grand des deux axes réels*, ou bien lui sont parallèles.

Dans l'hyperboloïde à deux nappes, ces plans sécans sont tous parallèles *au plus grand des deux axes imaginaires*.

Enfin, les deux séries de sections circulaires se réduisent à une seule, quand la surface est de révolution.

222. Les conséquences et les formules trouvées n° 213, s'appliquent à un cône quelconque du deuxième degré, puisqu'il suffirait, pour obtenir cette surface, de poser $H = 0$ dans l'équation (1), et que les valeurs de θ et de φ sont indépendantes de H. C'est pour cela que, dans un cône oblique à *base circulaire* EBD, il existe, outre les sections parallèles à la base, d'autres sections nommées *anti-parallèles*, qui sont également circulaires, comme on le démontre en Géométrie (*); il est facile alors de retrouver graphiquement *les plans principaux* et la direction des *axes* de ce cône, quoique les longueurs de ces axes soient nulles (138). En effet, la droite OI, sur laquelle sont les centres d'une série de sections circulaires, est un diamètre de la surface qui, d'après le n° 221, doit se trouver dans un plan principal perpendiculaire au cercle DE; donc ce plan principal s'obtiendra en le faisant passer par OI et par la perpendiculaire OP abaissée sur la base. Cela posé, le plan principal POI coupe le cône suivant deux arètes OD, OE, et la droite OA, qui divise en deux parties égales l'angle de ces arètes, est nécessairement *un des axes principaux* de la surface; d'où il suit que le plan OAB, mené à angle droit sur POI, est le second plan principal, et le troisième devra être mené par le centre O perpendiculairement aux deux premiers. D'ailleurs, les intersections

Fig. 28.

(*) *Voyez* la *Géométrie descriptive*, n° 732.

de ces trois plans fourniront les axes principaux de la surface conique.

223. Examinons maintenant s'il existe des sections circulaires dans les paraboloïdes, représentés l'un et l'autre par l'équation

$$(11) \qquad p'y^2 + pz^2 = pp'x,$$

pourvu qu'on y suppose p' négatif quand il s'agira du paraboloïde hyperbolique. Si nous menons le plan sécant par l'origine des coordonnées, qui est ici le sommet de la surface, la section rapportée à des axes *rectangulaires* situés dans son plan, sera donnée par la substitution, dans l'équation (11), des formules déjà employées,

$$x = x' \cos\varphi + y' \cos\theta \sin\varphi,$$
$$y = x' \sin\varphi - y' \cos\theta.\cos\varphi,$$
$$z = y' \sin\theta,$$

et il viendra

$$(12)\ p'\sin^2\varphi.x^2 - 2p'\sin\varphi\cos\varphi\cos\theta.xy + (p'\cos^2\theta\cos^2\varphi + p\sin^2\theta)y^2$$
$$+ Sx + Ty = 0.$$

Pour que cette équation représente un cercle, on sait qu'elle doit satisfaire aux deux conditions

$$(13) \qquad p' \sin\varphi \cos\varphi \cos\theta = 0,$$
$$(14) \qquad p' \sin^2\varphi = p' \cos^2\theta \cos^2\varphi + p \sin^2\theta.$$

Or, la première serait vérifiée par l'hypothèse $\sin\varphi = 0$; mais cette valeur doit être rejetée, parce qu'en rendant égaux les coefficiens de x^2 et de y^2 dans l'équation (12), elles les réduirait à zéro, et la section ne serait plus un cercle. Il reste donc les deux systèmes de valeurs suivantes,

$$(15) \qquad \cos\varphi = 0 \quad \text{avec} \quad \sin\theta = \pm\sqrt{\frac{p'}{p}};$$
$$(16) \qquad \cos\theta = 0 .,\dots \sin\varphi = \pm\sqrt{\frac{p}{p'}}.$$

224. Cela posé, dans le paraboloïde elliptique, p et p' sont de même signe; ainsi les systèmes (15) et (16) sont tous deux réels; mais comme il faut de plus qu'un sinus soit moindre que l'unité, un seul de ces systèmes sera admissible. Si donc on a $p > p'$, on devra adopter cos $\varphi = 0$, et le plan sécant passera par l'axe OY; il pourra d'ailleurs recevoir deux directions représentées par

$$z = x \tang \theta = \pm\, x \sqrt{\frac{p'}{p - p'}},$$

et par conséquent tous les plans parallèles à l'une ou à l'autre de ces directions fourniront *deux séries de sections circulaires.*

Si, au contraire, $p' > p$, il faudra adopter $\cos \theta = 0$; de sorte que le plan sécant passera par l'axe OZ, et sera susceptible de deux directions

$$y = x \tang \varphi = \pm\, x \sqrt{\frac{p}{p' - p}},$$

auxquelles correspondront encore deux séries de sections circulaires produites par des plans parallèles à ceux que représente cette équation.

On doit remarquer que, dans tous les cas, les plans des cercles *seront perpendiculaires à la parabole principale,* dont le paramètre est *le plus petit.*

225. Dans le cas particulier où $p = p'$, le paraboloïde elliptique est *de révolution,* et les deux systèmes (15) et (16) s'accordent à donner

$$\varphi = 90° \quad \text{avec} \quad \theta = 90°;$$

ainsi il n'y a plus alors qu'une seule série de sections circulaires, dont les plans sont tous *perpendiculaires à l'axe de révolution* OX.

226. Quant au paraboloïde hyperbolique, le coefficient p' est négatif : ainsi les deux systèmes (15) et (16) étant l'un et l'autre imaginaires, *cette surface ne peut être coupée suivant un cercle par aucun plan;* et l'on pouvait prévoir cette con-

séquence, en se rappelant (n° 163), que dans ce paraboloïde, les sections planes ne sont jamais des courbes *fermées*.

Toutefois, on pourrait regarder comme *un cercle d'un rayon infini*, la section *rectiligne* fournie par l'hypothèse $\varphi = 0$, .que nous avons exclue de l'équation (13); car alors l'équation (14) donne

$$\text{tang } \theta = \pm \sqrt{\dfrac{-p'}{p}},$$

valeur qui sera réelle quand p' sera négatif, et qui réduit l'équation (12) au premier degré.

227. Les deux séries de sections circulaires qui existent dans toute surface du second ordre, à l'exception du paraboloïde hyperbolique, présentent entre elles une relation bien remarquable (*); c'est que *deux cercles* quelconques, *appartenant à des séries différentes, sont toujours situés sur une même sphère*. Soient en effet, AE et B′E′ deux cercles Fig. 29. non parallèles, qui devant se trouver (n° 221) perpendiculaires à un même plan principal, peuvent être représentés simplement par leurs projections sur ce plan. En élevant par le centre I une perpendiculaire IC au cercle AE, et cherchant sur cette droite un point C également éloigné de E′ et de E, on aura le centre d'une sphère qui passera par la circonférence AE et par le point E′. Cela posé, cette sphère ayant avec la surface du second degré une courbe plane AE de commune, ne pourra la couper de nouveau (n° 206) que suivant une courbe plane passant par E′, et qui sera nécessairement un cercle, puisqu'elle se trouvera aussi sur la sphère. Cette courbe de sortie devra donc coïncider avec une des deux sections circulaires E′B′, E′A′, qui seules peuvent passer par E′ sur la surface du second ordre; mais il faut évidemment rejeter la circonférence E′A′ parallèle à EA, parce que, dans une sphère, deux cercles parallèles auraient toujours leur centres sur un même diamètre perpendiculaire à leurs

---

(*) Cette proposition est due à M. Hachette.

plans, et qu'ici le diamètre IOI′ étant conjugué avec les cordes AE, A′E′, ne saurait les couper à angle droit, à moins que la surface ne soit de révolution, auquel cas les cercles A′E′ et B′E′ coïncident l'un avec l'autre. Il est donc certain que la circonférence B′E′ sera toujours la courbe de sortie, et qu'ainsi elle est située sur une même sphère avec le cercle AE.

CHAPITRE XI.

Des plans diamétraux conjugués obliques.

228. Dans les surfaces douées d'un centre, et qui, rapportées à leurs plans principaux, sont représentées par

$$(1) \qquad P x^2 + P' y^2 + P'' z^2 = H,$$

nous avons remarqué que ces plans rectangulaires étaient *conjugués entre eux*, c'est-à-dire que *chacun coupait en deux parties égales les cordes qui sont parallèles à l'intersection des deux autres;* mais comme il existe (n° 106) une infinité de plans diamétraux obliques à leurs cordes, on doit prévoir que, parmi tous ces plans, il y en aura qui, pris trois à trois, formeront aussi un système de plans conjugués. Pour Fɪɢ. 3o. les obtenir, je mène par le point O un plan diamétral

$$(2) \qquad R x + S y + T z = 0,$$

de direction arbitraire, pourvu qu'il coupe la surface suivant une courbe à centre ABD. Je cherche le diamètre OZ′ qui est conjugué avec ce plan, et pour cela j'identifie l'équation (2) avec celle d'un plan diamétral

$$m \frac{d\Phi}{dx} + n \frac{d\Phi}{dy} + \frac{d\Phi}{dz} = 0,$$

c'est-à-dire ici

$$(3) \qquad m\mathrm{P}x + n\mathrm{P}'y + \mathrm{P}''z = 0,$$

ce qui me donne les relations

$$\frac{m\mathrm{P}}{\mathrm{R}} = \frac{n\mathrm{P}'}{\mathrm{S}} = \frac{\mathrm{P}''}{\mathrm{T}},$$

d'où je tirerai pour m et n des valeurs qui détermineront le diamètre OZ′ par les équations

$$(4) \qquad x = mz, \quad y = nz.$$

Cela posé, les plans qui seront conjugués avec ABD devront évidemment passer, d'après leur définition, par la ligne OZ′, et ils couperont le plan ABD suivant deux droites inconnues OX′, OY′, telles que si je les prends avec OZ′ pour axes coordonnés obliques, l'équation de la surface ne renfermera que *des puissances paires* des trois variables (n° 102), et se présentera sous la forme

$$(5) \qquad \mathrm{A}x'^2 + \mathrm{A}'y'^2 + \mathrm{A}''z'^2 = \mathrm{K};$$

mais si alors on posait $z' = 0$, le résultat

$$\mathrm{A}x'^2 + \mathrm{A}'y'^2 = \mathrm{K}$$

serait l'équation de la section ABD rapportée aux axes inconnus OX′, OY′. Or, par sa forme elle prouve que ces axes doivent être *deux diamètres conjugués* quelconques de la courbe ABD ; d'où il suit qu'en traçant à volonté deux diamètres de ce genre, on déterminera trois plans X′OY′, X′OZ′, Y′OZ′, qui seront conjugués dans la surface. Le nombre des systèmes qui auront de communs le diamètre OZ′ et le plan ABD sera infini, et les mêmes conséquences se reproduiront pour les diverses positions que l'on voudra donner à ce premier plan.

229. On doit observer, 1°. que quand le plan diamétral ABD sera perpendiculaire à un des plans principaux de la surface, le diamètre conjugué OZ′ sera nécessairement dans

ce plan principal; cela résulte évidemment de la forme que prennent alors les équations (3) et (4); 2°. qu'en laissant quelconque la direction du plan ABD, les deux autres plans conjugués avec lui pourront passer par les axes principaux de cette section, et alors parmi les trois diamètres conjugués OX′, OY′, OZ′, les deux premiers seulement seront perpendiculaires entre eux; 3°. si l'on choisit pour le plan ABD une des trois sections principales de la surface, le diamètre correspondant OZ′ deviendra nécessairement un axe principal, et les deux angles Z′OX′, Z′OY′ seront droits, tandis que le troisième, X′OY′, pourra être quelconque. Mais on peut affirmer que jamais les trois diamètres ne seront à la fois perpendiculaires, chacun sur les deux autres, qu'autant qu'ils coïncideront avec le système des *axes principaux*, lequel est unique (n° 118) tant que la surface n'est pas de révolution.

230. Dans l'hyperboloïde à une nappe, le premier plan diamétral ABD pourrait se trouver dirigé parallèlement aux sections paraboliques, et alors la courbe ABD se réduirait à deux droites; mais un pareil plan ne pourrait servir à former un système de plans conjugués, car le diamètre OZ′, qui lui correspondrait, serait (n° 194) situé lui-même dans le plan sécant ABD.

Quant à l'hyperboloïde à deux nappes, le plan ABD mené par le centre pourrait donner une section imaginaire; mais alors il suffirait évidemment de prendre OX′ et OY′ parallèles à deux diamètres conjugués d'une section réelle, faite par un plan parallèle à ABD; car en posant dans l'équation (5), $z′ = h$ au lieu de $z′ = 0$, les mêmes raisonnemens sont applicables.

231. D'après les relations trouvées n°ˢ 228 et 229, entre trois diamètres conjugués, on peut facilement étendre aux surfaces du second ordre les propriétés connues dont jouissent les carrés et les parallélogrammes construits sur les diamètres conjugués des courbes de cet ordre.

Fig. 30 bis. Soient OX, OY, OZ, les directions des axes principaux a, b, c d'une surface du second degré, ces axes pouvant être *tous réels,* ou quelques-uns *imaginaires ;* la surface sera re-présentée par l'équation

$$\frac{x^2}{a^2} + \frac{y^2}{b^2} + \frac{z^2}{c^2} = 1,$$

et aussi par

$$\frac{x'^2}{a'^2} + \frac{y'^2}{b'^2} + \frac{z'^2}{c'^2} = 1,$$

si on la rapporte à trois diamètres conjugués quelconques,

$$OX' = a', \quad OY' = b', \quad OZ' = c'.$$

Cela posé (*), si nous substituons à ce système les trois dia-mètres

$$OX'' = a'', \quad OY'' = b'', \quad OZ' = c',$$

dont les deux premiers soient conjugués entre eux dans le plan X'OY', et dont l'un, a'', soit l'intersection de ce plan avec XOY, nous obtiendrons un second système de trois diamètres conjugués dans la surface (n° 228); mais les dia-mètres a' et b', a'' et b'', appartenant à la même courbe, savoir, la section de la surface par le plan X'OY', auront entre eux la relation connue

$$(6) \qquad a'^2 + b'^2 = a''^2 + b''^2,$$

et l'on doit remarquer que le plan Y''OZ' contiendra (n° 229) l'axe OZ, puisque le diamètre OX'' est dans le plan principal XOY. Maintenant, nous continuerons d'avoir trois droites conjuguées, si, en gardant OX'' $= a''$, nous remplaçons les autres b'' et c', par deux nouveaux diamètres conjugués situés dans le même plan Z'OY'', et dont l'un OY''' $= b'''$ soit l'intersection de ce plan avec XOY; mais alors a'' et b''' se trouvant tous deux dans le plan principal XOY, le conjugué de b''' devra (n° 229) coïncider avec l'axe principal OZ $= c$;

(*) Cette démonstration est de M. J. Binet. (Voyez *Correspondance sur l'École Polytechnique,* vol. II, page 79.)

de sorte que ce troisième système

$$OX'' = a'', \quad OY''' = b''', \quad OZ = c,$$

ayant avec le précédent un diamètre commun, donnera, entre les autres qui appartiennent à la même courbe, dans le plan $Z'OY''$ ou ZOY''', la relation

$$(7) \qquad b''^2 + c'^2 = b'''^2 + c^2.$$

Enfin, si nous comparons le troisième système avec celui des axes principaux,

$$OX = a, \quad OY = b, \quad OZ = c,$$

il y aura un diamètre commun, et les autres se trouvant conjugués deux à deux dans la section faite par le plan XOY, fourniront la relation

$$(8) \qquad a''^2 + b'''^2 = a^2 + b^2;$$

de sorte qu'en ajoutant membre à membre les équations (6), (7) et (8), il viendra

$$(9) \qquad a'^2 + b'^2 + c'^2 = a^2 + b^2 + c^2,$$

résultat qui démontre que dans une surface du second ordre, *la somme des carrés de trois diamètres conjugués quelconques, est constante, et égale à la somme des carrés des trois axes principaux*. Toutefois, quand un ou deux des axes seront imaginaires, il y aura évidemment, parmi les trois diamètres conjugués, un même nombre de diamètres qui seront imaginaires, et il faudra changer le signe du carré de ces axes et de ces diamètres dans l'équation (9).

232. On peut démontrer, par les mêmes considérations, que *le volume du parallélépipède construit sur trois diamètres conjugués, est égal au volume de celui qui serait construit sur les trois axes principaux*. Employons en effet la même succession de diamètres que ci-dessus, et en désignant chaque parallélépipède par ses trois arêtes, nous aurons d'abord

$$\text{vol.} \, (a', b', c') = \text{vol.} \, (a'', b'', c');$$

car ces deux corps ont la même hauteur, et des bases équivalentes, qui sont les parallélogrammes construits sur les deux
systèmes de diamètres coujugués a' et b', a'' et b'', lesquels
appartiennent à la même courbe située dans le plan X'OY'.
Par des raisons semblables, on trouvera que

$$\text{vol. } (a'', b'', c') = \text{vol. } (a'', b''', c) = \text{vol. } (a, b, c);$$

d'où l'on conclura

$$\text{vol. } (a', b', c') = \text{vol. } (a, b, c).$$

On verra, au chapitre des plans tangens, que les parallélépi-
pèdes ainsi formés sont tous *circonscrits* à la surface du second
ordre.

233. Quant aux surfaces dépourvues de centre, et comprises
dans l'équation à coordonnées rectangulaires,

$$(10) \qquad p'y^2 + pz^2 = pp'x,$$

la formule générale du plan diamétral devenant ici

$$(11) \qquad 2p'ny + 2pz = pp'm,$$

montre que tous les plans de ce genre sont parallèles à l'axe
OX; et par suite leurs intersections mutuelles, que l'on
nomme les *diamètres* de la surface, étant des droites parallèles entre elles, ne peuvent servir à former un système d'axes
coordonnés : ou bien, *trois plans diamétraux* choisis comme
on voudra, *ne peuvent jamais être conjugués entre eux* (n° 102).
Mais si l'on veut trouver trois plans coordonnés obliques
analogues à ceux de l'équation (10), c'est-à-dire dont *deux
soient diamétraux*, et tels que chacun de ceux-ci soit conjugué
avec les cordes parallèles à l'intersection des deux autres,
on se donnera à volonté un premier plan diamétral de la
forme

$$(12) \qquad Ry + Sz = T,$$

lequel coupera nécessairement la surface suivant une para- Fic. 31.
bole AO'B; puis, en identifiant les équations (11) et (12), on

calculera les constantes m et n qui déterminent la direction des cordes conjuguées avec AO'B. Cela posé, en menant par un point arbitraire O' un axe O'Z' parallèle à ces cordes, les deux autres plans cherchés devront passer par O'Z' et couper le plan AO'B suivant deux lignes inconnues O'X', O'Y', telles que l'équation de la surface rapportée à ces axes, ne renferme pas de puissances impaires de y ni de z, ou bien qu'elle ait la forme

$$P'y'^2 + P''z'^2 = Qx';$$

or, si l'on y pose $z' = 0$, on trouve pour la courbe AO'B,

$$P'y'^2 = Qx',$$

équation dont la forme prouve que les deux axes inconnus OX' et OY' doivent être formés par un diamètre de la parabole AO'B, et par la tangente correspondante. Par là, la position du second plan diamétral Z'O'X' est déterminée, ainsi que celle du troisième plan coordonné Z'O'Y'; mais comme le point O' avait été choisi arbitrairement sur la parabole AO'B, il y aura une infinité de systèmes qui auront de commun le plan de cette courbe. On peut d'ailleurs reconnaître que le plan non diamétral Z'O'Y' est tangent à la surface, puisqu'il passe par deux tangentes. (*Voyez* chap. XIII.)

CHAPITRE XII.

Discussion immédiate d'une équation numérique du second degré.

234. Nous nous proposons ici d'établir des caractères qui, sans recourir à la transformation des coordonnées, puissent faire distinguer le genre et la forme particulière d'une surface du second ordre, représentée par une équation en coordon-

nées *rectangulaires* ou *obliques*, dont les coefficiens sont des nombres connus et réels. Soit cette équation

$$(1) \quad \left.\begin{array}{l} Ax^2 + A'y^2 + A''z^2 + 2Byz + 2B'zx + 2B''xy \\ \quad + 2Cx + 2C'y + 2C''z + E \end{array}\right\} = 0 :$$

avant tout, il faudra chercher, d'après la marche indiquée au n° 95, si la surface admet un centre, et calculer les coordonnées de ce point. On égalera donc à zéro les trois *dérivées* du premier membre de l'équation (1), en posant

$$(2) \quad Ax_1 + B'z_1 + B''y_1 + C = 0,$$
$$(3) \quad A'y_1 + Bz_1 + B''x_1 + C' = 0,$$
$$(4) \quad A''z_1 + By_1 + B'x_1 + C'' = 0;$$

d'où l'on déduira pour les coordonnées du centre,

$$x_1 = \frac{N}{D}, \quad y_1 = \frac{N'}{D}, \quad z_1 = \frac{N''}{D},$$

valeurs dans lesquelles

$$D = AB^2 + A'B'^2 + A''B''^2 - AA'A'' - 2BB'B'',$$

et où les numérateurs auraient une forme que nous avons citée au n° 95, mais qui n'est pas utile à rappeler ici, parce qu'il sera toujours plus simple, dans chaque exemple donné, de résoudre *directement* les équations numériques (2), (3), (4), que de recourir à des formules littérales où l'on rencontre quelquefois des indéterminations qui ne sont qu'apparentes. Cela posé, comme les coordonnées du centre peuvent être toutes *finies et déterminées*, ou bien quelques-unes se trouver *infinies* ou *indéterminées*, nous partagerons la discussion en deux cas principaux.

$$\text{PREMIER CAS : } D \gtrless 0.$$

235. Dans ce cas, la surface (1) admet *un centre unique ;* et si l'on y transporte les axes parallèlement à eux-mêmes, son

équation deviendra

$$(5) \quad Ax^2 + A'y^2 + A''z^2 + 2Byz + 2B'zx + 2B''xy = H,$$

où nous savons (n° 95) que tous les coefficiens sont les mêmes que dans (1), excepté le terme constant H qui, passé dans le second membre, aurait pour valeur

$$H = - \left\{ \begin{array}{l} Ax_i^2 + A'y_i^2 + A''z_i^2 + 2By_iz_i + 2B'z_ix_i + 2B''x_iy_i \\ \qquad\qquad + 2Cx_i + 2C'y_i + 2C''z_i + E. \end{array} \right.$$

Mais cette expression peut être beaucoup réduite, en vertu des équations (2), (3) et (4); car si l'on multiplie ces dernières respectivement par x_i, y_i, z_i, et qu'on les ajoute à la valeur de H, celle-ci deviendra

$$H = - Cx_i - C'y_i - C''z_i - E,$$

expression facile à calculer quand on connaîtra les valeurs numériques des coordonnées x_i, y_i, z_i. D'ailleurs, pour abréger la discussion, nous admettrons toujours dans ce qui va suivre, qu'on a eu soin de rendre *positif dans le second membre*, le terme constant H.

236. Cela posé, si la quantité H se trouve nulle, la surface proposée est *un cône* ou *un point unique*. En effet, si nous combinions l'équation (5) privée de second membre, avec celle d'un plan quelconque mené par l'origine,

$$z = \alpha x + \mathcal{C}y.$$

il est bien clair, sans effectuer les calculs, que le résultat aurait la forme homogène

$$ay^2 + bxy + cx^2 = 0, \text{ d'où } \frac{y}{x} = p \pm \sqrt{q}.$$

Or, ces valeurs constantes prouvent que toutes les sections sont composées de *deux droites passant toujours par l'origine;* ainsi la surface est bien un cône, lequel néanmoins se réduirait à un point unique $x = 0, y = 0, z = 0$, si le radical était cons-

tamment imaginaire, quels que fussent α et $\mathfrak{C}$. Mais ce dernier
cas se distinguera de suite, et sans calculer le radical qui précède, en examinant si un plan tel que $z = k$, donne une section imaginaire.

237. Lorsque le terme constant H ne sera pas nul, l'équation (5) ne pourra représenter qu'un ellipsoïde ou l'un des
deux hyperboloïdes, surfaces qui diffèrent les unes des
autres par le nombre des *axes réels* ou *imaginaires* qu'elles
admettent. Nous allons donc chercher une relation entre
ces axes et les coefficiens de l'équation (5), en supposant
d'abord que *les coordonnées sont rectangulaires ;* mais nous
ferons voir ensuite que les règles obtenues ainsi s'appliquent
également aux coordonnées obliques.

Les *axes* d'une surface étant (n° 104) les intersections
mutuelles des plans principaux, ne sont autre chose que *les
trois cordes principales* qui passent par le centre, et dont
la direction est déterminée par les constantes m et n employées au n° 109. Ainsi, une quelconque de ces trois cordes
sera représentée par les équations

$$x = mz, \quad y = nz,$$

et en les combinant avec (5), on obtiendra pour le point de
rencontre avec la surface proposée,

$$z^2 = \frac{H}{Am^2 + A'n^2 + A'' + 2Bn + 2B'm + 2B''mn};$$

d'où il suit qu'en appelant R la longueur de cette demi-corde
principale, *réelle* ou *imaginaire,* on aura pour le carré d'un
quelconque des trois *demi-axes* de la surface,

$$R^2 = x^2 + y^2 + z^2 = (m^2 + n^2 + 1)\, z^2,$$

ou bien

$$(6)\quad R^2 = \frac{H(m^2 + n^2 + 1)}{Am^2 + A'n^2 + A'' + 2Bn + 2B'm + 2B''mn}.$$

Maintenant, les valeurs des constantes m et n, ainsi que celle de l'inconnue auxiliaire s dont nous avons fait dépendre les premières, sont déterminées (n° 109) par les équations

$$(7) \qquad Am + B' + B''n = ms,$$

$$(8) \qquad A'n + B + B''m = ns,$$

$$(9) \qquad A'' + Bn + B'm = s,$$

lesquelles nous ont conduit par l'élimination de m et n, à la suivante

$$(10)\ s^3 - s^2(A + A' + A'') - s\left(\overline{B''^2 - AA'} + \overline{B'^2 - AA''} + \overline{B^2 - A'A''}\right)$$
$$+ (AB^2 + A'B'^2 + A''B''^2 - AA'A'' - 2BB'B'') = 0.$$

Mais si l'on ajoute les équations (7), (8) et (9), après avoir multiplié la première par m et la seconde par n, on trouve aussi

$$s = \frac{Am^2 + A'n^2 + A'' + 2Bn + 2B'm + 2B''mn}{m^2 + n^2 + 1},$$

résultat qui, comparé avec la formule (6), conduit à la relation bien remarquable

$$(11) \qquad s = \frac{H}{R^2}.$$

On voit par là que les trois racines de l'équation (10) sont toujours

$$s' = \frac{H}{a^2}, \quad s'' = \frac{H}{b^2}, \quad s''' = \frac{H}{c^2},$$

en désignant par a, b, c, les valeurs *analytiques* des trois demi-axes de la surface (5), c'est-à-dire les distances du centre aux points *réels* ou *imaginaires* où cette surface rencontre ses trois diamètres principaux; de sorte que si l'on prenait la peine de résoudre l'équation (10), on pourrait calculer aisément les longueurs des trois axes, et fixer ensuite leurs positions au moyen des valeurs de m et n qui correspondraient dans (7 et (8) à chaque racine de s. Mais, pour le but que nous

nous proposons ici, il suffit d'observer que l'expression analytique de chacun des demi-axes ne pouvant avoir que la forme α ou $\alpha \sqrt{-1}$, le carré R^2 n'aura que des valeurs *réelles*, et positives ou négatives ; d'où il résulte 1° que *l'équation* (10) *a toujours ses trois racines réelles*, ainsi que nous l'avions déjà reconnu au n° 117 et dans la note du n° 109; 2°. que *chaque racine positive indique l'existence d'un axe réel*, et que *chaque racine négative correspond à un axe imaginaire*, puisque nous avons admis que le terme H avait été rendu positif. Or, comme le nombre des racines positives ou négatives peut être fixé par la règle de *Descartes*, à l'inspection seule de l'équation (10), et sans la résoudre, nous dédûirons de là les règles pratiques qui suivent.

238. Avec les coefficiens numériques de l'équation (5) dans laquelle on aura soin préalablement de rendre *positif* le terme constant H passé dans le second membre, on formera immédiatement l'équation (10), et l'on examinera quel est le nombre de variations et de permanences de signes que présentent ses différens termes :

1°. Si l'équation (10) offre *trois variations*, toutes ses racines sont certainement positives : donc alors la surface (5) admettra *trois axes réels*, et sera UN ELLIPSOÏDE.

2°. Si l'équation (10) renferme *deux variations* et *une permanence*, elle aura deux racines positives et une négative ; d'où l'on conclura que la surface (5) admet alors *deux axes réels* et *un axe imaginaire :* ainsi c'est un HYPERBOLOÏDE *à une nappe.*

3°. Lorsque l'équation (10) offrira *une variation* et *deux permanences*, elle aura une racine positive et deux négatives ; par conséquent la surface (5) ayant alors *un seul axe réel* et *deux imaginaires*, sera un HYPERBOLOÏDE *à deux nappes.*

4°. Enfin, quand l'équation (10) ne présentera que des *permanences* de signes, toutes ses racines seront négatives, et par suite les axes de la surface (5) seront *tous trois imaginaires ;* d'où l'on conclura que *cette surface est totalement* *imaginaire*, et que l'équation (5) est impossible, aussi bien que l'équation (1) donnée primitivement (*).

239. *Ces règles sont aussi applicables aux coordonnées obliques.* En effet, concevons que la surface S à laquelle appartient l'équation (5) en coordonnées obliques, soit construite ; puis, pour chaque point M (fig. 1) de cette surface, faisons tourner les deux coordonnées $DC = y$, $CM = z$, de manière à les rendre perpendiculaires entre elles et sur $OD = x$ qui restera immobile ; par là le point M viendra occuper une autre position M' dont les coordonnées rectangulaires x', y', z' auront les mêmes grandeurs que x, y, z ; or l'ensemble de tous ces nouveaux points M' formera une seconde surface S' qui sera encore représentée évidemment par l'équation (5) avec les mêmes coefficiens, mais en y remplaçant x, y, z par x', y', z', et je dis que cette surface S' sera toujours *du même genre* que S. Car, si cette dernière était un ellipsoïde, il est bien clair que S' sera aussi une surface fermée de toutes parts : si S était un hyperboloïde à une nappe, S' offrira pareillement une nappe unique et indéfinie : enfin, quand S présentera deux nappes séparées par un intervalle imaginaire depuis $x = + a$ jusqu'à $x = - a$, il en sera évidemment de même pour S'. Par conséquent, les règles du n° 238 appliquées directement à l'équation (5) en coordonnées obliques, suffiront encore pour assigner *le genre* de la surface S' et par suite celui de S ; mais *la position* et *la grandeur* des axes de cette dernière, ne seront plus fournies par les équations (7), (8), (10) et (11).

240. Voici quelques exemples de ces discussions numériques. Soit l'équation

$$x^2 + 2y^2 + 3yz - 2xy - 6x + 7y + 6z + 7 = 0;$$

---

en égalant à zéro les trois dérivées, on trouve

$$\left.\begin{array}{l} 2x - 2y - 6 = 0, \\ 4y + 3z - 2x + 7 = 0, \\ 3y + 6 = 0, \end{array}\right\} \quad \text{d'où} \quad \left\{\begin{array}{l} x_i = 1, \\ y_i = -2, \\ z_i = 1. \end{array}\right.$$

Ces coordonnées du centre étant substituées dans la proposée, donnent $H = 0$; ainsi la surface rapportée à son centre devient

$$x^2 + 2y^2 + 3yz - 2xy = 0,$$

et elle ne peut être qu'*un cône* ou *un point*. Mais en posant $z = k$, on obtient

$$x^2 - 2xy + 2y^2 + 3ky = 0,$$

d'où

$$x = y \pm \sqrt{-(y^2 + 3ky)};$$

cette section est une ellipse qui ne se réduit pas à *un point*, puisque les deux facteurs du radical sont *inégaux*; donc la surface est un cône. Ici cette conséquence pouvait se déduire de ce que l'équation est vérifiée par $x = 0$ et $y = 0$, ce qui montre que la surface admet une ligne réelle, savoir l'axe des z.

241. Soit encore l'équation

$$2x^2 + 5y^2 + 3z^2 + 2yz - 4zx - 2xy + 2x + 8y - 6z - 13 = 0;$$

les dérivées égalées à zéro, donnent

$$\left.\begin{array}{l} 4x - 4z - 2y + 2 = 0, \\ 10y + 2z - 2x + 8 = 0, \\ 6z + 2y - 4x - 6 = 0, \end{array}\right\} \quad \text{d'où} \quad \left\{\begin{array}{l} x_i = 1, \\ y_i = -1, \\ z_i = 2, \end{array}\right.$$

et le terme $H = 10$; de sorte que l'équation rapportée au centre, devient

$$2x^2 + 5y^2 + 3z^2 + 2yz - 4zx - 2xy = 10.$$

Maintenant, si avec cette dernière on compose l'équation (10), on trouvera

$$s^3 - 10s^2 + 25s - 9 = 0,$$

et puisqu'elle offre trois variations de signes, j'en conclus que la surface qui nous occupe est *un ellipsoïde.*

242. Enfin, soit l'équation

$$yz + zx + xy - x - 2y - 3z + 2 + a = 0;$$

les trois dérivées égalées à zéro, donnent

$$\begin{cases} z + y - 1 = 0, \\ z + x - 2 = 0, \\ y + x - 3 = 0, \end{cases} \quad \text{d'où} \quad \begin{cases} x_1 = 2, \\ y_1 = 1, \\ z_1 = 0, \end{cases}$$

et l'équation rapportée au centre devient, en supposant a positif,

$$- yz - zx - xy = a.$$

Maintenant si, pour former l'équation (10), on multiplie la précédente par 2, afin d'éviter les fractions, il viendra

$$s^3 - 3s + 2 = 0;$$

ici, il manque un terme; mais si on le rétablit avec le coefficient ± 0, on trouve toujours le même nombre de variations et de permanences (et il en doit être ainsi dans toute équation dont les racines sont réelles); d'où je conclus que la surface proposée est *un hyperboloïde à une nappe.*

Ce serait l'autre hyperboloïde, si a était négatif; parce qu'alors il faudrait changer les signes des rectangles, pour rendre le second membre positif, conformément aux règles tracées dans le n° 238.

DEUXIÈME CAS :   D = 0.

243. Les surfaces qui remplissent cette condition sont dépourvues de centre, ou bien elles en admettent une infinité; ainsi elles ne peuvent être que des paraboloïdes, des cylindres. paraboliques, des cylindres elliptiques ou hyperboliques, ou bien le système de deux plans parallèles. Cherchons donc des caractères propres à faire distinguer ces quatre genres les uns des autres, en partant de l'équation primitive (1) et des

équations du centre (2), (3), (4); et comme les sections parallèles aux plans coordonnés nous seront utiles à considérer, observons ici que la nature de ces sections sera toujours indiquée par les signes des binomes

$$B''^2 - AA' = \mathfrak{C}'', \quad B'^2 - AA'' = \mathfrak{C}', \quad B^2 - A'A'' = \mathfrak{C},$$

qui sont analogues à $b^2 - 4ac$, dans les courbes du second degré. D'ailleurs, on doit prévoir que pour une même surface donnée, ces trois binomes se trouveront *à la fois positifs* ou *à la fois négatifs*, ce qui n'exclut pas l'hypothèse que tous ou quelques-uns soient nuls.

244. DANS UN PARABOLOÏDE, il doit arriver qu'*une*, au moins, *des coordonnées du centre soit infinie ;* ainsi la résolution immédiate des équations (2), (3), (4), devra conduire à une impossibilité, telle que $5 = 0$. Il semble même que les trois coordonnées devraient être toutes infinies ; mais si l'on observe que le paraboloïde n'est qu'une dégénération de l'ellipsoïde ou de l'hyperboloïde, dans lesquels les deux sections principales qui passent par un même axe réel se changeraient en paraboles, on sentira que le centre commun de ces deux courbes, en s'éloignant indéfiniment, n'a pas dû sortir de l'axe réel qui est devenu l'axe unique du paraboloïde. Or, si cette droite se trouve parallèle au plan coordonné XY, par exemple, il est clair qu'on aura seulement $x_1 = \infty$ et $y_1 = \infty$, tandis que z_1 aura une valeur déterminée : si l'axe principal du paraboloïde est parallèle à OX, les coordonnées y_1 et z_1 auront des valeurs déterminées, tandis que x_1 sera seul infini. En outre, puisque les sections *paraboliques* ne peuvent être produites (nos 159 et 163), que par des plans parallèles à l'axe du paraboloïde, et qu'il est évidemment impossible que les trois plans coordonnés se trouvent tous parallèles à cette droite, il s'ensuit qu'ici les trois binomes $\mathfrak{C}$, $\mathfrak{C}'$, $\mathfrak{C}''$, ne seront jamais nuls à la fois. Or, comme nous allons voir que les conditions précédentes ne se trouveront pas réunies simultanément dans les autres genres, nous pouvons en con-

clure que les caractères distinctifs des paraboloïdes sont les
suivans :

une des équations du centre *impossible*,

un des binomes $(\mathfrak{C}, \mathfrak{C}', \mathfrak{C}'') \gtrless 0$;

d'ailleurs, si celui de ces binomes qui n'est pas nul se trouve
négatif, le paraboloïde sera *elliptique;* et il sera *hyperboli-*
que, si ce binome est *positif*.

245. DANS UN CYLINDRE *parabolique*, une, au moins, des
coordonnées du centre doit être *infinie;* c'est-à-dire que la
résolution des équations (2), (3), (4), devra conduire à une
impossibilité telle que $5 = 0$. En outre, un plan quelconque
ne pouvant ici donner pour section qu'une parabole, ou deux
droites parallèles, ou une droite isolée, il arrivera nécessai-
rement que les trois binomes $\mathfrak{C}, \mathfrak{C}', \mathfrak{C}''$, seront tous nuls. Par
conséquent, les caractères distinctifs du genre actuel seront :

une des équations du centre *impossible*,
les trois binomes $(\mathfrak{C}, \mathfrak{C}', \mathfrak{C}'') = 0$.

246. CYLINDRE *elliptique* ou *hyperbolique*. Une telle surface admet pour centres tous les points d'une même droite,
ou *un axe central;* par conséquent une des coordonnées du
centre doit demeurer *arbitraire*, sans qu'aucune des autres
soit infinie ; c'est-à-dire que les valeurs de x et y , par exemple, tirées de deux des équations (2), (3), (4), doivent rendre
identique la troisième équation , quel que soit z. En outre,
comme les trois plans coordonnés ne sauraient être tous parallèles aux génératrices du cylindre, il devra arriver qu'un ,
au moins, des binomes $\mathfrak{C}, \mathfrak{C}', \mathfrak{C}''$, soit différent de zéro; et le
signe de ce binome fera distinguer si le cylindre est *elliptique*
ou *hyperbolique*. Ainsi les caractères propres à ce genre sont :

les équations du centre *réduites à deux*,

un des binomes $(\mathfrak{C}, \mathfrak{C}', \mathfrak{C}'') \gtrless 0$;

d'ailleurs, si c'est $\mathfrak{C}''$ qui est différent de zéro , il faudra poser

$z = k$ dans l'équation (1), puis voir si cette section est *imaginaire*, ou se réduit à *un point*, ou bien se décompose en *deux droites;* car, dans le premier cas, le cylindre sera totalement *imaginaire,* dans le second il se réduira à *une droite unique,* et dans le troisième il sera le système de *deux plans non parallèles.*

247. DEUX PLANS *parallèles.* Dans ce cas, il existe un *plan central* dont tous les points sont des centres; ainsi deux des coordonnées doivent demeurer *arbitraires,* ce qu'on reconnaîtra lorsque la valeur de x, par exemple, tirée de l'une des équations (2), (3), (4), vérifiera les deux autres, quels que soient y et z. D'ailleurs toutes les sections planes ne pouvant offrir ici que deux droites parallèles, il arrivera que les trois binomes 6, $6'$, $6''$, seront tous nuls. On a donc pour distinguer le genre actuel, les caractères suivans:

$$\text{Les équations du centre } réduites \ à \ une,$$
$$\text{les trois binomes } (6, \, 6', \, 6'') = 0 ;$$

en outre, comme les deux plans pourraient être *confondus,* ou se trouver *imaginaires,* il faudra couper la surface (1) par un plan tel que $z = k$ ou $y = k'$, pour voir si la section offre deux droites confondues, ou deux droites imaginaires.

248. EXEMPLES. Soit l'équation

$$x^2 - 2y^2 - 3yz + 3zx + xy + 4z = 0 ;$$

les dérivées égalées à zéro, donnent

$$2x + 3z + y = 0,$$
$$- 4y - 3z + x = 0,$$
$$- 3y + 3x + 4 = 0 ;$$

et comme la dernière retranchée des deux autres, conduit à $4 = 0$, cette équation impossible montre que la surface est dépourvue de centre. Ensuite, on trouve

$$B''^2 - AA' = (\tfrac{1}{2})^2 + 2 ;$$

résultat qui étant différent de zéro, et positif, montre que la surface est un paraboloïde hyperbolique.

249. Soit encore

$$x^2 + y^2 + 9z^2 + 6yz - 6zx - 2xy + 2x - 4z = 0;$$

les trois dérivées donnent les équations

$$2x - 6z - 2y + 2 = 0,$$
$$2y + 6z - 2x = 0,$$
$$18z + 6y - 6x - 4 = 0,$$

et comme les deux premières conduisent à $2 = 0$, cette impossibilité annonce que la surface est dépourvue de centre. Mais ici l'on trouve

$$B''^2 - AA' = 0, \quad B'^2 - AA'' = 0, \quad B^2 - A'A'' = 0;$$

d'où il faut conclure que la surface est un cylindre parabolique.

250. Dans l'exemple suivant

$$x^2 + 3y^2 + 4z^2 - 6yz - 2zx = a,$$

les trois dérivées donnent les équations

$$2x - 2z = 0,$$
$$6y - 6z = 0,$$
$$8z - 2x - 6y = 0.$$

Or, comme la troisième est vérifiée identiquement par les valeurs

$$x = z, \quad y = z,$$

tirées des autres, j'en conclus que les équations du centre *se réduisent à deux* qui représentent une droite, et qu'ainsi la surface est *un cylindre à centres*. D'ailleurs, en posant dans la proposée, $z = k$ ou $z = 0$, on trouve

$$x^2 + 3y^2 = a;$$

de sorte que si a est positif, la surface est un cylindre à base elliptique : si $a = 0$, la section se réduit à un point, et la surface à *une droite unique :* enfin, si a est négatif, la section est *imaginaire,* et il en est de même de la surface proposée.

251. Considérons enfin l'équation

$$x^2 + 4y^2 + z^2 + 4yz - 2zx - 4xy + 3x - 6y - 3z = 0;$$

les dérivées donnent

$$2x - 2z - 4y + 3 = 0,$$
$$8y + 4z - 4x - 6 = 0,$$
$$2z + 4y - 2x - 3 = 0,$$

et comme ces trois équations se réduisent à *une seule,* le lieu des centres est un plan, et la surface proposée ne peut être que le système de deux plans parallèles au plan central. D'ailleurs, en coupant cette surface par le plan $z = 0$, on trouve une équation qui résolue par rapport à x, donne

$$x = \frac{4y - 3}{2} \pm \frac{3}{2};$$

la section est donc formée de deux droites *distinctes et réelles ;* par conséquent la surface est bien le système de deux plans parallèles qui ne sont pas confondus. En effet, si l'on résout l'équation primitive par rapport à une des variables, on trouve qu'elle se décompose ainsi

$$(x - 2y - z)(x - 2y - z + 3) = 0.$$

Du cas où la surface est de révolution.

252. Pour compléter la discussion de l'équation générale

$$(1) \quad \left. \begin{array}{l} Ax^2 + A'y^2 + A''z^2 + 2Byz + 2B'zx + 2B''xy \\ \qquad + 2Cx + 2C'y + 2C''z + E \end{array} \right\} = 0,$$

nous allons chercher à quels caractères on peut reconnaître que la surface est *de révolution.* Dans une telle surface, toutes les sections perpendiculaires à une certaine droite sont *des cercles dont les centres se trouvent sur cet axe de révolution ;* or, si l'on trace dans ces cercles des cordes parallèles entre elles, et sous *une direction arbitraire* du reste, il est clair que le plan mené par l'axe de révolution, perpendiculairement à ces cordes, les divisera toutes en deux parties égales, et sera *un plan principal.* Réciproquement, si tous les plans menés par une même droite sont *principaux*, les sections perpendiculaires à cette droite seront des cercles ayant leurs centres sur cet axe ; car, parmi les courbes du second degré, il n'y a que le cercle qui admette pour *diamètres principaux* toutes les droites menées d'un même point. De là je conclus que pour que la surface (1) soit de révolution, il faut et il suffit, 1°. qu'il existe une infinité de systèmes de cordes principales, qui soient *tous parallèles à un même plan* ; 2°. qu'en même temps les plans diamétraux, conjugués avec ces divers systèmes, se trouvent *à une distance finie* et déterminée ; car sans cette dernière condition, la première serait vérifiée analytiquement par les cylindres paraboliques. D'ailleurs il arrivera, par une conséquence nécessaire, ainsi qu'on va le voir, que ces plans principaux, en nombre infini, se couperont tous suivant une droite unique, qui sera l'axe de révolution.

253. D'un point quelconque, par exemple l'origine des coordonnées que nous supposons *rectangulaires*, menons une corde principale

$$(15) \qquad x = mz, \quad y = nz;$$

les constantes m et n seront déterminées par les équations déjà citées, -

$$(16) \quad \left\{ \begin{array}{l} Am + B''n + B' = ms, \\ A'n + B''m + B = ns, \\ A'' + B'm + Bn = s, \end{array} \right.$$

lesquelles conduisent, comme on sait (n° 109), à l'équation du troisième degré,

$$(17) \quad (s - A)(s - A')(s - A'') - B^2(s-A) - B'^2(s-A')$$
$$- B''^2(s - A'') - 2BB'B'' = 0.$$

Par conséquent, chaque racine de celle-ci, mise dans les

équations (16), les réduira à *deux distinctes* qui donneront les valeurs de m et de n, que l'on devrait ensuite porter dans les formules (15) ; ou bien, si l'on tire de ces dernières m et n, pour les substituer dans (16), la corde principale menée de l'origine pourra être représentée par deux quelconques des trois équations

$$(18) \quad \begin{cases} (A - s)x + B''y + B'z = 0, \\ (A' - s)y + B''x + Bz = 0, \\ (A'' - s)\, z + B'x + By = 0. \end{cases}$$

Cela posé, si la surface (1) est de révolution, il doit arriver, pour remplir la première condition énoncée au numéro précédent, qu'une au moins des racines de (17) soit telle, *qu'elle réduise les équations* (18) *à une seule distincte,* qui représentera un plan dans lequel toutes les cordes menées à volonté seront des cordes principales. Ainsi, en appelant s' cette racine, elle devra vérifier les relations

$$\frac{A - s'}{B''} = \frac{B''}{A' - s'} = \frac{B'}{B},$$

$$\frac{A - s'}{B'} = \frac{B''}{B} = \frac{B'}{A'' - s'},$$

d ou résultent DEUX *équations de condition,* avec la valeur de s', savoir :

$$(19) \quad A - \frac{B'B''}{B} = A' - \frac{BB''}{B'} = A'' - \frac{BB'}{B''} = s'.$$

Cette valeur de s' satisfait bien à l'équation (17), qui d'ailleurs admet une seconde racine $s'' = s'$; car en tirant des relations (19) les expressions de A, A', A'', en fonction de s', pour les substituer dans (17), cette équation prend la forme

$$(s - s')^2\left(s - s' - \frac{B'B''}{B} - \frac{BB''}{B'} - \frac{BB'}{B''}\right) = 0;$$

d'où l'on conclut que quand les deux conditions (19) sont

vérifiées, il y a *deux* des trois systèmes de cordes principales qui peuvent être dirigés d'une manière arbitraire dans le plan, ou parallèlement au plan.

$$(20) \qquad B'B''x + BB''y + BB'z = 0,$$

auquel se réduisent alors les trois équations (18).

254. Il reste encore à exprimer que les plans diamétraux conjugués avec ces divers systèmes de cordes se trouvent *à une distance finie* et déterminée. Or, un de ces plans sera donné (n° 105) par la formule générale

$$(Am+B''n+B')x+(A'n+B''m+B)y+(A''+B'm+Bn)z$$
$$+Cm+C'n+C''= 0,$$

qui, pour la racine $s = s'$ que nous considérons ici, et d'après les relations (16), devient

$$(21) \qquad (s'x + C)\, m + (s'y + C')\, n + (s'z + C'') = 0.$$

Alors on voit que pour que ce plan ne se trouve pas à une distance infinie, il faut que la quantité s' ne soit pas nulle; de sorte que les conditions qui expriment complètement que la surface (1) est de révolution, sont les suivantes :

$$(22) \qquad A - \frac{B'B''}{B} = A' - \frac{BB''}{B'} = A'' - \frac{BB'}{B''} \gtrless 0.$$

255. Maintenant, cherchons *l'axe de révolution*, qui doit être l'intersection commune de tous les plans renfermés dans la formule (21). Ici les quantités m et n qui, pour chaque valeur de s, devaient être déterminées par deux des équations (16), ne sont plus que liées entre elles par la relation unique

$$(23) \qquad B'B''m + BB''n + BB' = 0,$$

à laquelle se réduisent ces équations (16) pour la racine $s = s'$ qui vérifie les relations (19); de sorte qu'en éliminant n entre (21) et (23), tous les plans diamétraux qui correspondent à cette racine, seront donnés par l'équation

$$[B\,(s'x + C) - B'\,(s'y + C')]\,m = B'\,(s'y + C') - B''\,(s'z + C''),$$

où m demeure arbitraire. Donc, pour avoir une droite commune à tous ces plans, quel que soit m, il suffit d'égaler à zéro chacun des deux membres, ce qui donne les relations

$$B\,(s'x + C) = B'\,(s'y + C') = B''\,(s'z + C'');$$

par conséquent ce sont là les équations de l'axe de révolution de la surface. Si, maintenant, on divise tous les termes par s', et qu'on y substitue les diverses valeurs de cette quantité, fournies par les formules (19), les équations de l'axe de révolution prendront la forme

$$(24)\quad B\Big(x + \frac{BC}{AB - B'B''}\Big) = B'\Big(y + \frac{B'C'}{A'B' - BB''}\Big) = B''\Big(z + \frac{B''C''}{A''B'' - BB'}\Big),$$

où l'on reconnaît bien une droite perpendiculaire au plan (20), et qui indique la direction du troisième système de cordes principales, lequel doit toujours être perpendiculaire aux deux autres (n° 123).

256. Toutefois, il est nécessaire d'observer que quand l'équation proposée (1) est privée de plusieurs rectangles, les conditions générales (22) prennent une forme incertaine, et même deviendraient entièrement *illusoires*, si l'on avait chassé les dénominateurs, *comme on le fait ordinairement;* car alors elles seraient toutes satisfaites par les hypothèses $B = B' = 0$, qui cependant ne suffisent pas pour que la surface soit de révolution.

Il faut donc toujours conserver les conditions sous la forme (22); et pour le cas où l'on a, par exemple, $B = 0$ et $B' = 0$, remarquer qu'elles se réduisent à

$$(25)\qquad A - \frac{B'}{B}\,B''' = A'', \quad A' - \frac{B}{B'}\,B'' = A'',$$

relations entre lesquelles on peut éliminer le rapport $\dfrac{B'}{B}$ qui cause l'indétermination, et par là on trouve

$$(26) \quad (A - A'')(A' - A'') = B''^2 \quad \text{avec} \quad A'' \gtrless o,$$

pour les véritables conditions qui expriment que la surface est de révolution, dans l'hypothèse admise. Nous exigeons que A'' soit différent de zéro, parce que c'est alors la valeur de la racine s', laquelle ne doit pas être nulle, pour que les plans diamétraux (21) se trouvent à une distance finie et déterminée. Au surplus, on obtiendrait directement les relations (26), en remontant aux équations (18), dans lesquelles on ferait $B = o$ et $B' = o$; mais il était bon de faire voir que ce cas particulier était compris dans les conditions (22), qui, sous la forme que nous leur donnons ici, n'induiront jamais en erreur, et avertiront du moins des transformations qu'exigent les diverses hypothèses particulières.

Dans le cas où l'on aurait $B = B' = o$, ou bien $B' = B'' = o$, on trouverait de même les conditions

$$(27) \quad (A - A')(A'' - A') = B'^2 \quad \text{avec} \quad A' \gtrless o,$$

$$(28) \quad (A' - A)(A'' - A) = B^2 \quad \text{avec} \quad A \gtrless o.$$

Quant à l'axe de révolution représenté en général par les équations (24), le dernier membre donne d'abord, pour l'hypothèse $B = B' = o$,

$$z + \frac{C''}{A''} = o;$$

ensuite, les deux premiers membres, débarrassés des facteurs $\frac{B}{B'}$, $\frac{B'}{B}$, dont les valeurs sont fournies par les relations (25), conduiront à cette seconde équation,

$$y + \frac{C'}{A''} = \frac{A' - A''}{B''}\left(x + \frac{C}{A''}\right)$$
$$= \frac{B''}{A - A''}\left(x + \frac{C}{A''}\right).$$

On trouverait des résultats semblables pour les hypothèses $B = B'' = o$ ou $B' = B'' = o$.

257. Enfin, si l'on suppose à la fois $B = B' = B'' = o$, les conditions (22) avertissent encore, par leur forme indéterminée, qu'il faut leur faire subir quelque transformation; et en partant des relations (26), (27), (28), auxquelles nous les avons déjà ramenées, quand deux rectangles seulement étaient nuls, on trouvera que pour le cas actuel, les équations qui expriment que la surface est de révolution, et celles qui déterminent son axe, sont

$$A' = A'' \gtrless o, \quad A''y + C' = o, \quad A''z + C'' = o,$$

$$\text{ou.....} \quad A = A'' \gtrless o, \quad Ax + C = o, \quad Az + C'' = o,$$

$$\text{ou bien } A = A' \gtrless o, \quad Ax + C = o, \quad Ay + C' = o.$$

Au surplus, dans l'hypothèse admise ici, la forme de l'équation proposée (1) rend ces conditions bien faciles à obtenir par un calcul direct.

CHAPITRE XIII.

Des plans tangens aux surfaces courbes.

258. Si par un point donné sur une surface quelconque, on y trace tant de courbes que l'on voudra, et qu'on leur mène des tangentes par le point en question, *toutes ces droites se trouveront* en général *dans un seul et même plan,* que l'on nomme le plan tangent de la surface : mais cette proposition a besoin d'être expressément démontrée, car on ne voit pas

à priori pourquoi ces diverses tangentes ne formeraient pas un cône, comme cela arrive effectivement pour quelques points singuliers de certaines surfaces (*).

259. Considérons d'abord les surfaces du second ordre, que nous prendrons, pour abréger les calculs, sous la forme suivante qui les comprend toutes,

$$(1) \quad Ax^2 + A'y^2 + A''z^2 + 2Cx + 2C'y + 2C''z + E = 0.$$

Si x', y', z' désignent les coordonnées du point donné sur la surface, elles vérifieront la relation

$$(2) \quad Ax'^2 + A'y'^2 + A''z'^2 + 2Cx' + 2C'y' + 2C''z' + E = 0,$$

qui, introduite dans l'équation de la surface, lui fera prendre la forme

$$(3) \quad \begin{aligned} &A\,(x^2 - x'^2) + A'\,(y^2 - y'^2) + A''\,(z^2 - z'^2) \\ &+ 2C(x - x') + 2C'\,(y - y') + 2C''\,(z - z') = 0. \end{aligned}$$

Cela posé, une sécante quelconque menée par le point en question, sera représentée par

$$(4) \quad x - x' = m\,(z - z'),$$
$$(5) \quad y - y' = n\,(z - z');$$

et pour obtenir les points dans lesquels elle rencontrera la surface, il faudra combiner les équations (3), (4), (5), en y regardant les variables comme ayant les mêmes valeurs. Si donc dans (3), on substitue les valeurs de $x - x'$ et $y - y'$, elle deviendra

$$(6) \quad (z - z') \left\{ \begin{aligned} &Am\,(x+x') + A'n\,(y+y') + A''\,(z+z') \\ &\quad + 2Cm + 2C'n + 2C'' \end{aligned} \right\} = 0,$$

équation qui, quant aux points communs, peut remplacer (3), et fera connaître ces points en la joignant toujours avec (4) et (5). Or, le premier facteur $z - z' = 0$, conduit à

(*) Voyez la *Géométrie descriptive*, livre II, n° 97.

$x = x'$, $y = y'$, et l'on retrouve ainsi le point de départ de la sécante. Le second point de section serait donné par le système (4), (5) et (7),

$$(7) \quad A m(x + x') + A'n(y + y') + A''(z + z') + 2Cm + 2C'n + 2C'' = 0,$$

si l'on avait fixé la direction de cette sécante en assignant des valeurs à m et à n; mais puisque nous cherchons au contraire à déterminer ces constantes de telle sorte que la droite soit tangente à la surface, c'est-à-dire de manière que le second point de section se réunisse avec le premier, il faut exprimer que le système (4), (5), (7), est vérifié encore par les valeurs $x = x'$, $y = y'$, $z = z'$, ce qui établit entre m et n la relation unique

$$(8) \quad A m x' + A'n y' + A''z' + Cm + C'n + C'' = 0,$$

d'après laquelle une des constantes m et n reste arbitraire. Il résulte de là qu'en attribuant à m diverses valeurs successives, et calculant les valeurs correspondantes de n d'après la relation (8), on aurait par leurs substitutions dans (4) et (5), les équations d'une infinité de droites tangentes à la surface au point en question; par conséquent on obtiendra *le lieu géométrique de toutes ces tangentes*, en éliminant m et n entre (4), (5) et (8). Or cette opération donne pour résultat

$$(9) \quad \left. \begin{array}{c} (Ax' + C)(x - x') + (A'y' + C')(y - y') \\ + (A''z' + C'')(z - z') \end{array} \right\} = 0,$$

équation qui représente évidemment *un plan:* d'où je conclus qu'en chaque point d'une surface du second degré, *il existe un plan tangent.*

260. Il est bon d'observer que, dans l'équation (9), les coefficiens des variables ne sont autre chose que les dérivées partielles du premier membre de l'équation (1), dans lesquelles on aurait substitué les coordonnées du point de contact; et nous verrons bientôt (n° 268) qu'il en est ainsi dans toutes les surfaces. D'ailleurs, si l'on développe l'équation (9)

et que l'on ait égard à la relation (2), on pourra mettre l'équation du plan tangent sous la forme

$$(\text{10}) \quad \left.\begin{array}{l} (\mathrm{A}x' + \mathrm{C})\,x + (\mathrm{A}'y' + \mathrm{C}')\,y + (\mathrm{A}''z' + \mathrm{C}'')z \\ \quad + \mathrm{C}x' \;+ \mathrm{C}'y' \;+ \mathrm{C}''z' \;+ \mathrm{E} \end{array}\right\} = 0.$$

261. Pour les surfaces qui admettent un centre, on peut poser dans l'équation (1)

$$\mathrm{C} = 0, \quad \mathrm{C}' = 0, \quad \mathrm{C}'' = 0,$$

et, dans ce cas, l'équation du plan tangent se réduit à

$$(\text{11}) \qquad \mathrm{A}x'x + \mathrm{A}'y'y + \mathrm{A}''z'z + \mathrm{E} = 0.$$

Or, si l'on mène un diamètre au point de contact, cette droite sera représentée par

$$x = \frac{x'}{z'}z = mz, \quad y = \frac{y'}{z'}z = nz,$$

et le plan diamétral conjugué avec ce diamètre qui, d'après la formule (5) du n° 105, est

$$\mathrm{A}mx + \mathrm{A}'ny + \mathrm{A}''z = 0,$$

deviendra ici $\mathrm{A}x'x + \mathrm{A}'y'y + \mathrm{A}''z'z = 0$;

donc il est parallèle au plan tangent (11) mené par l'extrémité du diamètre en question. C'est cette proposition que nous avons annoncée n° 232, et que l'on pouvait démontrer *à priori* en s'appuyant sur ce qu'un diamètre d'une surface du second ordre, est évidemment conjugué avec chacun des diamètres de la section faite par le plan diamétral correspondant.

262. Cherchons la courbe de contact d'une surface quelconque du second degré, avec un cône qui lui serait circonscrit et dont le sommet aurait pour coordonnées α, $\mathfrak{b}$, γ : cette courbe sera le *contour apparent* de la surface, vue du point donné. Or, pour chaque point $(x'$, y', $z')$ de cette ligne, le plan tangent à la surface touchera nécessairement le

cône, et par suite *il passera par le sommet ;* de sorte que l'équation (10) donnera entre x', y', z', la relation

$$(12) \quad \left. \begin{array}{l} (Ax' + C)\,\alpha + (A'y' + C')\,\beta + (A''z' + C'')\,\gamma \\ \quad + Cx' + C'y' + C''z' + E \end{array} \right\} = 0 ;$$

mais, puisque le point de contact que l'on considère est sur la surface, on aura aussi

$$(13) \quad Ax'^2 + A'y'^2 + A''z'^2 + 2Cx' + 2C'y' + 2C''z' + E = 0 ;$$

par conséquent la courbe demandée se trouve déterminée par l'ensemble des équations (12) et (13), c'est-à-dire qu'elle est l'intersection de la surface proposée avec le plan que représente l'équation (12). Il résulte de là que dans toute surface du second degré, *la courbe de contact d'un cône circonscrit est toujours plane ;* et l'on peut même reconnaître que son plan est parallèle au plan diamétral conjugué avec la droite qui joindrait le sommet au centre de la surface, puisque ce centre a ici pour coordonnées

$$x_1 = - \frac{C}{A}, \quad y_1 = - \frac{C'}{A'}, \quad z_1 = - \frac{C''}{A''}.$$

263. Si l'on voulait obtenir la ligne de contact de la même surface avec un cylindre circonscrit, et qui serait parallèle à la droite

$$x = mz ; \quad y = nz,$$

on exprimerait que, pour chaque point de cette courbe, le plan tangent (10) est *parallèle à la droite donnée ;* ce qui fournirait (n° 45) entre les coordonnées du point de contact, la relation

$$(14) \quad (Ax' + C)m + (A'y' + C')n + (A''z' + C'') = 0,$$

laquelle, jointe à l'équation de la surface, que doivent aussi vérifier les variables x', y', z', suffirait pour déterminer la courbe demandée. On voit, par la forme de l'équation (14), que *cette courbe de contact sera encore plane,* et qu'elle se trouvera précisément *dans le plan diamétral conjugué avec les cordes parallèles aux génératrices du cylindre.*

264. Avant de nous occuper du plan tangent à une surface générale, démontrons que *la tangente* MT *à une courbe quelconque* MA *se projette toujours sur la tangente* M'T' *de la projection* M'A'. En effet, si par un point N, voisin de M, on mène la sécante MS, sa projection M'S' coupera la courbe M'A' en un point N', qui sera nécessairement, avec N, *sur une droite parallèle à* MM'; et comme cette relation continuera de subsister à mesure que l'on rapprochera N de M, il s'ensuit que quand ces deux points seront réunis, c'est-à-dire quand la droite MNS aura pris la position MT, le point N' sera en même temps réuni avec M'; et, par conséquent, la projection M'S' coïncidera avec la tangente M'T'. D'ailleurs, ce raisonnement est également applicable *aux projections obliques* comme aux projections orthogonales; et il prouve en même temps que, *dans un cylindre quelconque, le plan mené par une arête* MM' *et par la tangente* M'T' *à la base, est tangent à la surface tout le long de cette génératrice,* puisqu'il contiendra, d'après ce qui précède, la tangente MT à toute autre courbe MA tracée sur cette surface par un point arbitraire de l'arête en question.

Par des considérations analogues, on prouverait que, dans un cône quelconque, le plan mené par une génératrice et par la tangente à la base, est aussi tangent à la surface tout le long de cette arête.

265. Il suit de là que quand une courbe quelconque sera donnée par ses deux projections

$$x = \varphi(z), \quad y = \psi(z),$$

la tangente au point x, y, z de cette courbe aura pour équations

$$x' - x = \frac{dx}{dz}(z' - z), \quad y' - y = \frac{dy}{dz}(z' - z),$$

ou bien

$$x' - x = \frac{d\varphi}{dz}(z' - z), \quad y' - y = \frac{d\psi}{dz}(z' - z),$$

en désignant ici par x', y', z', les coordonnées *courantes* d'un point quelconque de la droite.

266. Soit maintenant une surface quelconque

$$(15) \quad z = f(x, y);$$

deux des variables, par exemple x et y, seront nécessairement *indépendantes*, et la troisième admettra deux dérivées partielles, que nous représenterons, suivant l'usage, par $\frac{dz}{dx} = p$, $\frac{dz}{dy} = q$. Si, par un point x, y, z donné sur cette surface, on trace une courbe quelconque, dont la projection soit désignée par

$$(16) \quad y = \varphi(x),$$

l'ensemble des équations (15) et (16) déterminera complètement cette courbe; mais pour en obtenir une seconde projection, il suffirait d'éliminer y entre les équations précédentes, ce qui donnerait un résultat de la forme

$$(17) \quad z = f[x, \varphi(x)] = \psi(x).$$

Cela posé, la tangente de la courbe dans l'espace, étant projetée (n° 264) sur les tangentes aux deux courbes planes (16) et (17), aura pour équations

$$y' - y = \frac{d\varphi}{dx}(x' - x), \quad z' - z = \frac{d\psi}{dx}(x' - x),$$

dans lesquelles x', y', z' désignent les coordonnées courantes de cette droite; et d'après la manière dont la fonction ψ a été obtenue, on doit voir que la quantité $\frac{d\psi}{dx}$ n'est autre chose que la dérivée totale de z déduite de l'équation (15), mais prise en regardant y comme une fonction de x, déterminée par la relation (16). Par conséquent on a

$$\frac{d\psi}{dx} = \frac{df}{dx} + \frac{df}{dy} \cdot \frac{dy}{dx} = p + q\frac{d\varphi}{dx},$$

et les équations de la tangente deviennent

$$(18) \qquad y' - y = \frac{d\varphi}{dx}(x' - x),$$

$$(19) \qquad z' - z = \left(p + q\,\frac{d\varphi}{dx}\right)(x' - x).$$

Maintenant, si l'on veut obtenir le lieu géométrique des tangentes à toutes les courbes tracées sur la surface, par le point en question, il faut éliminer des équations précédentes ce qui dépend de la fonction φ, laquelle peut seule caractériser la courbe particulière qu'on a considérée. Or, en éliminant $\dfrac{d\varphi}{dx}$ entre (18) et (19), on trouve

$$(20) \qquad z' - z = p\,(x' - x) + q\,(y' - y);$$

équation du premier degré par rapport aux variables x', y', z', et qui prouve que *le lieu de toutes les tangentes est bien un plan*, en général. Cette conséquence ne pourrait être infirmée que dans les points *singuliers* qui feraient prendre aux dérivées partielles p et q la forme $\dfrac{o}{o}$, comme cela arrive au sommet d'un cône, ou bien encore dans une surface de révolution dont le méridien coupe l'axe sous un angle oblique, et pour le point de cette surface qui est sur l'axe même : voyez *la Géométrie descriptive*, n° 97.

267. Il importe d'observer que l'équation (20) restera de même forme, quand bien même les *coordonnées* seraient obliques, puisque le théorème du n° 264 est également vrai dans ce cas, et que la tangente à une courbe plane doit encore avoir pour coefficient de l'abscisse, la dérivée de l'ordonnée.

268. Lorsque l'équation de la surface est donnée sous la forme

$$(21) \qquad F(x, y, z) = o,$$

on sait qu'en la différentiant successivement par rapport à x et à y, on obtient

$$\frac{dF}{dx} + \frac{dF}{dz}\,p = o, \qquad \frac{dF}{dy} + \frac{dF}{dz}\,q = o;$$

si donc on tire de là les valeurs de p et de q, pour les substituer dans (20), l'équation du plan tangent prendra la forme plus générale

$$(22)\quad (x' - x)\frac{dF}{dx} + (y' - y)\frac{dF}{dy} + (z' - z)\frac{dF}{dz} = 0.$$

269. On pourra, comme aux n°s 262 et 263, faire servir cette équation à trouver la courbe de contact d'un cône ou d'un cylindre circonscrit à la surface (21); mais au lieu de revenir sur ces questions, nous ferons observer qu'on peut aussi déduire de là *le contour de la projection* d'une surface sur un plan donné, par exemple, sur le plan XY. Cette recherche, qui est indispensable dans plusieurs problèmes de Géométrie, revient à déterminer la courbe de contact d'un cylindre circonscrit et perpendiculaire au plan XY ; par conséquent pour tous les points de cette courbe, *le plan tangent* de la surface *sera parallèle à* OZ, et dès lors son équation générale (22) ne devant plus renfermer la variable z' (n° 8), on aura la condition

$$\frac{dF}{dz} = 0,$$

laquelle, jointe à $F(x, y, z) = 0$, déterminera la ligne de contact dans l'espace ; puis, si l'on élimine z entre ces deux équations, on obtiendra la courbe demandée sur le plan XY.

270. La NORMALE à une surface étant la droite perpendiculaire aux plan tangent, et menée par le point de contact $x, y, z,$ elle aura des équations de la forme

$$x' - x = a(z' - z), \qquad y' - y = b(z' - z);$$

mais les conditions trouvées n° 47, pour exprimer qu'une droite et un plan sont perpendiculaires, fourniront entre l'équation (20) et les précédentes, les relations

$$a = -p, \qquad b = -q;$$

de sorte que les équations de la normale deviendront

$$(23)\quad x' - x + p(z' - z) = 0, \qquad y' - y + q(z' - z) = 0.$$

Les angles α, $\mathfrak{C}$, γ, formés par cette droite avec les demi-axes coordonnés positifs, seront donnés (n° 27) par les formules

$$(24) \begin{cases} \cos\alpha = \dfrac{-p}{\sqrt{p^2+q^2+1}}, & \cos\mathfrak{C} = \dfrac{-q}{\sqrt{p^2+q^2+1}}, \\[2ex] \cos\gamma = \dfrac{1}{\sqrt{p^2+q^2+1}}, \end{cases}$$

dans lesquelles le radical pris positivement se rapporte toujours (n° 28) à la portion de la normale qui fait un angle aigu avec le demi-axe OZ. Si, d'ailleurs, on substitue ici les expressions de p et de q (n° 268) en fonction des dérivées partielles de l'équation $F(x, y, z) = 0$, les valeurs des cosinus précédens se présenteront sous la forme

$$(25)\quad \cos\alpha = \frac{1}{V}\frac{dF}{dx}, \quad \cos\mathfrak{C} = \frac{1}{V}\frac{dF}{dy}, \quad \cos\gamma = \frac{1}{V}\frac{dF}{dz},$$

où V désigne le radical

$$\sqrt{\left(\frac{dF}{dx}\right)^2 + \left(\frac{dF}{dy}\right)^2 + \left(\frac{dF}{dz}\right)^2}.$$

271. En terminant ce chapitre, nous ferons plusieurs remarques importantes sur la position du plan tangent, relativement à la surface. D'abord, il ne faut pas s'attendre qu'il n'y ait jamais entre eux qu'un seul point de commun; cette circonstance, qui n'est point du tout essentielle à la définition du plan tangent (n° 258), se rencontrera, il est vrai, dans les surfaces *convexes en tous leurs points;* mais dans les autres cas, ce plan pourra couper la surface, et même la couper suivant une courbe qui passe par le point de contact, ce qui ne l'empêchera pas de renfermer les tangentes à toutes les courbes menées par ce point; de sorte qu'en cet endroit il sera véritablement tangent, et sécant partout ailleurs. On en voit de fréquens exemples dans la Géométrie descriptive, et entre autres dans les surfaces *an-*

nulaires, lorsqu'on choisit le point de contact sur la nappe intérieure.

272. En second lieu, toutes les fois que la surface sera *réglée*, c'est-à-dire qu'elle admettra *une génératrice rectiligne*, cette droite, qui est elle-même sa propre tangente, devra être contenue tout entière dans le plan tangent; et s'il existait deux génératrices de ce genre, passant l'une et l'autre par le point donné, elles détermineraient, par leur ensemble, le plan tangent relatif à leur point de section; c'est ce qui arrive dans l'hyperboloïde à une nappe, et dans le paraboloïde hyperbolique. Mais il importe beaucoup d'observer que les *surfaces réglées* se divisent en *deux classes*, qui présentent une différence essentielle dans leur contact avec le plan tangent.

273. Si la surface réglée est *gauche*, c'est-à-dire *si la génératrice rectiligne se meut de telle sorte que deux positions voisines* AM *et* A'M', quelque rapprochées qu'on les suppose, *ne se trouvent pas situées dans un même plan*, alors les plans tangens relatifs à deux points M et N, pris sur une Fɪɢ. 33. même génératrice AMN, renfermeront tous deux cette droite, mais ils seront distincts l'un de l'autre; car le premier contiendra la tangente MT à la section quelconque MM'P, et le second la tangente NV à la section NN'Q. Or, comme la droite mobile, en passant de la position AMN à la position infiniment voisine A'M'N', doit nécessairement s'appuyer toujours sur ces courbes qui ont avec leurs tangentes un élément de commun, cette génératrice peut être regardée, dans cet intervalle, comme glissant sur les tangentes MM'T, NN'V; et par conséquent celles-ci ne sauraient être dans un même plan, dès que les droites AMN et A'M'N' ne remplissent pas cette condition; donc, enfin, le plan AMT ne coïncide point avec le plan ANV. Concluons de là que *dans une surface gauche, les plans tangens relatifs aux divers points d'une même génératrice rectiligne, passent tous par cette droite, mais sont distincts les uns des autres;* et chacun ne touche la surface qu'en *un point*, tandis que *partout ailleurs*

il est sécant. Ces circonstances se présentent, par exemple, dans l'hyperboloïde à une nappe et dans le paraboloïde hyperbolique.

274. Au contraire, quand la surface réglée sera *développable,* c'est-à-dire qu'elle sera engendrée par *une droite assujettie à se mouvoir de telle sorte que deux positions consécutives soient toujours dans un même plan,* alors les plans tangens AMT et ANV coïncideront complètement ; ear les deux

FIG. 34. tangentes MT et NV, ayant chacune un élément MM′ ou NN′, commun avec les courbes MP ou NQ, s'appuieront nécessairement sur les deux génératrices infiniment voisines AMN et A′M′N′. Or, comme celles-ci sont, par hypothèse, dans un même plan, les tangentes MT et NV rempliront aussi cette condition, et par suite les plans tangens AMT et ANV se confondront l'un avec l'autre. Ainsi, *dans une surface développable, c'est un seul et même plan qui touche la surface tout le long de chaque génératrice rectiligne.*

Cette propriété du plan tangent était déjà prouvée (n° 264), pour les surfaces cylindriques ou coniques, qui sont évidemment des cas particuliers des surfaces développables.

275. Comme les diverses génératrices A, A′, A″... (fig. 34) sont ici deux à deux dans un même plan, il est évident qu'elles se couperont consécutivement en des points m, m', m''..., qui formeront une courbe à laquelle chacune des génératrices sera tangente, et que l'on nomme *arète de rebroussement* de la surface développable.

Dans les cylindres, cette arète de rebroussement est tout entière à l'infini ; et dans les cônes, elle se réduit à un point, qui est le sommet.

276. Enfin, puisque les *élémens* superficiels (*) compris entre A et A′, A′ et A″... sont *plans,* on pourra faire tourner successivement chacune de ces faces autour de la droite qui

____

(*) Il faut se garder de donner le nom d'*élémens* aux génératrices; car toujours les élémens d'une grandeur doivent être homogènes avec celle-ci; ainsi les élémens d'une surface sont d'autres petites surfaces.

lui est commune avec la suivante, et les étendre toutes sur un plan, sans que la surface ait éprouvé de fractures. Elle sera ainsi *développée*, en conservant la même superficie ; et la dénomination de surface développable dérive de cette propriété, qui, évidemment, ne saurait appartenir aux surfaces gauches (n° 273), quoiqu'elles soient aussi réglées. Pour compléter ces notions succintes, nous renverrons aux livres III et VII du *Traité de Géométrie descriptive.*

CHAPITRE XIV.

Génération des Surfaces par le mouvement d'une ligne assujettie à glisser sur une ou plusieurs directrices.

277. Nous avons déjà rencontré, dans ce qui précède, divers exemples de surfaces engendrées par une droite ou par une courbe, qui, en changeant de position et même de forme, s'appuyait constamment sur une ou plusieurs directrices fixes ; il sera donc facile maintenant de généraliser les considérations qui nous ont servi dans ces cas particuliers, et de les étendre à une génératrice représentée par les équations

$$(1) \quad f(x,\, y,\, z,\, \alpha,\, \mathfrak{C},\, \gamma \dots.) = 0,$$
$$(2) \quad f_1(x,\, y,\, z,\, \alpha,\, \mathfrak{C},\, \gamma \dots.) = 0.$$

L'espèce de cette courbe est *déterminée*, parce que les fonctions f et f_1 sont censées connues de forme ; mais comme elles renferment n constantes arbitraires, ou *paramètres variables* α, $\mathfrak{C}$, $\gamma \dots$, la position, les dimensions, la courbure de la génératrice changeront, en général, avec les diverses valeurs que l'on attribuera à ces paramètres. Or, si l'on faisait varier ceux-ci d'une manière arbitraire et *indépendamment les uns des autres*, la ligne mobile parcourrait *un lieu solide*, qui pourrait même souvent remplir tout l'espace; car en supposant d'abord que α seul varie, et éliminant cette quantité entre (1) et (2), on aurait un résultat

$$f_2(x, \; y, \; z, \; \zeta, \; \gamma \ldots) = 0,$$

qui conviendrait à toutes les positions de la génératrice correspondantes aux diverses valeurs de α : mais ce résultat lui-même représente une infinité de surfaces aussi rapprochées qu'on voudra les unes des autres; et qui s'obtiendront en faisant varier de zéro à $\pm \infty$, d'abord ζ, puis $\gamma \ldots$ (*). Par conséquent, l'on n'obtiendrait ainsi aucune surface déterminée; au lieu que si l'on assujettit la ligne mobile (1) et (2) à s'appuyer constamment sur $n - 1$ directrices données, ces conditions établiront entre les n paramètres, $n - 1$ relations qui n'en laisseront plus qu'un d'arbitraire, et le mouvement de la génératrice sera complètement réglé.

(*) Par exemple, le cercle représenté par

$$y^2 + (z - \zeta)^2 = R^2 - \alpha^2, \quad x - \alpha = 0,$$

donne, par l'élimination de α, l'équation

$$x^2 + y^2 + (z - \zeta)^2 = R^2,$$

qui appartient à une infinité de sphères d'un rayon constant, et dont les centres, situés sur l'axe des z, s'obtiennent en faisant varier ζ de zéro à $\pm \infty$; donc cette équation convient à tous les points du *solide cylindrique* qui a pour axe OZ, et pour rayon R. De même, le cercle mobile

$$y^2 + z^2 = \zeta^2 - \alpha^2 + R^2, \quad x = \alpha,$$

conduit à l'équation

$$x^2 + y^2 + z^2 = \zeta^2 + R^2,$$

laquelle appartient à *tous les points de l'espace indéfini* qui se trouve *en dehors* de la sphère du rayon R, et dont le centre est à l'origine des coordonnées.

278. Soient, en effet,

$$(3) \quad F(x, y, z) = 0, \qquad (4) \quad F_1(x, y, z) = 0,$$

les équations de la première directrice. Pour exprimer que la ligne mobile a, dans toutes ses positions, un point de commun avec cette directrice, il faut écrire que leurs quatre équations sont satisfaites par un même système de valeurs pour x, y, z; or, cela exige qu'en éliminant ces trois coordonnées entre les équations (1), (2), (3) et (4), l'équation finale, qui sera de la forme

$$\Phi(\alpha, \, \mathcal{C}, \, \gamma \ldots) = 0,$$

soit vérifiée par les valeurs qu'on attribuera aux constantes α, $\mathcal{C}$, γ ... Par conséquent, cette équation de condition établit déjà entre les paramètres la dépendance nécessaire pour que la génératrice s'appuie constamment sur la première courbe assignée; mais chaque nouvelle directrice fournira semblablement une relation entre α, $\mathcal{C}$, γ ... : de sorte que pour représenter complètement la génératrice s'appuyant sur les $n-1$ directrices, il faudra prendre le système des $n+1$ équations suivantes :

$$(1) \quad f(x, y, z, \alpha, \mathcal{C}, \gamma \ldots) = 0,$$

$$(2) \quad f_1(x, y, z, \alpha, \mathcal{C}, \gamma \ldots) = 0,$$
$$\Phi(\alpha, \mathcal{C}, \gamma \ldots \ldots \ldots) = 0,$$
$$\Phi_1(\alpha, \mathcal{C}, \gamma \ldots \ldots \ldots) = 0,$$
$$\Phi_2(\alpha, \mathcal{C}, \gamma \ldots \ldots \ldots) = 0,$$
$$\cdots \cdots \cdots \cdots \cdots \cdots \cdots \cdots$$

Or, comme il n'y reste plus évidemment qu'un seul paramètre, α par exemple, qui puisse recevoir des valeurs arbitraires, il s'ensuit que, pour obtenir le lieu de toutes les positions de la génératrice, on devra éliminer α entre les équations (1) et (2), après y avoir substitué les valeurs des autres paramètres en fonction de celui-ci; c'est-à-dire qu'il faudra généralement éliminer les n constantes α, $\mathcal{C}$, γ . . . .

entre les $n + 1$ équations précédentes. D'ailleurs, comme le résultat de cette élimination sera une équation unique où il n'entrera plus aucune arbitraire, il en résulte que la courbe mobile aura bien décrit, dans son mouvement, une surface déterminée.

279. Dans le cas assez fréquent où l'on n'assigne qu'*une seule directrice*,

$$F(x, y, z) = 0, \quad F_1(x, y, z) = 0,$$

et où par conséquent la ligne mobile ne doit renfermer que *deux paramètres* arbitraires, cette génératrice sera représentée, dans une position quelconque, par le système

$$f(x, y, z, \alpha, \mathcal{C}) = 0,$$
$$f_1(x, y, z, \alpha, \mathcal{C}) = 0,$$
$$\Phi(\alpha, \mathcal{C}) = 0, \quad \text{ou bien} \quad \mathcal{C} = \varphi(\alpha).$$

De sorte que si l'on résout les équations $f = 0$, $f_1 = 0$, par rapport aux constantes, il s'agira d'éliminer α et $\mathcal{C}$ entre trois équations de la forme

$$(5) \quad u = \alpha, \quad v = \mathcal{C}, \quad \mathcal{C} = \varphi(\alpha);$$

ce qui donnera pour l'équation de la surface

$$(6) \quad v = \varphi(u), \quad \text{ou bien} \quad \Phi(u, v) = 0.$$

Remarquons ici que u et v désignent deux groupes en x, y, z, qui ne changeront jamais pour toutes les surfaces d'une même *famille*; c'est-à-dire pour celles qui, admettant la même génératrice $[f, f_1]$, ne diffèrent l'une de l'autre que par l'espèce de la directrice $[F, F_1]$; tandis que la fonction φ, qui dépend évidemment de F et de F_1, changera avec chacune des surfaces individuelles de cette famille. Ces distinctions vont s'éclaircir par les exemples suivans.

280. SURFACES CYLINDRIQUES. Elles sont engendrées par une droite mobile qui reste parallèle à une direction donnée, en

glissant sur une directrice fixe

$$F(x, y, z) = 0, \quad F_{\prime}(x, y, z) = 0;$$

par conséquent, la génératrice aura des équations de la forme

$$x = mz + \alpha, \quad y = nz + \mathfrak{C},$$

dans lesquelles m et n seront des constantes données et invariables, tandis que α et $\mathfrak{C}$ seront les paramètres arbitraires ; mais ceux-ci seront liés entre eux par une relation $\mathfrak{C} = \varphi(\alpha)$, qui, dans chaque exemple, se déduira, comme nous l'avons dit, des quatre équations précédentes par l'élimination des coordonnées. Ainsi les équations (5) deviendront alors

$$x - mz = \alpha, \quad y - nz = \mathfrak{C}, \quad \mathfrak{C} = \varphi(\alpha);$$

et en éliminant α et $\mathfrak{C}$ entre ces trois dernières, la surface cylindrique sera représentée généralement par

$$(7) \quad y - nz = \varphi(x - mz).$$

On voit qu'ici les quantités u et v sont les binomes $x - mz$ et $y - nz$, qui resteront de même forme pour tous les cylindres possibles, tandis que la fonction φ changera avec la directrice particulière qu'on aura adoptée.

281. Appliquons cette méthode au cylindre qui aurait pour directrice l'ellipse

$$z = 0, \quad \frac{x^2}{A^2} + \frac{y^2}{B^2} = 1.$$

Pour exprimer que la génératrice

$$x = mz + \alpha, \quad y = nz + \mathfrak{C}$$

a toujours un point de commun avec cette courbe, on élimine x, y, z entre ces quatre équations, et l'on obtient la relation

$$\frac{\alpha^2}{A^2} + \frac{\mathfrak{C}^2}{B^2} = 1,$$

laquelle tient lieu de $\zeta = \varphi(\alpha)$; puis, sans la résoudre par rapport à ζ, on élimine α et ζ entre les trois dernières équations, et il vient pour le cylindre demandé

$$\frac{(x - mz)^2}{A^2} + \frac{(y - nz)^2}{B^2} = 1.$$

282. L'équation des cylindres, sous la forme (7), est dite *l'équation en quantités finies*; mais on peut en obtenir une autre qui soit même indépendante de la directrice, ou de la fonction φ qui seule caractérise cette courbe dans chaque cas particulier. Pour y arriver, j'observe que l'équation

$$(7) \quad y - nz = \varphi(x - mz),$$

renfermant deux variables *indépendantes*, x et y, peut être différentiée successivement par rapport à x et z, ou par rapport à y et z; donc, en désignant toujours $\frac{dz}{dx}$ et $\frac{dz}{dy}$ par p et q, et par φ' la dérivée de la fonction φ, on obtiendra

$$- mp = (1 - mp) \cdot \varphi'(x - mz),$$
$$1 - nq = - mq \cdot \varphi'(x - mz).$$

Or, entre les trois équations précédentes, on peut éliminer φ et φ' qui seules varient pour diverses surfaces cylindriques; et même, comme les deux dernières ne contiennent que φ', si on les divise l'une par l'autre, on aura

$$\frac{np}{1 - nq} = \frac{1 - mp}{mq};$$

d'où l'on tire

$$(8) \quad mp + nq = 1,$$

équation aux différences partielles qui convient à toutes les surfaces cylindriques, quelle qu'en soit la directrice.

283. On aurait pu obtenir directement l'équation (8) en exprimant que dans ces surfaces, *les divers plans tangens*, dont chacun renferme (n° 272) une génératrice du cylindre,

sont tous parallèles à la droite

$$x = mz, \quad y = nz.$$

En effet, si l'on applique à l'équation générale du plan tangent pour une surface quelconque,

$$z' - z = p(x' - x) + q(y' - y) = 0,$$

la condition trouvée au n° 45, on obtient pour le caractère général de tous les cylindres,

$$mp + nq - 1 = 0,$$

relation identique avec l'équation (8).

284. L'équation (8) peut servir plus commodément que la formule (7), à reconnaître si une surface donnée $L = 0$ est cylindrique ou non. Pour cela, on tire des équations

$$\frac{dL}{dx} + \frac{dL}{dz}p = 0, \quad \frac{dL}{dy} + \frac{dL}{dz}q = 0,$$

les valeurs des dérivées p et q, pour les substituer dans (8), et il faut évidemment que le résultat

$$(9) \quad m\frac{dL}{dx} + n\frac{dL}{dy} + \frac{dL}{dz} = 0$$

soit vérifié pour tous les points de la surface L, c'est-à-dire quelles que soient les valeurs de x, y, z; mais comme on ne connaît pas *à priori* les quantités m et n, on égalera à zéro les coefficiens des diverses puissances des coordonnées, et l'on examinera si l'on peut satisfaire à ces conditions par des valeurs réelles de m et de n.

Admettons, par exemple, que $L = 0$ soit l'équation générale des surfaces du second degré ; alors l'équation (9) deviendra

$$m(Ax+B''y+B'z+C) + n(A'y+B''x+Bz+C') + (A''z+B'x+By+C'')=0;$$

et comme ce résultat doit être vérifié pour toutes les valeurs de x, y, z, il faudra poser

$$Am + B''n + B' = o,$$
$$A'n + B''m + B = o,$$
$$A'' + B'm + Bn = o,$$
$$Cm + C'n + C'' = o :$$

de sorte qu'en calculant m et n par les deux premières de ces équations, et les substituant dans les autres, on aura, pour exprimer que la surface du second degré est cylindrique, les deux conditions

$$AB^2 + A'B'^2 + A''B''^2 - AA'A'' - 2BB'B'' = o,$$
$$C(A'B' - BB'') + C'(AB - B'B'') + C''(B''^2 - AA') = o,$$

qui conviennent effectivement aux trois genres de surfaces dont nous avons parlé dans les n°s 245, 246 et 247.

·285. Quelquefois on n'assigne pas immédiatement la courbe directrice d'un cylindre, mais on exige qu'il soit *circonscrit à une surface donnée* L = o ; alors *il faut commencer par chercher la ligne de contact* de ces deux surfaces. Or, pour tous les points de cette ligne, *les plans tangens seront communs;* et par suite les dérivées p et q, qui seules déterminent l'inclinaison du plan tangent, devront avoir les mêmes valeurs dans le cylindre et dans la surface L. Par conséquent, si des équations

$$\frac{dL}{dx} + \frac{dL}{dz}p = o, \quad \frac{dL}{dy} + \frac{dL}{dz}q = o,$$

on tire les valeurs de p, q, pour les substituer dans l'équation (8), cette dernière devra être satisfaite, et l'on aura, comme ci-dessus,

$$(9) \quad m\frac{dL}{dx} + n\frac{dL}{dy} + \frac{dL}{dz} = o.$$

Mais ici cette relation n'est plus vraie pour des valeurs quelconques de x, y, z; elle ne subsiste que pour les points de la ligne de contact cherchée, et c'est seulement l'équation d'une surface qui contient cette courbe. Or, comme la surface proposée la contient aussi, il s'ensuit que l'ensemble des équations (9) et $L = 0$, détermine complètement la ligne de contact, qui devient alors la directrice représentée au n° 280 par $F = 0$ et $F_l = 0$; ensuite le reste du calcul s'achèvera comme dans cet article.

286. Cherchons, par exemple, le cylindre qui serait circonscrit à l'ellipsoïde

$$A x^2 + A' y^2 + A'' z^2 = 1,$$

et dont les génératrices auraient toujours une direction marquée par les constantes données m et n. La courbe de contact sera déterminée par l'équation précédente, jointe à l'équation (9) qui devient ici

$$A m x + A' n y + A'' z = 0,$$

et ce résultat s'accorde avec ce que nous avons trouvé n° 263. Cela posé, en combinant ces équations avec

$$x = m z + \alpha, \quad y = n z + \mathfrak{C},$$

pour éliminer x, y, z, on obtiendra la relation qui doit exister entre α et $\mathfrak{C}$, savoir,

$$(A \alpha^2 + A' \mathfrak{C}^2 - 1)(A m^2 + A' n^2 + A'') = (A m \alpha + A' n \mathfrak{C})^2;$$

puis il reste à substituer ici les valeurs de α et $\mathfrak{C}$ tirées des équations de la droite, ce qui donne pour l'équation du cylindre

$$[A (x - m z)^2 + A' (y - n z)^2 - 1](A m^2 + A' n^2 + A'')$$
$$= [A m (x - m z) + A' n (y - n z)]^2.$$

Mais, parmi les diverses réductions que peut subir ce résultat, nous adopterons la transformation suivante: si au second membre on ajoute la quantité $A'' z - A'' z$, il deviendra

$$[(A m x + A' n y + A'' z) - (A m^2 + A' n^2 + A'') z]^2.$$

Or, en développant le carré de ce *binome*, puis transposant les deux derniers termes dans le premier membre de l'équation du cylindre, celle-ci prendra, après quelques réductions évidentes, la forme remarquable

$$(Ax^2 + A'y^2 + A''z^2 - 1)(Am^2 + A'n^2 + A'')$$
$$= (Amx + A'ny + A''z)^2,$$

par laquelle on voit manifestement que ce cylindre *touche* l'ellipsoïde le long de la courbe située dans le plan

$$Amx + A'ny + A''z = 0.$$

D'ailleurs, si l'on désigne par R le demi-diamètre de l'ellipsoïde, qui serait parallèle aux génératrices du cylindre, sa longueur s'obtiendra évidemment en combinant les équations

$$R^2 = x^2 + y^2 + z^2, \quad x = mz, \quad y = nz$$

avec celle de l'ellipsoïde ; ce qui conduit à

$$R^2 = \frac{m^2 + n^2 + 1}{Am^2 + A'n^2 + A''}.$$

On pourra donc introduire ce rayon dans l'équation du cylindre ; et même si, pour plus de symétrie, on appelle λ, μ, ν les angles qu'il fait avec les axes, on aura, comme on sait,

$$m = \frac{\cos \lambda}{\cos \nu}, \quad n = \frac{\cos \mu}{\cos \nu},$$

et l'équation du cylindre deviendra enfin

$$Ax^2 + A'y^2 + A''z^2 - 1 = R^2(Ax \cos \lambda + A'y \cos \mu + A''z \cos \nu)^2,$$

287. **Surfaces coniques.** Elles sont produites par le mouvement d'une droite qui, passant toujours par un point fixe (a, b, c), s'appuie constamment sur une directrice donnée

$$F(x, y, z) = 0, \quad F_1(x, y, z) = 0.$$

Par conséquent, la génératrice sera représentée ici par

$$x - a = \alpha(z - c), \quad y - b = \zeta(z - c):$$

mais il faudra (n° 278) y joindre une relation $6 = \varphi((\alpha))$, qui, dans chaque exemple particulier, s'obtiendra par l'élimination des coordonnées x, y, z entre les quatre équations précédentes, et alors les trois équations (5) deviendront

$$\frac{x - a}{z - c} = \alpha, \quad \frac{y - b}{z - c} = 6, \quad 6 = \varphi(\alpha);$$

de sorte qu'en éliminant α et 6 entre ces dernières, l'équation générale des surfaces coniques sera

$$(10) \quad \frac{y - b}{z - c} = \varphi\left(\frac{x - a}{z - c}\right).$$

Lorsque le sommet sera situé à l'origine des coordonnées, cette équation se réduira à

$$\frac{y}{z} = \varphi\left(\frac{x}{z}\right);$$

ce qui revient à dire que des trois quotiens $\dfrac{z}{x}$, $\dfrac{z}{y}$, $\dfrac{x}{y}$, deux quelconques sont fonction l'un de l'autre; et par conséquent l'équation sera *homogène*.

288. Prenons pour exemple un cône dont le sommet aurait pour coordonnées a, b, c, et dont la directrice serait l'ellipse

$$z = 0, \quad \frac{x^2}{A^2} + \frac{y^2}{B^2} = 1.$$

En éliminant x, y, z entre ces équations et celles de la génératrice

$$x - a = \alpha(z - c), \quad y - b = 6(z - c),$$

on aura la relation qui doit exister entre α et 6, savoir;

$$\frac{(a - \alpha c)^2}{A^2} + \frac{(b - 6c)^2}{B^2} = 1;$$

puis éliminant α et 6 entre les trois dernières équations, il viendra pour l'équation de la surface conique,

$$\frac{(az - cx)^2}{A^2} + \frac{(bz - cy)^2}{B^2} = (z - c)^2.$$

On pourrait en déduire le cylindre trouvé n° 281 , en divisant les deux membres par c^2, puis posant

$$\frac{a}{c} = m, \quad \frac{b}{c} = n \quad \text{et} \quad c = \infty .$$

289. Si l'on veut que le cône devienne *droit,* il suffira de poser

$$A = B, \quad a = 0, \quad b = 0;$$

alors l'équation précédente se réduit à

$$x^2 + y^2 = \frac{A^2}{c^2} (z - c)^2 = (z - c)^2 \tang^2 \omega,$$

où ω désigne l'angle constant formé par chaque génératrice avec l'axe. Au surplus, cette équation se retrouvera immédiatement chaque fois qu'on en aura besoin, si l'on remarque que le triangle rectangle formé par l'axe, avec le rayon vecteur abaissé perpendiculairement d'un point quelconque x, y, z de la surface, donne évidemment la relation

$$\tang \omega = \frac{r}{z - c} = \frac{\sqrt{x^2 + y^2}}{z - c},$$

290. Pour obtenir *l'équation aux différences partielles* des surfaces coniques, il faut éliminer la fonction ϕ qui change de forme avec la directrice particulière qu'on adopte. Or, si l'on différentie l'équation (10) tour à tour par rapport à x et z, et par rapport à y et z, on trouve

$$\frac{-(y - b)p}{(z - c)^2} = \frac{z - c - (x - a)p}{(z - c)^2} \cdot \phi'\left(\frac{x - a}{z - c}\right),$$

$$\frac{z - c - (y - b)q}{(z - c)^2} = \frac{-(x - a)q}{(z - c)^2} \cdot \phi'\left(\frac{x - a}{z - c}\right),$$

puis en divisant ces résultats l'un par l'autre; la fonction φ' disparaît, et il reste

$$\frac{(y-b)p}{z-c-(y-b)q} = \frac{z-c-(x-a)p}{(x-a)q},$$

ou en réduisant

$$(11) \qquad p(x-a) + q(y-b) = z-c.$$

291. Cette équation des surfaces coniques aurait pu s'obtenir en exprimant qu'ici *les divers plans tangens*, dont chacun renferme (n° 272) une génératrice rectiligne, *doivent passer tous par le sommet* dont les coordonnées sont a, b, c. En effet, l'équation générale du plan tangent

$$z' - z = p(x' - x) + q(y' - y)$$

devra alors être vérifiée par $x' = a$, $y' = b$, $z' = c$; ce qui conduit à une relation identique avec (11). D'ailleurs on pourra faire servir cette équation (11) à reconnaître si une surface donnée $L = 0$ est *conique*, par une marche analogue à celle que nous avons employée au n° 284; mais ici les quantités a, b, c seraient les inconnues auxquelles il faudrait appliquer ce que nous avons dit alors de m et de n.

292. Lorsqu'au lieu d'assigner immédiatement la directrice $[F, F_1]$, on exige que la surface conique soit *circonscrite* à une surface donnée $L = 0$, il faut commencer par *chercher la ligne de contact* des deux surfaces. Or, comme les plans tangens seront évidemment communs pour tous les points de cette courbe, les dérivées p et q déduites de $L = 0$, devront vérifier l'équation (11); par conséquent la ligne de contact cherchée sera représentée par le système

$$L = 0, \qquad (x-a)\frac{dL}{dx} + (y-b)\frac{dL}{dy} + (z-c)\frac{dL}{dz} = 0;$$

alors, en prenant ces deux équations pour tenir lieu de $F = 0$ et $F_1 = 0$, on achèvera le calcul ainsi qu'on l'a dit au n° 287.

293. Si la surface $L = 0$ est un ellipsoïde représenté par

$$A x^2 + A' y^2 + A'' z^2 = 1,$$

la courbe de contact sera déterminée par cette équation jointe à la suivante

$$(12) \quad A x(x - a) + A' y(y - b) + A'' z(z - c) = 0 ;$$

mais celle-ci, combinée avec la première, donne

$$(13) \quad A a x + A' b y + A'' c z = 1,$$

ainsi nous pouvons employer (12) et (13) pour définir la ligne de contact.

Cela posé, il faut exprimer que la génératrice a toujours un point de commun avec cette courbe, en éliminant x, y, z en-entre les équations (12), (13) et les suivantes

$$x - a = \alpha(z - c), \quad y - b = \mathcal{C}(z - c) :$$

or, si l'on substitue d'abord les valeurs des seuls binomes $x - a$ et $y - b$ dans (12), cette équation deviendra

$$(14) \quad A \alpha x + A' \mathcal{C} y + A'' z = 0 ;$$

et alors l'élimination de x, y, z entre (13), (14) et les équations de la droite s'effectuera aisément, et donnera la condition

$$(A \alpha^2 + A' \mathcal{C}^2 + A'')(A a^2 + A' b^2 + A'' c^2 - 1) = (A a \alpha + A' b \mathcal{C} + A'' c)^2.$$

Il reste maintenant à substituer ici les valeurs de α et $\mathcal{C}$, tirées des équations de la génératrice, ce qui donne pour la surface conique demandée,

$$[A(x - a)^2 + A'(y - b)^2 + A''(z - c)^2](A a^2 + A' b^2 + A'' c^2 - 1)$$
$$= [A a(x - a) + A' b(y - b) + A'' c(z - c)]^2 ;$$

mais si l'on observe que le second membre peut s'écrire

$$[(A a x + A' b y + A'' c z - 1) - (A a^2 + A' b^2 + A'' c^2 - 1)]^2,$$

puis, si l'on développe le carré de ce binome, et que l'on

transpose les deux derniers termes dans le premier membre, l'équation du cône deviendra, après quelques réductions évidentes,

$$(Ax^2 + A'y^2 + A''z^2 - 1)(Aa^2 + A'b^2 + A''c^2 - 1)$$
$$= (Aax + A'by + A''cz - 1)^2.$$

Sous cette forme, on voit manifestement que le cône *touche* l'ellipsoïde le long de la courbe plane représentée par l'équation (13). D'ailleurs en appelant S la longueur de la droite qui joint le centre de l'ellipsoïde avec le sommet du cône, et R la portion de cette ligne qui forme un demi-diamètre de l'ellipsoïde, on trouvera aisément que le coefficient constant du premier membre a pour valeur

$$Aa^2 + A'b^2 + A''c^2 - 1 = \frac{S^2 - R^2}{R^2}.$$

294. SURFACES DE RÉVOLUTION. On les définit ordinairement comme produites par le mouvement d'une courbe MM', qui $\quad$ FIG. 35. tourne autour d'un axe fixe AC, de telle sorte que chaque point M décrit un cercle dont le plan est perpendiculaire à l'axe, et dont le centre est sur cet axe : cette génératrice MM' ne coïncide avec le *méridien* de la surface, qu'autant qu'elle est tout entière située dans un plan passant par AC. Mais, d'après cette définition, les surfaces de cette classe n'admettraient point une génératrice d'une espèce constante, puisque la courbe MM' changera avec chaque surface individuelle; au lieu que si *l'on regarde la surface comme engendrée par un cercle CM, dont le centre se meut sur AC, tandis que son plan reste perpendiculaire à cet axe, et dont le rayon croît ou décroît de manière que la circonférence rencontre toujours la courbe* MM', alors le cercle mobile devient une génératrice d'une espèce constante et commune à toutes les surfaces de révolution, et la ligne MM' n'est plus qu'une directrice variable qui distingue chaque surface particulière. Exprimons donc par l'analyse ce second mode de génération, qui d'ailleurs est une suite nécessaire de la définition primitive.

295. Représentons la directrice MM' par

$$F(x, y, z) = 0, \quad F_{,}(x, y, z) = 0,$$

et l'axe de révolution que nous supposons mené d'un certain point (a, b, c) dans une direction connue, par

$$x - a = m(z - c), \quad y - b = n(z - c);$$

alors un quelconque des *parallèles* de la surface pourra être regardé comme l'intersection d'un plan perpendiculaire à l'axe AC, avec une sphère dont le centre serait sur cette droite; par conséquent ce cercle aura des équations de la forme

$$(15) \qquad mx + ny + z = \mathfrak{C},$$

$$(16) \quad (x - a)^2 + (y - b)^2 + (z - c)^2 = \alpha.$$

Cependant, pour qu'il soit véritablement un parallèle de la surface, il faut y ajouter une relation

$$\mathfrak{C} = \varphi (\alpha)$$

propre à exprimer que ce cercle a, dans toutes ses positions, un point de commun avec la directrice MM', et cette relation s'obtiendra, comme nous l'avons dit, en éliminant x, y, z entre les quatre équations (15), (16), $F = 0$ et $F_{,} = 0$. Cela posé, il restera à éliminer α et $\mathfrak{C}$ entre les trois équations de ce parallèle, et l'on obtiendra pour la surface de révolution,

$$(17) \quad z + mx + ny = \varphi\,[(x - a)^2 + (y - b)^2 + (z - c)^2].$$

296. Lorsque l'axe de révolution est pris pour l'axe des z, on a $m = 0$, $n = 0$; et comme alors on peut placer le centre (a, b, c) de la sphère à l'origine même, l'équation précédente se réduit à

$$z = \varphi(x^2 + y^2 + z^2),$$

laquelle pourra toujours être ramenée à la forme

$$z = \psi(x^2 + y^2);$$

mais dans ce cas particulier, qui arrive fréquemment, il est plus simple de regarder immédiatement chaque *parallèle* comme l'intersection d'un *cylindre droit* avec un plan perpendiculaire, c'est-à-dire de prendre, au lieu des équations (15) et (16), les suivantes.

$$z = \mathcal{C}, \quad x^2 + y^2 = \alpha;$$

et en y joignant toujours la relation $\mathcal{C} = \varphi(\alpha)$, qui s'obtiendra comme ci-dessus, on arrivera directement à

$$z = \varphi(x^2 + y^2).$$

297. Prenons pour exemple la surface décrite autour de l'axe OZ, par la droite quelconque

$$x = Az + h, \quad y = Bz + k.$$

Ces équations, qui remplacent ici $F = o$, $F_t = o$, étant combinées avec celles d'un parallèle

$$z = \mathcal{C}, \quad x^2 + y^2 = \alpha,$$

donneront, par l'élimination des coordonnées, la relation

$$(A\mathcal{C} + h)^2 + (B\mathcal{C} + k)^2 = \alpha;$$

et si entre les trois dernières équations, on élimine α et $\mathcal{C}$, on trouvera pour la surface demandée

$$(Az + h)^2 + (Bz + k)^2 = x^2 + y^2,$$

ou bien

$$x^2 + y^2 - (A^2 + B^2)z^2 - 2(Ah + Bk)z = h^2 + k^2,$$

résultat qui appartient évidemment à *un hyperboloïde à une nappe* dont le centre situé sur l'axe OZ, est facile à déterminer. Au surplus, si l'on conçoit qu'on ait pris pour axe des x la plus courte distance de l'axe de révolution à la droite mobile, celle-ci se trouvera parallèle au plan YZ, et il faudra poser dans ses équations $A = o$, $k = o$; de sorte que l'équation de la surface devenant

$$x^2 + y^2 - B^2 z^2 = h^2,$$

se trouvera rapportée à son centre. D'ailleurs on voit que le méridien de la surface est effectivement *une hyperbole*

$$y = 0, \quad x^2 - B^2 z^2 = h^2,$$

dont le demi-axe réel est la quantité h qui mesure ici la plus courte distance des deux droites données (*).

298. Nous ne nous arrêterons point à appliquer cette méthode à un méridien elliptique, tel que

$$y = 0, \quad \frac{x^2}{a^2} + \frac{z^2}{c^2} = 1,$$

ou à une hyperbole, une parabole; car on retrouverait ainsi l'ellipsoïde, l'hyperboloïde.... de révolution : mais nous considérerons plutôt *la surface annulaire* produite par un cercle tournant autour d'un axe OZ qui, sans passer par le centre, est néanmoins situé dans le plan de ce cercle : c'est le *Tore*, qui se rencontre dans plusieurs épures de Géométrie descriptive. Représentons donc ce méridien circulaire par

$$y = 0, \quad (x - l)^2 + z^2 = R^2,$$

puis combinons ces équations avec celles d'un parallèle

$$z = 6, \quad x^2 + y^2 = \alpha,$$

pour éliminer x, y, z, et nous obtiendrons la relation

$$(\sqrt{\alpha} - l)^2 + 6^2 = R^2;$$

ensuite, éliminons α et 6 entre les trois dernières équations, et nous aurons pour la surface annulaire proposée

$$(l \pm \sqrt{x^2 + y^2})^2 + z^2 = R^2.$$

(*) Voyez le *Traité de Géométrie descriptive*, n° 140.

Cette équation, qui, après la disparition des radicaux, se trouvera du quatrième degré, mais qui peut être discutée aisément sous la forme actuelle, présentera un noyau vide autour de l'axe des z, ou bien une espèce d'entonnoir formé par la nappe intérieure, suivant que l'on aura

$$l > \mathrm{R} \quad \text{ou} \quad l < \mathrm{R}.$$

299. Cherchons maintenant l'*équation aux différences partielles* des surfaces de révolution, en éliminant la fonction φ de l'équation

$$(17) \quad z + mx + ny = \varphi\left[(x-a)^2 + (y-b)^2 + (z-c)^2\right].$$

Or, si l'on différentie successivement par rapport à x et z, et par rapport à y et z, on obtient

$$p + m = \left[2(x-a) + 2(z-c)p\right] \times \varphi',$$
$$q + n = \left[2(y-b) + 2(z-c)q\right] \times \varphi';$$

puis, en divisant ces dernières équations membre à membre, il vient

$$\frac{p+m}{q+n} = \frac{x-a+p(z-c)}{y-b+q(z-c)}:$$

d'où l'on tire

$$(18) \quad p\left[y-b-n(z-c)\right] - q\left[x-a-m(z-c)\right] = n(x-a) - m(y-b).$$

300. Si l'axe de révolution coïncide avec OZ, nous avons déjà dit (n° 296) que l'on devait annuler m, n, a, b, c; de sorte que l'équation précédente se réduit à

$$py - qx = 0:$$

c'est ce qu'on trouverait immédiatement en différentiant comme ci-dessus la dernière équation du n° 296.

301. On pouvait arriver à ces deux résultats en exprimant que dans cette classe de surfaces, *la normale va toujours rencontrer l'axe de révolution*. Pour justifier cette dernière assertion, il suffit d'observer que, quel que soit le méridien, le

plan tangent dans un point quelconque renferme nécessairement la tangente au parallèle. Or , cette droite étant évidemment perpendiculaire au rayon du parallèle et à l'axe, qui
sont tous deux dans le plan méridien, se trouve donc perpendiculaire à ce plan ; d'où l'on conclut que, dans toute
surface de révolution, *le plan tangent est perpendiculaire
au plan méridien* qui passe par le point de contact. Il en résulte que *la normale sera contenue dans ce plan méridien,*
et, par suite, elle ira rencontrer l'axe de la surface.

Cela posé , la normale à une surface quelconque étant représentée (n° 270) par

$$x' - x + p(z' - z) = 0, \quad y' - y + q(z' - z) = 0,$$

il faudra , pour qu'elle aille rencontrer l'axe des z , que nous
supposons l'axe de révolution, que les équations précédentes
fournissent une même valeur de z' quand on y posera $x' = 0$
et $y' = 0$; or, en égalant les deux valeurs de z' données par
cette hypothèse, on trouve

$$\frac{x}{p} = \frac{y}{q}, \quad \text{ou} \quad py - qx = 0,$$

résultat identique avec l'équation citée au n° 300. On parviendrait semblablement à l'équation (18), en combinant les
équations de la normale avec les suivantes

$$x' - a = m(z' - c), \quad y' - b = n(z' - c),$$

qui ont servi (n° 295) à représenter l'axe de révolution dans
une position quelconque.

302. L'équation (18) aux différences partielles peut servir
à reconnaître si une surface donnée $L = 0$ est de révolution ;
car les valeurs des dérivées p et q , tirées de

$$\frac{dL}{dx} + \frac{dL}{dz} p = 0, \quad \frac{dL}{dy} + \frac{dL}{dz} q = 0,$$

devront vérifier l'équation (18), quelles que soient les coordonnées x , y , z ; par conséquent, il faudra, après cette

substitution, égaler à zéro les coefficiens des diverses puissances de ces coordonnées, ce qui fournira entre les constantes inconnues m, n, a, b, c un certain nombre d'équations, qui devront s'accorder pour que la surface soit de révolution. Cette marche, appliquée à l'équation générale du second degré, ferait retomber sur les conditions que nous avons obtenues autrement dans les nᵒˢ 253 et suivans.

3o3. Lorsqu'au lieu de donner immédiatement la génératrice d'une surface de révolution, c'est-à-dire la courbe MM′ qui est véritablement *la directrice* du cercle mobile, on exige que la surface cherchée soit circonscrite à une surface connue $L = o$, il faut encore commencer par *déterminer la ligne de contact*. Or, en chaque point de cette courbe, le plan tangent sera évidemment commun aux deux surfaces; ainsi les dérivées p et q, déduites de $L = o$, et substituées dans l'équation (18), devront la vérifier, du moins *pour tous les points de cette courbe;* donc, après cette substitution, l'ensemble des équations (18) et $L = o$ représentera complètement la ligne de contact, et, en la prenant pour la directrice de la surface de révolution, on en fera le même usage que des équations $F = o$, $F_t = o$ du nᵒ 295.

Effectuons les calculs pour le cas où l'axe de révolution coïncide avec OZ, et où par conséquent l'équation (18) se réduit à

$$py - qx = o :$$

en y substituant les valeurs de p et de q, tirées de $L = o$ qui donne

$$\frac{dL}{dx} + \frac{dL}{dz} p = o, \quad \frac{dL}{dy} + \frac{dL}{dz} q = o,$$

on obtiendra pour les équations de la ligne de contact

$$L = o, \quad y \frac{dL}{dx} - x \frac{dL}{dy} = o.$$

3o4. Par exemple, dans un ellipsoïde dont les diamètres principaux seraient parallèles aux axes coordonnés, la courbe de contact serait représentée par le système

$$A\,(x-a)^2 + A'\,(y-b)^2 + A''\,(z-c)^2 = 1,$$

$$(A-A')\,xy - Aay + A'bx = 0.$$

Cette ligne serait donc ici à double courbure ; mais si $A=A'$, l'ellipsoïde devient lui-même de révolution, et la dernière équation se réduisant à

$$y = \frac{b}{a}\,x,$$

elle représente un plan passant par l'axe OZ et le diamètre vertical de l'ellipsoïde : par conséquent, la ligne de contact ne sera autre chose qu'un des méridiens de cet ellipsoïde, et en tournant autour de OZ, elle engendrera *une surface annulaire* différente de celle du n° 298.

Si l'on veut achever le calcul, on combinera les équations de ce méridien elliptique

$$A\,(x-a)^2 + A\,(y-b)^2 + A''\,(z-c)^2 = 1, \qquad y = \frac{b}{a}\,x,$$

avec celles d'un parallèle

$$z = \mathfrak{C}, \quad x^2 + y^2 = \alpha,$$

pour en éliminer x, y, z, et l'on trouvera entre α et $\mathfrak{C}$ la relation

$$A\,(\sqrt{\alpha} - D)^2 + A''\,(\mathfrak{C} - c)^2 = 1,$$

dans laquelle nous avons posé $D = \sqrt{a^2 + b^2}$; puis, en y substituant les valeurs de α et $\mathfrak{C}$, il viendra pour l'équation de cette surface annulaire *à méridien elliptique*

$$A\,(D \pm \sqrt{x^2 + y^2})^2 + A''\,(z-c)^2 = 1.$$

305. SURFACES CONOÏDES. On appelle ainsi les surfaces engendrées par *une droite mobile assujettie à rester parallèle à un plan donné, et à s'appuyer constamment sur* UNE DROITE
FIG. 36. *fixe* OA *et sur une courbe quelconque* DM. Nous prendrons

toujours le *plan directeur* pour le plan coordonné XY, et en coupant les deux directrices par divers plans horizontaux, puis joignant par des droites les points de section correspondans C et M, C′ et M′,... on obtiendra autant de positions de la génératrice. La surface sera nécessairement *gauche* (n° 273); car la droite CM, en passant à une position infiniment voisine C′M′, peut être censée glisser sur la tangente TMM′. Ainsi, pour que CM et C′M′ fussent dans un même plan, il faudrait que TM et OA se trouvassent aussi dans un seul plan, circonstance qui ne saurait arriver, du moins pour toutes les tangentes, sans que la courbe DM ne soit tout entière dans un même plan avec OA; mais c'est là une hypothèse qu'il faut évidemment exclure, puisque alors le conoïde se réduirait à un plan unique.

306. Comme la droite OA rencontrera nécessairement le plan directeur XY, nous pouvons placer l'origine des coordonnées à ce point de section (au surplus, pour une origine quelconque, on changera dans le résultat définitif, x et y en $x - h$ et $y - k$); et les deux directrices données seront représentées par les équations suivantes :

$$\text{(OA)} \quad x = mz, \quad y = nz,$$

$$\text{(DM)} \quad F(x, y, z) = 0, \quad F_1(x, y, z) = 0.$$

La génératrice, qui doit être parallèle au plan XY, aura des équations de la forme

$$z = \zeta, \quad y = \alpha x + \gamma;$$

mais d'abord il faut y ajouter une condition qui exprime qu'elle rencontre toujours OA : par conséquent, éliminons x, y, z entre les quatre équations de ces deux droites, et il viendra

$$n\zeta = \alpha m\zeta + \gamma.$$

Cette relation détermine déjà une des trois constantes arbitraires, γ par exemple, en fonction des autres; et si l'on en profite pour éliminer immédiatement ce paramètre, les équations de la génératrice deviendront

$$(CM) \quad z = \mathfrak{C}, \quad y - n\mathfrak{C} = a(x - m\mathfrak{C}).$$

Ensuite, il faut exprimer que cette dernière droite s'appuie constamment sur DM, ce qui s'exécutera en éliminant x, y, z entre les deux dernières équations et celles de DM; et l'on obtiendra ainsi une nouvelle relation

$$\mathfrak{C} = \varphi(\alpha),$$

qu'il faudra joindre aux équations de CM. Enfin, si l'on élimine α et $\mathfrak{C}$ entre ces trois dernières équations, il viendra pour la surface conoïde

$$(19) \quad z = \varphi\left(\frac{y - nz}{x - mz}\right).$$

307. Le conoïde est appelé *droit*, lorsque la directrice *rectiligne* OA se trouve perpendiculaire au plan directeur assigné; alors cette droite OA peut être nommée l'*axe* du conoïde, et puisqu'elle coïncide avec OZ, il suffira de poser $m = 0$ et $n = 0$ dans l'équation générale (19). Mais comme ce cas particulier se présente fréquemment, nous observerons qu'il est plus simple alors de prendre immédiatement les équations de la génératrice sous la forme

$$z = \mathfrak{C}, \quad y = \alpha x,$$

parce qu'ainsi on exprime déjà qu'elle rencontre l'axe OZ du conoïde; il reste donc à écrire qu'elle rencontre aussi la seconde directrice DM, ce qui donnera, comme ci-dessus, une certaine relation

$$\mathfrak{C} = \varphi(\alpha);$$

puis, en éliminant α et $\mathfrak{C}$ entre ces trois équations, on aura pour le conoïde *droit*

$$z = \varphi\left(\frac{y}{x}\right).$$

On doit même remarquer que le conoïde oblique pourrait

aussi être présenté sous cette forme, en prenant la directrice rectiligne OA pour l'axe des z, et traçant à volonté les deux autres axes OX, OY dans le plan directeur; car pour de tels axes *obliques*, les équations de la génératrice seraient encore

$$z = \zeta, \qquad y = ax.$$

308. Prenons pour exemple le conoïde de *la voûte d'arète en tour ronde*, engendré par une horizontale qui s'appuie sur OZ et sur une ellipse BCD, dont le centre est sur OX, et dont les deux diamètres principaux sont parallèles aux axes OY, OZ. En posant OA $= l$, AB $= b$, AC $= c$, les équations de l'ellipse seront

$$x = l, \qquad \frac{y^2}{b^2} + \frac{z^2}{c^2} = 1;$$

en les combinant avec

$$z = \zeta, \qquad y = ax,$$

pour éliminer x, y, z, on obtient la relation

$$\frac{a^2 l^2}{b^2} + \frac{\zeta^2}{c^2} = 1;$$

puis éliminant a et ζ entre les trois dernières équations, il vient

$$\frac{l^2 y^2}{b^2 x^2} + \frac{z^2}{c^2} = 1, \qquad \text{ou} \qquad \frac{c^2 l^2}{b^2} y^2 = x^2 (c^2 - z^2).$$

Lorsque l'on coupera cette surface par divers plans parallèles à YZ, tels que $x = k$, on obtiendra évidemment des ellipses ayant toutes un axe vertical de grandeur constante, et qui deviendront *des cercles* quand on posera $x = \pm \dfrac{cl}{b}$. Si l'on choisit les plans sécans parallèles à XZ, on trouvera des courbes du quatrième degré, faciles à discuter, et qui admettent deux asymptotes parallèles à OX.

309. Dans la voûte d'arète en tour ronde, on adopte sou—

vent pour le *cintre* de la porte (*) , la ligne à double courbure formée en enroulant sur le cylindre vertical du rayon $AO = l$, le plan de l'ellipse BCD , sans altérer la hauteur des divers points de cette courbe. Alors, si l'on compare deux points (x, y, z), (x', y', z) situés à la même hauteur sur l'ellipse et sur le cintre à double courbure, on aura évidemment

$$ x'^2 + y'^2 = l^2, \quad y' = l \sin \frac{y}{l}, \quad y = \frac{b}{c} \sqrt{c^2 - z^2}, $$

attendu que nous comptons les sinus dans le cercle qui a pour rayon l'unité (*voyez* n° 310). Par conséquent, en éliminant l'ancienne coordonnée y, les équations du cintre seront

$$ x'^2 + y'^2 = l^2, \quad y' = l \sin \left(\frac{b}{cl} \sqrt{c^2 - z^2} \right); $$

si donc on les combine , en supprimant les accens, avec

$$ z = \zeta, \qquad y = \alpha x, $$

on obtiendra la relation

$$ \frac{\alpha}{\sqrt{1 + \alpha^2}} = \sin \left(\frac{b}{cl} \sqrt{c^2 - \zeta^2} \right); $$

et enfin , l'élimination de α et ζ entre les trois dernières, donnera pour l'équation du conoïde ,

$$ \frac{y}{\sqrt{x^2 + y^2}} = \sin \left(\frac{b}{cl} \sqrt{c^2 - z^2} \right). $$

Les sections faites dans cette surface, par des cylindres concentriques avec OZ, seraient encore des ellipses enroulées sur ces cylindres, comme on le verra aisément en posant

$$ x^2 + y^2 = \gamma^2. $$

(*) Voyez la *Géométrie descriptive* , n° 630, où nous avons donné aussi les équations des courbes remarquables suivant lesquelles ce conoïde traverse le tore qui recouvre le berceau tournant.

310. Dans l'escalier dit *vis à jour*, lorsque le noyau vide est *circulaire*, la surface inférieure est encore un cônoïde engendré par *une droite horizontale qui s'appuie constamment sur une hélice et sur l'axe vertical du cylindre droit* où est tracée cette courbe. Or, d'après la définition d'une hélice (*), *les ordonnées verticales sont proportionnelles aux abscisses curvilignes comptées sur la base du cylindre*, à partir du point où l'hélice coupe cette base ; si donc on fait passer l'axe OY par ce point, qu'on adopte pour OZ l'axe du cylindre, et que l'on désigne par s l'arc de la base qui répond à un point quelconque (x, y, z) de l'hélice , on aura les relations

$$x^2 + y^2 = \mathrm{R}^2, \quad x = \operatorname{SIN} s, \quad \frac{z}{s} = \frac{h}{2\pi\mathrm{R}},$$

parce qu'en appelant h le *pas* de l'hélice, l'ordonnée $z = h$ doit correspondre à l'abscisse $s = 2\pi\mathrm{R}$. Mais ici s et $\operatorname{SIN} s$ désignent un arc et un sinus comptés dans le cercle du rayon R ; pour les ramener, suivant l'usage, à être mesurés dans le cercle dont le rayon égalerait l'unité, on observera qu'en appelant θ un arc compté dans ce dernier cercle, et semblable à s, on aurait

$$s = \mathrm{R}\theta, \qquad \operatorname{SIN} s = \mathrm{R}\sin\theta = \mathrm{R}\sin\frac{s}{\mathrm{R}};$$

de sorte que les trois équations primitives deviendront

$$x^2 + y^2 = \mathrm{R}^2, \qquad x = \mathrm{R}\sin\frac{s}{\mathrm{R}}, \qquad \frac{z}{s} = \frac{h}{2\pi\mathrm{R}};$$

et si, entre ces dernières, on élimine l'arc s de la base, on aura pour représenter les trois projections de l'hélice ,

$$x^2 + y^2 = \mathrm{R}^2, \quad x = \mathrm{R}\sin\left(\frac{2\pi z}{h}\right), \quad y = \mathrm{R}\cos\left(\frac{2\pi z}{h}\right).$$

(*) Voyez la *Géométrie descriptive*, n° 446 ; et l'épure 126, qui représente *l'hélicoïde gauche* dont il s'agit ici.

De ces équations, deux suffisent toujours; ainsi, en adoptant les premières, et les combinant avec celles de la droite mobile

$$z = \mathcal{C}, \qquad y = \alpha x,$$

nous obtiendrons la relation

$$\frac{1}{\sqrt{1 + \alpha^2}} = \sin\left(2\pi\,\frac{\mathcal{C}}{h}\right);$$

puis éliminant α et $\mathcal{C}$ entre ces trois dernières équations, il viendra, pour la surface de *l'hélicoïde gauche*,

$$\frac{x}{\sqrt{x^2 + y^2}} = \sin\left(2\pi\,\frac{z}{h}\right), \quad \text{ou} \quad \frac{x}{y} = \text{tang}\left(2\pi\,\frac{z}{h}\right).$$

Observons que cette surface rampante est aussi celle qui termine *le filet d'une vis rectangulaire*.

311. Cherchons maintenant *l'équation aux différences partielles* des surfaces conoïdes, afin d'éliminer de l'équation

$$(19) \quad z = \phi\left(\frac{y - nz}{x - mz}\right)$$

la fonction ϕ, qui change avec la forme de la directrice *curviligne;* car quant à la première directrice, elle est de forme invariable, et toujours *rectiligne* dans tous les conoïdes. Différentions donc l'équation (19) d'abord par rapport à x et z, et ensuite par rapport à y et z, et nous aurons

$$p = \frac{-np(x - mz) - (y - nz)(1 - mp)}{(x - mz)^2} \cdot \phi',$$

$$q = \frac{(1 - nq)(x - mz) + mq(y - nz)}{(x - mz)^2} \cdot \phi';$$

puis, en divisant ces résultats l'un par l'autre, la fonction ϕ' disparaît, et il vient

$$\frac{p}{q} = \frac{p(my - nx) - (y - nz)}{q(my - nx) + (x - mz)},$$

d'où l'on tire enfin

$$(20) \qquad p\,(x - mz) + q\,(y - nz) = 0.$$

Lorsqu'on prend la directrice rectiligne pour axe des z, cette équation se réduit à

$$px + qy = 0.$$

312. Quelquefois, au lieu d'assigner la seconde directrice du conoïde, on exige qu'il soit circonscrit à une surface donnée $L = 0$; alors il faut d'abord chercher la ligne de contact par le même principe que nous avons déjà employé dans plusieurs cas semblables (n°ˢ 285 et 292), c'est-à-dire exprimer que l'équation générale (20) est satisfaite par les valeurs des dérivées p et q déduites de $L = 0$. Ainsi, la courbe de contact se trouvera déterminée par le système des deux équations

$$L = 0, \quad (x - mz)\,\frac{dL}{dx} + (y - nz)\,\frac{dL}{dy} = 0,$$

lesquelles tiendront lieu de $F = 0$, $F_{\iota} = 0$, employées n° 306.

313. Si, par exemple, la droite mobile doit s'appuyer sur OZ, et toucher constamment l'ellipsoïde

$$A\,(x - a)^2 + A'y^2 + A''z^2 = 1,$$

la courbe de contact sera représentée par l'équation précédente, jointe à celle-ci,

$$Ax\,(x - a) + A'y^2 = 0;$$

or ce système équivaut au suivant,

$$Ax^2 - Aax + A'y^2 = 0,$$
$$A''z^2 - Aax = 1 - Aa^2.$$

Ainsi la courbe de contact a pour projections une ellipse et une parabole; et il sera aisé maintenant de trouver l'équation du conoïde qui passerait par cette courbe.

14..

314. En terminant ce qui regarde les surfaces déterminées par une seule directrice, nous observerons, que quand
il s'agit de faire passer une de ces surfaces par une courbe
donnée

$$F(x, y, z) = 0, \quad F_{1}(x, y, z) = 0,$$

et que l'on veut partir immédiatement de l'équation générale du n° 279

$$(6) \qquad v = \varphi(u),$$

propre à la famille de surface en question, les quantités
u et v sont alors des groupes connus en x, y, z, et il
s'agit de déterminer la fonction φ de manière que l'équation (6) se trouve vérifiée d'elle-même en y substituant
les valeurs de deux des coordonnées, y et z par exemple,
tirées de $F = 0$ et $F_{1} = 0$. Pour cela, il suffit d'égaler le
groupe u à une quantité unique α, et d'éliminer x, y, z
entre les quatre équations

$$u = \alpha, \quad v = \varphi(\alpha), \quad F = 0, \quad F_{1} = 0;$$

on sera ainsi conduit à une équation de forme connue

$$f[\alpha, \varphi(\alpha)] = 0,$$

qui, si on la résolvait par rapport à $\varphi(\alpha)$, ferait connaître
la manière dont $\varphi(\alpha)$ est composée avec α, et par conséquent
aussi la forme de $\varphi(u)$: mais, sans résoudre l'équation précédente, il n'y aura qu'à y substituer pour α et $\varphi(\alpha)$ leurs
valeurs u et v, et l'on aura pour l'équation de la surface
particulière que l'on cherchait

$$f(u, v) = 0.$$

Au reste, cette marche s'accorde évidemment avec celle
que nous avons prescrit de suivre, au n° 279, dans chaque
exemple particulier.

CHAPITRE XV.

Des Surfaces réglées, gauches ou développables.

3i5. Jusqu'à présent les surfaces que nous avons étudiées n'admettaient qu'une seule directrice, ou si, comme dans les conoïdes, il y avait deux directrices, l'une était de forme constante pour toutes les surfaces de cette famille, et l'autre variait seule avec ces diverses surfaces ; aussi l'équation finie $v = \varphi(u)$ du n° 279 ne renfermait qu'*une fonction arbitraire*, et par suite l'équation aux différences partielles, indépendante de cette fonction, ne s'élevait qu'*au premier ordre*, comme on l'a vu dans les divers exemples précédens. Mais quand on assigne plusieurs directrices, l'équation de la surface renferme un pareil nombre de fonctions, ainsi qu'il résulte de la méthode indiquée n° 278, et l'équation aux différences partielles est d'un ordre élevé, lequel surpasse en général le nombre des fonctions arbitraires ; car s'il s'agit, par exemple, d'une équation où entrent deux fonctions φ et ψ, en différentiant deux fois, on se procurera en tout six équations, qui ne suffiront pas ordinairement pour éliminer φ, φ', φ'' et ψ, ψ', ψ'' ; tandis qu'elles seront suffisantes dans certains cas, suivant la manière dont ces fonctions entreront dans l'équation primitive. C'est ce qui va se vérifier dans les questions suivantes, où nous nous bornerons toutefois à traiter des *surfaces réglées*, c'est-à-dire de celles qui ont pour génératrice une ligne droite.

3i6. DE LA SURFACE GAUCHE *engendrée par une droite qui glisse sur deux directrices quelconques* (D) *et* (D'), *en restant constamment parallèle à un plan fixe.*

Nous regarderons ce plan *directeur* comme étant le plan horizontal des x, y, et, pour construire la surface, nous couperons les courbes (D) et (D') par divers plans horizontaux ; puis en joignant les points de section correspondans par des droites, nous obtiendrons autant de positions MN, M'N' .... de la génératrice. *La surface sera gauche*, en général ; car lorsque la droite mobile passe, en s'appuyant sur les courbes (D) et (D'), de la position MN à la position infiniment voisine M'N', elle peut être censée glisser sur les tangentes MM'T, NN'V, qui ont avec ces courbes un élément de commun. Par conséquent, à moins de supposer que les directrices aient été choisies d'une manière si particulière, que leurs tangentes, pour des points situés à la même hauteur, se trouvent *toujours* deux à deux dans un même plan, il n'arrivera pas non plus que les positions consécutives MN, M'N' ..... de la génératrice puissent remplir cette condition ; ainsi elles formeront une surface gauche (n° 273).

Les conoïdes et le paraboloïde hyperbolique sont évidemment des cas particuliers de ce genre de surface.

317. Les équations de la génératrice seront ici de la forme

$$z = \alpha, \quad y = \mathcal{C}x + \gamma;$$

mais en exprimant que cette droite s'appuie constamment sur les directrices (D) et (D'), on trouvera, comme nous l'avons dit au n° 278, deux relations telles que

$$\Phi (\alpha, \mathcal{C}, \gamma) = 0, \quad \Psi (\alpha, \mathcal{C}, \gamma) = 0,$$

que l'on peut concevoir réduites à la forme

$$\mathcal{C} = \varphi (\alpha), \quad \gamma = \psi (\alpha).$$

Si donc on élimine $\alpha, \mathcal{C}, \gamma$ entre ces dernières équations et celles de la génératrice, on aura pour l'équation générale des surfaces de cette famille

$$(1) \quad y = x\varphi (z) + \psi (z) \quad \text{ou} \quad z = x\varphi_1 (z) + y\psi_1 (z).$$

Cette dernière forme, que l'on déduit aisément de la première, est plus symétrique, mais moins simple par rapport aux calculs qui vont suivre.

318. Pour obtenir l'équation aux différences partielles, indépendantes des fonctions φ et ψ, différentions la formule (1) successivement, par rapport à x et à y; il vient

$$0 = \varphi(z) + x\varphi'(z)p + \psi'(z)p,$$
$$1 = x\varphi'(z)q + \psi'(z)q,$$

d'où l'on conclut, par la division,

$$\frac{p}{q} = -\varphi(z).$$

Comme il est arrivé ici que les fonctions φ', ψ, ψ' sont disparues à la fois, il suffira de descendre jusqu'au second ordre pour éliminer celle qui reste. Si donc, en adoptant les notations habituelles,

$$\frac{d^2z}{dx^2} = r, \qquad \frac{d^2z}{dxdy} = s, \qquad \frac{d^2z}{dy^2} = t,$$

on différentie l'équation du premier ordre, successivement par rapport à x et à y, il viendra

$$\frac{qr - ps}{q^2} = -\varphi'(z)p, \qquad \frac{qs - pt}{q^2} = -\varphi'(z)q;$$

puis, en divisant ces résultats l'un par l'autre, on obtiendra pour l'équation commune à toutes les surfaces de ce genre,

$$(2) \qquad q^2r - 2pqs + p^2t = 0.$$

319. Prenons pour exemple la surface engendrée par une droite mobile qui, demeurant horizontale, s'appuie constamment sur l'ellipse et sur le cercle représentés par

$$(D) \qquad x = h, \qquad \frac{y^2}{b^2} + \frac{z^2}{c^2} = 1,$$

$$(D') \qquad x = k, \qquad y^2 + z^2 = c^2.$$

Si l'on combine les équations de la génératrice

$$z = \alpha, \qquad y = \mathcal{C}x + \gamma,$$

successivement avec celles des deux directrices, on obtiendra
les deux relations

$$\frac{(\mathcal{C}h + \gamma)^2}{b^2} + \frac{\alpha^2}{c^2} = 1, \qquad (\mathcal{C}k + \gamma)^2 + \alpha^2 = c^2,$$

et il s'agira d'éliminer α, $\mathcal{C}$, γ entre les quatre dernières équations; or, si d'abord on élimine α et γ, il vient

$$\mathcal{C}(h - x) + y = \frac{b}{c}\sqrt{c^2 - z^2}, \qquad \mathcal{C}(k - x) + y = \sqrt{c^2 - z^2},$$

d'où il résulte, en éliminant $\mathcal{C}$ entre celles-ci,

$$(3) \quad (h - x)(y - \sqrt{c^2 - z^2}) = (k - x)\left(y - \frac{b}{c}\sqrt{c^2 - z^2}\right).$$

Cela posé, si l'on conserve aux radicaux des deux membres
le même signe, ce sera exprimer que la droite mobile glisse
sur les deux courbes, en passant toujours par deux points
situés *d'un même côté* du plan XZ ; car ces radicaux sont les
valeurs de l'ordonnée y dans les deux courbes ; alors l'équation (3) se réduit à

$$(h - k)\,cy = [(b - c)\,x + ch - bk]\sqrt{c^2 - z^2},$$

qui représente le même conoïde que nous avons déjà considéré n° 308. En effet, on doit apercevoir qu'ici toutes les génératrices iront percer le plan XZ en des points situés sur une
même verticale placée en dehors des deux courbes ; par conséquent, la question peut être réduite à faire glisser la génératrice sur cette verticale et sur l'ellipse.

Lorsqu'on adoptera des signes différens pour les radicaux
de l'équation (3), elle conduira encore à un conoïde analogue, mais dont l'axe sera entre les deux courbes, parce
qu'alors on exprimera que la génératrice traverse le plan XZ
entre les deux points où elle s'appuie sur les directrices.

Observons que si avant d'éliminer ζ, on n'eût pas résolu les deux équations qui contenaient cette indéterminée, on serait tombé sur une équation du huitième degré, qu'il aurait fallu ensuite décomposer en deux facteurs, pour y reconnaître les deux surfaces *distinctes* que nous venons de signaler.

320. DE LA SURFACE GAUCHE *engendrée par une droite assujettie à glisser sur trois directrices quelconques* (D), (D'), (D'').

Observons d'abord que le mouvement de la génératrice est complètement réglé par ces conditions. En effet, si, après avoir pris sur la première courbe (D) un point quelconque M, Fig. 33. on imagine deux cônes ayant ce point pour sommet commun, et pour bases, l'un la courbe (D') l'autre la courbe (D''), ces deux surfaces coniques ne pourront se couper que suivant *une ou plusieurs droites*, qui satisferont évidemment à la condition de s'appuyer sur les trois directrices; et pour chaque point M', M''..., pris sur la courbe (D), on obtiendra des résultats analogues. Cela posé, si, parmi toutes ces droites, on ne considère d'abord que celles qui se rapportent à une même *nappe* de la surface, c'est-à-dire qui passent par des points voisins les uns des autres sur chaque directrice, on reconnaîtra que le mouvement de la génératrice, en glissant du point M aux points M', M''....., est unique et complètement déterminé.

321. La surface ainsi obtenue *sera gauche* en général; car lorsque la génératrice passe de la position AMNR à la position infiniment voisine A'M'N'R', elle peut être regardée comme glissant sur les trois tangentes MT, NV, RU, qui ont chacune un élément de commun avec la directrice correspondante; ainsi, à moins de supposer que ces directrices aient été choisies d'une manière si particulière, que pour chaque système de points (M, N, R), (M', N', R').... , situés en ligne droite, les trois tangentes sont toujours dans un même plan, il n'arrivera pas non plus que les génératrices consécutives AM et A'M' remplissent cette condition, et par suite la surface sera gauche (n° 273).

L'hyperboloïde à une nappe est évidemment un cas très particulier des surfaces dont nous nous occupons; c'est celui où les trois directrices sont rectilignes. (*Voyez* n° 149.)

322. Dans le cas général, la génératrice n'ayant à remplir d'autre condition *commune* à toutes les surfaces de cette famille, que d'être rectiligne, ses équations contiendront quatre paramètres arbitraires, et seront de la forme

$$x = \alpha z + \gamma, \qquad y = \mathcal{C} z + \delta;$$

mais il faudra y joindre les conditions propres à exprimer que cette droite a toujours un point de commun avec chacune des directrices (D), (D'), (D"), ce qui fournira, comme nous l'avons vu n° 278, trois relations entre α, $\mathcal{C}$, γ, δ, lesquelles peuvent être censées ramenées à la forme

$$\mathcal{C} = \varphi(\alpha), \quad \gamma = \psi(\alpha), \quad \delta = \pi(\alpha);$$

puis il resterait à éliminer α, $\mathcal{C}$, γ, δ entre les cinq équations précédentes. Or, si d'abord on substitue pour $\mathcal{C}$, γ, δ leurs valeurs, il vient

$$(4) \quad x = \alpha z + \psi(\alpha), \qquad (5) \quad y = z\varphi(\alpha) + \pi(\alpha);$$

et quant à α, on ne peut l'éliminer sans déterminer la forme des fonctions, c'est-à-dire sans particulariser les directrices (D), (D'), (D"); de sorte que pour conserver au résultat toute sa généralité, et le rendre applicable aux diverses surfaces de cette famille, il faut garder *le système des deux équations* (4) et (5), en y considérant α comme une indéterminée qu'on devra éliminer plus tard, quand la forme des fonctions aura été fixée dans chaque exemple. Au surplus, il est évident que, sous ce point de vue, le système (4) et (5), équivaut à une seule équation en x, y, z.

323. Si l'on voulait obtenir l'équation aux différences partielles, indépendante des directrices, il faudrait, en différentiant le système (4) et (5), se procurer assez d'équations pour pouvoir éliminer α, φ, ψ, π et leurs dérivées successives. On y parviendrait ici en descendant seulement jusqu'au

troisième ordre ; mais comme le résultat est assez compliqué, et que nous n'aurions pas l'occasion d'en faire usage, nous renverrons à l'*Analyse appliquée de* MONGE, où cet auteur parvient au même résultat par d'autres considérations.

324. Prenons pour exemple la surface de la petite voûte que l'on nomme *le Biais passé*. Sur les côtés opposés d'un parallélogramme horizontal ABDC, on a décrit deux demi- Fɪɢ. 38. cercles verticaux, et l'on assujettit une droite mobile MNP à glisser sur ces deux circonférences et sur la ligne OY menée par le centre du parallélogramme, perpendiculairement aux plans des cercles. Si l'on prend pour axes cette directrice rectiligne OY, la verticale OZ et la droite OX perpendiculaire aux deux premières, les équations des trois directrices seront

$$x = 0, \qquad z = 0,$$
$$y = -b, \qquad (x-a)^2 + z^2 = R^2,$$
$$y = +b, \qquad (x+a)^2 + z^2 = R^2.$$

La génératrice aurait, dans ses équations, quatre constantes arbitraires ; mais si, pour abréger les calculs, nous représentons immédiatement cette droite par

$$(6) \quad x = \alpha(y - \mathcal{C}), \qquad (7) \quad z = \gamma(y - \mathcal{C}),$$

on voit qu'elle remplit déjà la condition de rencontrer l'axe OY, et l'un des paramètres se trouve par là éliminé de suite. Il reste à exprimer que cette droite mobile s'appuie sur chacune des circonférences, ce qui fournira les relations

$$(8) \quad [\alpha(b + \mathcal{C}) + a]^2 + \gamma^2(b + \mathcal{C})^2 = R^2,$$
$$(9) \quad [\alpha(b - \mathcal{C}) + a]^2 + \gamma^2(b - \mathcal{C})^2 = R^2,$$

lesquelles donnent, par la soustraction,

$$\mathcal{C}(b\alpha^2 + a\alpha + b\gamma^2) = 0.$$

On pourrait satisfaire à cette condition par $\mathcal{C} = 0$; mais cette hypothèse exprimerait que la droite (6) et (7) passe constamment par l'origine, et décrit un cône en s'appuyant sur la moitié *supérieure* d'un des cercles, et sur la moitié *inférieure* de l'autre. Or, cette manière de remplir les conditions analytiques du problème ne saurait convenir à la voûte en question ; c'est pourquoi nous supprimerons le facteur $\mathfrak{C} = 0$, qui, combiné avec (6), (7) et (8), ferait tomber sur l'équation de ce cône oblique, et nous garderons seulement la relation

$$(10) \qquad \alpha^2 + \gamma^2 + \frac{a\alpha}{b} = 0,$$

en vertu de laquelle la formule (8) se réduit à

$$(11) \qquad (b^2 - \mathfrak{C}^2)\, a\alpha = b\,(\mathrm{R}^2 - a^2).$$

Cela posé, il s'agit d'éliminer α, $\mathfrak{C}$, γ entre les deux relations (10), (11) et les équations de la droite mobile. Or, si de ces dernières on tire α et γ pour les substituer dans (10), on trouvera

$$\mathfrak{C} = \gamma + \frac{b\,(x^2 + z^2)}{ax}, \qquad \alpha = -\frac{ax^2}{b\,(x^2 + z^2)},$$

et enfin, ces valeurs de α et de $\mathfrak{C}$, transportées dans (11), donneront pour l'équation de la surface

$$\left[\gamma + \frac{b\,(x^2 + z^2)}{ax}\right]^2 - b^2 = b^2\,(\mathrm{R}^2 - a^2)\left(\frac{x^2 + z^2}{a^2 x^2}\right),$$

ou bien

$$(12) \qquad [axy + b\,(x^2 + z^2)]^2 = b^2\mathrm{R}^2 x^2 + b^2\,(\mathrm{R}^2 - a^2)\,z^2.$$

Cette surface, qui est nécessairement gauche, a pour centre l'origine actuelle des coordonnées, puisque son équation ne renferme que des termes de *degré pair* ; et d'ailleurs le plan des (x, y) est *un plan principal*. Les sections faites par les plans coordonnés sont faciles à discuter.

325. En considérant seulement les projections sur le plan

XY, des droites MNP, M'N'P'..., elles se couperont nécessairement, et formeront, par leurs intersections consécutives, un polygone dont la limite sera une courbe, *enveloppe* de toutes ces droites, et touchée par chacune d'elles. Pour obtenir cette courbe, on joindra d'abord à l'équation

$$(6) \qquad x = \alpha\,(y - \mathfrak{C})$$

la relation trouvée précédemment,

$$(11) \qquad (b^2 - \mathfrak{C}^2)a\alpha = b(R^2 - a^2)\,;$$

et en éliminant une des constantes α, $\mathfrak{C}$, on aura pour la projection d'une quelconque des génératrices

$$(13) \qquad y - \mathfrak{C} = \frac{a\,(b^2 - \mathfrak{C}^2)}{b\,(R^2 - a^2)}\,x\,;$$

de sorte qu'en attribuant ici à $\mathfrak{C}$ diverses valeurs arbitraires, on pourrait construire autant de positions de la droite mobile, sur le plan XY. Cela posé, on sait (*voyez* n° 340) que pour obtenir la courbe formée par les intersections consécutives de toutes ces droites indéfiniment rapprochées, il faut différentier l'équation (13) par rapport au seul paramètre variable $\mathfrak{C}$, ce qui donne

$$1 = \frac{2a\mathfrak{C}x}{b\,(R^2 - a^2)}\,;$$

puis éliminer $\mathfrak{C}$ entre ce résultat et l'équation (13), ce qui conduit à

$$(14) \qquad x^2 - \frac{(R^2 - a^2)}{ab}\,xy + \frac{(R^2 - a^2)^2}{4a^2} = 0,$$

équation d'une hyperbole dont l'axe OY est une des asymptotes.

326. LES SURFACES DÉVELOPPABLES sont encore des surfaces réglées (n° 274), mais pour lesquelles *deux positions consécutives de la génératrice se trouvent toujours dans un même plan;* et cette condition est cause que deux directrices (D) Fig. 34.

et (D′) suffisent (*) pour régler le mouvement de la génératrice rectiligne. En effet, soient

$$(D) \qquad x = \varphi(z), \quad y = \Phi(z),$$

$$(D') \qquad x = \psi(z), \quad y = \Psi(z),$$

les équations de ces deux courbes. Si l'on prend sur la première un point quelconque M, pour lequel $z = \alpha$, et sur la
seconde un point arbitraire N, pour lequel $z = \zeta$, la droite
MN sera représentée par.

$$(15) \qquad x - \varphi(\alpha) = \frac{\varphi(\alpha) - \psi(\zeta)}{\alpha - \zeta}(z - \alpha),$$

$$(16) \qquad y - \Phi(\alpha) = \frac{\Phi(\alpha) - \Psi(\zeta)}{\alpha - \zeta}(z - \alpha);$$

mais pour qu'elle soit une génératrice de la surface développ-
pable, il faut choisir le point N *de manière que la tangente*
NV *se trouve dans un même plan avec* MT, parce qu'alors la
droite MN, en passant à la position infiniment voisine M′N′,
pourra être censée glisser sur ces tangentes, et restera ainsi
dans un même plan. Or, les équations des tangentes aux
points M et N sont (n° 265)

$$(MT) \quad x - \varphi(\alpha) = \varphi'(\alpha)(z - \alpha), \quad y - \Phi(\alpha) = \Phi'(\alpha)(z - \alpha),$$

$$(NV) \quad x - \psi(\zeta) = \psi'(\zeta)(z - \zeta), \quad y - \Psi(\zeta) = \Psi'(\zeta)(z - \zeta);$$

et pour que ces droites se rencontrent, il faut (n° 25) poser
la condition

$$(17) \quad \frac{\varphi(\alpha) - \alpha\varphi'(\alpha) - \psi(\zeta) + \zeta\psi'(\zeta)}{\varphi'(\alpha) - \psi'(\zeta)} = \frac{\Phi(\alpha) - \alpha\Phi'(\alpha) - \Psi(\zeta) + \zeta\Psi'(\zeta)}{\Phi'(\alpha) - \Psi'(\zeta)}.$$

Ainsi cette relation détermine ζ en fonction de α, c'est-à-dire
le point N qui correspond à chaque position arbitraire de M
sur la courbe (D). Par conséquent, si entre les équations

(*) Quant à la construction graphique de ces génératrices, voyez la *Géo-
metrie descriptive*, n° 180.

(15), (16), (17) on élimine α et ε, on obtiendra l'équation de la surface développable. Cette élimination ne pourra, il est vrai, s'effectuer que dans chaque exemple où l'on aura assigné la forme des courbes, (D), (D'); et pour représenter *généralement* la surface développable, il faudrait garder le système des trois équations (15), (16), (17), lequel est assez compliqué : mais nous avons voulu seulement montrer que *deux directrices suffisaient ici*, et nous allons parvenir à un système général plus simple que le précédent.

327. Puisque dans toute surface développable les génératrices forment, par leurs intersections successives (n° 275), une courbe $mm'm''$,.... nommée *arète de rebroussement*, et Fig. 34. à laquelle toutes ces droites sont tangentes, on peut toujours regarder une surface de ce genre comme engendrée par *une droite mobile qui reste constamment tangente à une certaine courbe fixe*. Soient donc

$$x = \varphi(z), \quad y = \psi(z),$$

les équations de cette arète de rebroussement. Une de ses tangentes, dont le point de contact répond à $z = \alpha$, sera représentée (n° 265) par

$$(18) \quad x - \varphi(\alpha) = \varphi'(\alpha)(z - \alpha),$$
$$(19) \quad y - \psi(\alpha) = \psi'(\alpha)(z - \alpha);$$

donc, en éliminant α entre ces deux équations, on obtiendrait celle de la surface, lieu de toutes les tangentes : mais cette élimination ne pouvant encore s'effectuer qu'en particularisant les fonctions φ et ψ ou les courbes D et D', on gardera le système (18) et (19) pour représenter toutes les surfaces développables, en considérant α, dans la première équation, comme une fonction de x et de y, déterminée par la seconde.

328. Cette forme permet d'arriver aisément à l'équation aux différences partielles; car si l'on différentie chacune des équations (18) et (19), successivement par rapport à x et à

y, en se rappelant que la valeur de u, qui devrait être tirée de l'une et substituée dans l'autre, serait une fonction de x et de y, on obtiendra

$$ - \varphi'(u)\frac{du}{dx} = \varphi'(\alpha)\left(p - \frac{d\alpha}{dx}\right) + \varphi''(\alpha)(z - \alpha)\frac{d\alpha}{dx}, $$

$$ - \varphi'(\alpha)\frac{d\alpha}{dy} = \varphi'(\alpha)\left(q - \frac{d\alpha}{dy}\right) + \varphi''(\alpha)(z - \alpha)\frac{d\alpha}{dy}, $$

$$ - \psi'(\alpha)\frac{d\alpha}{dx} = \psi'(\alpha)\left(p - \frac{d\alpha}{dx}\right) + \psi''(\alpha)(z - \alpha)\frac{d\alpha}{dx}, $$

$$ - \psi'(\alpha)\frac{d\alpha}{dy} = \psi'(\alpha)\left(q - \frac{d\alpha}{dy}\right) + \psi''(\alpha)(z - \alpha)\frac{d\alpha}{dy}. $$

Mais, en supprimant les termes qui se détruisent dans les deux membres de ces équations, et éliminant $(z - \alpha)\dfrac{d\alpha}{dx}$ entre la première et la troisième, puis $(z - \alpha)\dfrac{d\alpha}{dy}$ entre la deuxième et la quatrième, on obtiendra évidemment deux résultats de la forme

$$ p = f(\alpha), \quad q = f_{\prime}(\alpha), $$

c'est-à-dire où les variables x, y, z n'entrent pas explicitement. Maintenant l'élimination de α peut s'effectuer, et elle conduit évidemment à

$$ (20) \quad p = \pi(q), $$

qui est l'équation aux différences partielles *du premier ordre* des surfaces développables, et où il n'entre plus qu'une seule fonction arbitraire dépendante de la forme des directrices ou de l'arête de rebroussement.

Enfin, pour faire disparaître cette dernière trace de la surface particulière, différentions l'équation (20) successivement par rapport à x et à y, et il viendra

$$ r = \pi'(q)\,.\,s, \quad s = \pi'(q)\,.\,t; $$

puis en divisant ces résultats l'un par l'autre, on éliminera tout ce qui dépend de la fonction π, et l'on aura

$$(21) \quad rt - s^2 = 0,$$

pour *l'équation aux différences partielles du second ordre*, commune à toutes les surfaces développables.

329. Prenons pour exemple *l'héliçoïde développable* engendré par une droite mobile qui reste constamment tangente à une hélice donnée. En disposant les axes comme dans le n° 310, cette courbe aura pour projections

$$x = \mathrm{R} \sin\left(\frac{2\pi z}{h}\right), \qquad y = \mathrm{R} \cos\left(\frac{2\pi z}{h}\right);$$

et la tangente au point quelconque $z = \alpha$, sera représentée par les équations (18) et (19) du n° 327, lesquelles deviennent ici

$$x - \mathrm{R} \sin\left(\frac{2\pi\alpha}{h}\right) = + \frac{2\pi\mathrm{R}}{h} \cos\left(\frac{2\pi\alpha}{h}\right) \cdot (z - \alpha),$$

$$y - \mathrm{R} \cos\left(\frac{2\pi\alpha}{h}\right) = - \frac{2\pi\mathrm{R}}{h} \sin\left(\frac{2\pi\alpha}{h}\right) \cdot (z - \alpha).$$

Il s'agit donc d'éliminer α entre ces deux équations, pour obtenir le lieu de toutes les tangentes à l'hélice. Or, si on les multiplie respectivement par le sinus et le cosinus qui y entrent, et qu'ensuite on les ajoute, on aura

$$x \sin\left(\frac{2\pi\alpha}{h}\right) + y \cos\left(\frac{2\pi\alpha}{h}\right) = \mathrm{R};$$

d'ailleurs, en élevant chaque membre au carré, et faisant la somme, il vient, en ayant égard à la relation précédente,

$$x^2 + y^2 - \mathrm{R}^2 = \frac{4\pi^2\mathrm{R}^2}{h^2} (z - \alpha)^2.$$

Maintenant, il est facile de tirer α de cette dernière équation, et en substituant dans l'autre on obtient, pour l'héliçoïde développable,

$$x\sin\left(\frac{2\pi z}{h}+\frac{\sqrt{x^2+y^2-R^2}}{R}\right)+y\cos\left(\frac{2\pi z}{h}+\frac{\sqrt{x^2+y^2-R^2}}{R}\right)=R\,;$$

équation qui peut être résolue par rapport à z, et ramenée à
la forme

$$2\pi R\frac{z}{h}+\sqrt{x^2+y^2-R^2}=R\ \text{arc tang}\ \frac{xy+R\sqrt{x^2+y^2-R^2}}{R^2-x^2}\,.$$

On voit, d'après le radical qui y rentre, que la surface
n'aura aucun point dans l'intérieur du cylindre sur lequel est
tracée l'hélice, et qu'ainsi cette courbe est bien *une arête de
rebroussement* pour les deux nappes de la surface, formées
par les tangentes et par leurs prolongemens. La trace de la
surface sur le plan des xy est donnée par l'équation

$$x\sin\frac{\sqrt{x^2+y^2-R^2}}{R}+y\cos\frac{\sqrt{x^2+y^2-R^2}}{R}=R,$$

où l'on reconnaît la spirale, *développante* du cercle, en remarquant que cette équation exprime que les coordonnées
x,y, d'un point de la spirale, étant projetées sur le rayon
qui aboutit au point où le cercle est touché par la projection
de la tangente à l'hélice, font une somme égale à ce rayon.
Pour étudier davantage cette surface intéressante, nous renverrons à *la Géométrie descriptive*, n°s 456....467.

330. Il est une troisième manière d'exprimer la génération
des surfaces développables; car puisque deux génératrices infiniment voisines comprennent toujours entre elles un *élément superficiel* qui est *plan* (n° 276) et indéfiniment étendu
dans sa longueur, on peut regarder ces élémens comme faisant partie des positions successives que prendrait *un plan
mobile assujetti à se mouvoir suivant une certaine loi*. Cette
loi variera avec chaque surface développable particulière;
mais pour qu'elle règle complètement le mouvement du plan
et ne donne pas lieu à une infinité de surfaces, il faudra toujours (n° 278) que cette loi ne laisse qu'*un seul paramètre*

arbitraire dans l'équation du plan mobile. Par exemple, on pourra exiger que ce plan soit constamment normal à une courbe donnée

$$x = f(z), \qquad y = F(z);$$

alors en prenant sur cette courbe un point pour lequel $z = \gamma$, l'équation du plan sera de la forme

$$z - \gamma = A\,[x - f(\gamma)] + B\,[y - F(\gamma)];$$

puis, comme il devra être perpendiculaire à la tangente au point γ, on aura les conditions

$$A = f'(\gamma), \qquad B = F'(\gamma);$$

de sorte qu'il ne restera dans son équation qu'une seule constante arbitraire γ.

De même, si le plan mobile devait toucher à la fois les deux surfaces

$$F_1\,(x_1,\ y_1,\ z_1) = 0, \qquad F_2\,(x_2,\ y_2,\ z_2) = 0,$$

pour lesquelles nous désignerons par p_1, q_1 et p_2, q_2 les expressions des dérivées $\dfrac{dz}{dx}$, $\dfrac{dz}{dy}$, l'équation de ce plan aurait d'abord la forme

$$z - z_1 = p_1(x - x_1) + q_1(y - y_1);$$

mais pour qu'il touche aussi la seconde surface, c'est-à-dire pour qu'il coïncide avec le plan tangent au point inconnu x_2, y_2, z_2, il faudra y joindre les conditions

$$z_1 - p_1 x_1 - q_1 y_1 = z_2 - p_2 x_2 - q_2 y_2,$$

$$p_1 = p_2, \qquad q_1 = q_2;$$

de sorte que si, entre les six équations précédentes, on élimine cinq des quantités inconnues x_1, y_1, z_1, x_2, y_2, z_2, il restera une équation de la forme

$$z = Ax + By + D,$$

où tous les coefficiens seront des fonctions connues de là seule indéterminée x_1, par exemple ; et en attribuant à celle-ci diverses valeurs arbitraires, on obtiendra autant de plans qui toucheront à la fois les deux surfaces.

On trouverait d'une manière semblable, et encore plus aisément, l'équation d'un plan qui devrait toucher constamment une surface unique, mais le long d'une courbe assignée d'avance.

331. Dans ces trois exemples, et dans tous les cas où le plan mobile ne pourra varier qu'en vertu d'un seul paramètre arbitraire, les positions successives qu'il prendra pour des valeurs très voisines de ce paramètre, se couperont consécutivement suivant des droites qui, deux à deux, *se trouveront évidemment dans un même plan :* ces droites formeront donc ainsi une surface développable, *touchée* par tous les plans individuels, et qui sera leur *enveloppe ;* en effet, elle aura avec chacun d'eux un élément superficiel de commun.

332. Or, puisque dans l'équation du plan mobile

$$z = Ax + By + D,$$

les trois coefficiens seront des fonctions d'un seul paramètre arbitraire, tel que γ ou x_1, dans les exemples précédens, si l'on pose un de ces coefficiens $D = \alpha$, les deux autres, A et B, deviendront des fonctions connues de l'indéterminée α ; par conséquent, l'équation du plan mobile qui engendre une surface développable, pourra toujours être présentée sous la forme générale

$$(22) \quad z = \alpha + x\varphi(\alpha) + y\psi(\alpha).$$

Cela posé, pour obtenir la génératrice de la surface, c'est-à-dire (n° 331) l'intersection de deux positions infiniment voisines du plan mobile, il faut combiner l'équation (22) avec celle qu'on en déduirait, en y remplaçant α par $\alpha + d\alpha$; or, comme par là le second membre augmenterait de sa différentielle relative à α seul, il est manifeste que l'ensemble des

deux équations dont nous parlons , équivaut aux deux suivantes :

$$(22) \qquad z = \alpha + x\varphi(\alpha) + y\psi(\alpha),$$

$$(23) \qquad 0 = 1 + x\varphi'(\alpha) + y\psi'(\alpha).$$

Ce système représentera donc telle ou telle génératrice rectiligne de la surface, selon la valeur particulière qu'on voudra
donner à α; et par conséquent l'équation de la surface s'obtiendra en éliminant α entre (22) et (23). Mais comme cette
élimination ne pourrait s'effectuer sans fixer la forme des
fonctions φ et ψ, c'est-à-dire sans particulariser la surface
développable, on conserve, pour représenter généralement
toute cette famille de surfaces, le système des équations (22)
et (23), en regardant α, dans la première, comme une fonction de x et de y, déterminée par la seconde.

333. Si l'on veut parvenir à *l'arête de rebroussement* (n° 275),
qui est le lieu des intersections des génératrices consécutives,
on combinera la droite (22) et (23), où α sera alors *une constante arbitraire*, avec la droite qui en est infiniment voisine,
et qui s'en déduit par le changement de α en $\alpha + d\alpha$; on
obtiendrait ainsi quatre équations dont l'ensemble se réduit
aux trois suivantes :

$$(22) \qquad z = \alpha + x\varphi(\alpha) + y\psi(\alpha),$$

$$(23) \qquad 0 = 1 + x\varphi'(\alpha) + y\psi'(\alpha),$$

$$(24) \qquad 0 = \quad x\varphi''(\alpha) + y\psi''(\alpha).$$

De sorte que, pour chaque valeur attribuée à α, ces trois
équations feraient connaître les coordonnées x, y, z, du
point où la génératrice correspondante à cette valeur de α est
coupée par la génératrice consécutive; d'où il résulte qu'en
éliminant α du système (22), (23), (24), on aura en x, y, z,
l'équation du lieu de tous les points de section analogues,
c'est-à-dire l'équation de l'arête de rebroussement de la
surface.

334. On retrouve très simplement l'équation aux différences

particlles des surfaces développables, en partant du système

$$(22) \quad z = \alpha + x\varphi(\alpha) + y\psi(\alpha),$$

$$(23) \quad o = 1 + x\varphi'(\alpha) + y\psi'(\alpha),$$

qui les représente toutes, pourvu que dans la première de ces équations, α soit censé *une fonction* de x et y, déduite de la seconde. En effet, si nous différentions, sous ce point de vue, l'équation (22), tour à tour par rapport à x et à y, nous aurons

$$p = \frac{d\alpha}{dx} + \varphi(\alpha) + x\varphi'(\alpha)\frac{d\alpha}{dx} + y\psi'(\alpha)\frac{d\alpha}{dx},$$

$$q = \frac{d\alpha}{dy} + x\varphi'(\alpha)\frac{d\alpha}{dy} + \psi(\alpha) + y\psi'(\alpha)\frac{d\alpha}{dy};$$

mais en vertu de la relation (23), ces deux équations se réduisent à

$$p = \varphi(\alpha), \quad q = \psi(\alpha):$$

d'où l'on conclura, comme au n° 328,

$$p = \pi(q), \quad \text{puis} \quad rt - s^2 = o.$$

335. On a vu, en Géométrie descriptive, que, pour déterminer le contour de *l'ombre* et de *la pénombre* sur un corps opaque éclairé par un corps lumineux, il fallait trouver une surface développable qui fût circonscrite à ces deux corps, et dont une des nappes les touchât extérieurement, et l'autre intérieurement. La solution analytique de ce problème est renfermée dans la méthode employée n° 330 pour trouver un plan tangent à deux surfaces; car si l'on reprend les six équations

$$F_1(x_1, y_1, z_1) = o, \quad F_2(x_2, y_2, z_2) = o,$$

$$z_1 - p_1 x_1 - q_1 y_1 = z_2 - p_2 x_2 - q_2 y_2,$$

$$p_1 = p_2, \quad q_1 = q_2,$$

$$z - z_1 = p_1(x - x_1) + q_1(y - y_1),$$

et qu'on substitue dans la dernière les valeurs de cinq des

coordonnées, elle prendra la forme

$$(\text{P}) \quad z = x\varphi(x_{\scriptscriptstyle 1}) + y\psi(x_{\scriptscriptstyle 1}) + \pi(x_{\scriptscriptstyle 1}),$$

qui représente un plan tangent aux deux surfaces à la fois, mais dont la position dépend de l'arbitraire $x_{\scriptscriptstyle 1}$: alors, sans qu'il soit besoin de ramener cette équation à la forme (22), on la différentiera par rapport au paramètre $x_{\scriptscriptstyle 1}$, et en éliminant cette indéterminée entre les équations

$$\text{P} = 0, \quad \frac{d(\text{P})}{dx_{\scriptscriptstyle 1}} = 0,$$

on obtiendra la surface développable demandée, qui, par son intersection avec les plans ou surfaces environnantes, donnerait *l'ombre portée* par le corps opaque. Mais s'il s'agit seulement de trouver sur ce dernier corps les lignes qui séparent la pénombre de l'ombre pure et de la partie éclairée, c'est-à-dire les courbes suivant lesquelles ce corps est touché par les deux nappes de la surface développable, il suffira d'éliminer $x_{\scriptscriptstyle 2}$, $y_{\scriptscriptstyle 2}$, $z_{\scriptscriptstyle 2}$ entre les cinq premières équations citées plus haut, et l'on obtiendra pour les deux équations de la courbe de contact,

$$f(x_{\scriptscriptstyle 1}, y_{\scriptscriptstyle 1}, z_{\scriptscriptstyle 1}) = 0, \quad \text{F}_{\scriptscriptstyle 1}(x_{\scriptscriptstyle 1}, y_{\scriptscriptstyle 1}, z_{\scriptscriptstyle 1}) = 0.$$

336. On pourrait aussi résoudre le problème des ombres, en cherchant directement une droite tangente aux deux surfaces

$$\text{F}_{\scriptscriptstyle 1}(x_{\scriptscriptstyle 1}, y_{\scriptscriptstyle 1}, z_{\scriptscriptstyle 1}) = 0, \quad \text{F}_{\scriptscriptstyle 2}(x_{\scriptscriptstyle 2}, y_{\scriptscriptstyle 2}, z_{\scriptscriptstyle 2}) = 0.$$

Cette droite, passant par deux points situés respectivement sur ces surfaces, aura des équations de la forme

$$x - x_{\scriptscriptstyle 1} = \frac{x_{\scriptscriptstyle 1} - x_{\scriptscriptstyle 2}}{z_{\scriptscriptstyle 1} - z_{\scriptscriptstyle 2}}(z - z_{\scriptscriptstyle 1}), \quad y - y_{\scriptscriptstyle 1} = \frac{y_{\scriptscriptstyle 1} - y_{\scriptscriptstyle 2}}{z_{\scriptscriptstyle 1} - z_{\scriptscriptstyle 2}}(z - z_{\scriptscriptstyle 1});$$

mais elle doit être contenue dans le plan tangent au point $x_{\scriptscriptstyle 1}$, $y_{\scriptscriptstyle 1}$, $z_{\scriptscriptstyle 1}$: par conséquent (n° 44), on aura la condition

$$(x_{\scriptscriptstyle 1} - x_{\scriptscriptstyle 2})p_{\scriptscriptstyle 1} + (y_{\scriptscriptstyle 1} - y_{\scriptscriptstyle 2})q_{\scriptscriptstyle 1} = z_{\scriptscriptstyle 1} - z_{\scriptscriptstyle 2}.$$

On en obtiendrait une semblable pour exprimer que cette droite est tangente à la seconde surface ; mais il est essentiel d'observer que cela ne suffirait pas pour que la surface, lieu des positions de cette droite mobile, fût développable : car cette ligne, quoique toujours tangente aux deux surfaces, pourrait ne pas rester dans un même plan en passant d'une position à une autre infiniment voisine ; au lieu que toutes ces conditions seront remplies si nous exprimons que le plan tangent au point x_2, y_2, z_2, coïncide avec le premier plan tangent, et pour cela il suffit, d'après les relations déjà admises, de poser

$$p_2 = p_1, \qquad q_2 = q_1.$$

Alors, si entre les sept équations précédentes on élimine les six coordonnées x_1, y_1, z_1, x_2, y_2, z_2 des points de contact, on obtiendra l'équation de la surface développable demandée; on voit aussi ce qu'il faudrait faire pour trouver la courbe de contact de cette surface avec une des deux proposées.

Si l'on applique au cas de deux sphères quelconques la méthode précédente, ou bien celle du n° 335, on trouvera que, dans cet exemple simple, les deux surfaces développables circonscrites extérieurement et intérieurement, se réduisent à deux cônes droits, et que les courbes de contact avec une des sphères sont deux petits cercles perpendiculaires à la droite qui réunit les centres de ces deux sphères.

337. DES ENVELOPPES. Les surfaces développables, considérées (n° 331) comme l'enveloppe des diverses positions d'un plan mobile ne sont qu'un cas particulier des surfaces auxquelles *Monge* a donné le nom général d'*enveloppes*, et sur lesquelles nous allons ajouter quelques notions succinctes.

Lorsque dans une équation unique

$$(25) \quad F(x, y, z, \alpha) = 0,$$

il entre une constante arbitraire α qui peut recevoir toutes les valeurs de 0 à $\pm\infty$, l'équation proposée représente une infinité de surfaces appartenant à *une même famille*, et qui, ordinairement, se couperont consécutivement pour des valeurs de α assez rapprochées les unes des autres. En considérant donc deux de ces surfaces individuelles correspondantes aux valeurs quelconques, mais voisines, α et $\alpha + h$, la courbe d'intersection serait donnée par la combinaison des équations

$$F (x, y, z, \alpha) = 0,$$

$$F (x, y, z, \alpha + h) = 0 = F + \frac{dF}{d\alpha} h + \frac{d^2F}{d\alpha^2} \frac{h^2}{2} + \cdots ;$$

mais ce système équivaut évidemment à celui-ci,

$$F (x, y, z, \alpha) = 0,$$

$$\frac{dF}{d\alpha} + \frac{d^2F}{d\alpha^2} \frac{h}{2} + \cdots = 0.$$

Or si, sans rien changer à la valeur de α, on fait décroître l'intervalle h, la courbe représentée par ces deux dernières équations variera de position, sur la première surface fixe, à mesure que la seconde s'en rapprochera ; et pour avoir la limite des positions qu'elle prend alors, il suffira de poser $h = 0$: par conséquent, le système

$$(25) \quad F (x, y, z, \alpha) = 0, \qquad (26) \quad \frac{dF}{d\alpha} = 0,$$

donnera la courbe suivant laquelle une surface individuelle relative à une valeur quelconque α, est coupée par la surface qui en est infiniment rapprochée. Maintenant, pour chaque valeur de α, ou pour chaque surface individuelle, il existera une courbe analogue ; donc si l'on veut obtenir *le lieu de toutes ces intersections*, il faudra éliminer le paramètre α entre les équations (25) et (26), et le résultat

$$(27) \quad f (x, y, z) = 0$$

sera ce qu'on nomme l'*enveloppe* de toutes les surfaces individuelles comprises dans l'équation (25). Cette dénomination est fondée sur ce que cette enveloppe *touche* chaque surface individuelle le long d'une des courbes d'intersection. En effet, si l'on désigne par F_1, F_2, F_3 trois surfaces consécutives répondant aux valeurs infiniment voisines α_1, α_2, α_3, la surface F_2 contiendra les deux courbes C_1 et C_2, suivant lesquelles elle est coupée par les surfaces F_1 et F_3; mais ces deux courbes sont aussi sur l'enveloppe f: donc cette dernière aura de commune avec la surface F_2 toute la zone infiniment étroite comprise entre les lignes C_1 et C_2; par conséquent, les surfaces F_2 et f se toucheront le long de cette zone. D'ailleurs, on pourrait le prouver analytiquement en faisant voir que les dérivées p et q auront les mêmes valeurs dans les surfaces F_2 et f, pourvu que dans toutes deux on considère les points de la courbe particulière qui, dans le système (25) et (26), répond à l'hypothèse $\alpha = \alpha_2$.

338. Éclaircissons cette théorie par quelques exemples simples. Soit d'abord l'équation

$$(x - \alpha)^2 + y^2 + z^2 = R^2,$$

qui représente une suite de sphères d'un rayon constant, et dont les centres sont tous sur l'axe des x. On prévoit bien ici que la *limite* de l'intersection de deux sphères voisines sera un grand cercle perpendiculaire à OX, et que toutes ces intersections formeront un cylindre droit qui enveloppera toutes les sphères particulières. En effet, l'équation (26) devient ici

$$x - \alpha = 0;$$

et en éliminant α, il vient pour l'enveloppe

$$y^2 + z^2 = R^2.$$

339. Supposons maintenant que le centre de la sphère mobile parcourant toujours l'axe OX, le rayon de cette sphère soit variable et égal à l'ordonnée d'une ellipse BMA ayant pour équations

$$y = 0, \quad \frac{x^2}{a^2} + \frac{z^2}{b^2} = 1;$$

alors, quand le centre de la sphère sera à une distance quelconque OP $= \alpha$, l'équation de cette surface aura la forme

$$(x - \alpha)^2 + y^2 + z^2 = \frac{b^2}{a^2} (a^2 - \alpha^2).$$

Si donc on y joint la dérivée relative à α seul, savoir,

$$x - \alpha = \frac{b^2}{a^2} \alpha,$$

l'ensemble de ces deux équations représentera évidemment un *petit cercle*, suivant lequel une sphère d'un rang quelconque est coupée par la sphère infiniment voisine. Il est bon de remarquer ici, 1°. que quelque rapprochées qu'on suppose ces deux sphères consécutives, la limite de leur intersection n'est point un grand cercle, comme on aurait pu le croire d'abord, excepté quand $\alpha = 0$; 2°. que ces sphères, quoique toujours réelles jusqu'à $\alpha = a$, cessent de se couper quand on pose

$$\alpha > \frac{a^2}{\sqrt{a^2 + b^2}} :$$

car en substituant dans la première équation la valeur de x, tirée de la seconde, on trouve alors un cercle imaginaire, et ce résultat est indiqué par la figure. Il en résulte que la surface enveloppe ne touchera pas toutes les sphères individuelles, mais seulement celles qui présentent une véritable intersection ; et pour obtenir cette enveloppe, on éliminera α entre les deux dernières équations, ce qui donnera

$$\frac{x^2}{a^2 + b^2} + \frac{y^2 + z^2}{b^2} = 1,$$

résultat qui représente un ellipsoïde de révolution B$mm'a$, dont le grand axe répond à l'extrémité de la dernière sphère qui puisse être rencontrée par une sphère infiniment voisine.

340. Il est manifeste que les raisonnemens et les calculs employés dans le n° 337 s'appliqueraient d'une manière toute
semblable à une équation à deux variables, telle que

$$F(x, y, \alpha) = 0;$$

et comme en se bornant à considérer ce qui se passse dans
le plan XY, cette équation représente alors *une famille de
courbes* qui, en général, se couperont consécutivement pour
des valeurs très voisines de α, on en conclut que la *ligne enveloppe* de toutes ces courbes individuelles s'obtiendra par l'élimination de α entre les équations

$$F(x, y, \alpha) = 0, \quad \frac{dF}{d\alpha} = 0.$$

Cette règle justifie la méthode que nous avions indiquée au
n° 325, pour trouver la courbe enveloppe de plusieurs lignes
droites dont la position dépendait d'un paramètre arbitraire ς;
et l'on pourra encore choisir, comme applications de cette
théorie, les questions suivantes :

1°. Trouver la ligne enveloppe de toutes les paraboles
renfermées dans l'équation

$$y^2 = \alpha(x - \alpha);$$

2°. Trouver l'enveloppe de toutes les ellipses dont les demi-axes font une somme constante k, et représentées par

$$\frac{x^2}{\alpha^2} + \frac{y^2}{(k - \alpha)^2} = 1;$$

3°. Une droite d'une longueur fixe k se meut de manière
que ses extrémités restent constamment sur deux axes rectangulaires indéfiniment prolongés : les diverses positions de cette
droite mobile formeront, par leurs intersections consécutives,
une courbe qui touchera toutes ces droites, et dont on demande l'équation. Cette enveloppe est la même que celle du
problème précédent.

341. Revenons aux surfaces, et observons que la courbe (25)
et (26), suivant laquelle se coupent deux *enveloppées* ou sur-

faces individuelles infiniment voisines, est celle que *Monge* nomme la *caractéristique* de l'enveloppe; mais pour comprendre la justesse de cette dénomination, il faut généraliser l'équation (25), et concevoir qu'il y entre, avec le paramètre α, une fonction quelconque de ce paramètre. Ainsi, soit

$$(28) \qquad F[x, y, z, \alpha, \varphi(\alpha)] = 0;$$

si dans cette équation on attribue à la fonction φ une forme déterminée et invariable φ_1, il n'y restera plus d'arbitraire que α, et en lui assignant toutes les valeurs possibles, on obtiendra une infinité de surfaces individuelles, composant *une famille* relative à la fonction φ_1, et qui admettront une enveloppe d'une certaine espèce. Maintenant donnons à la fonction φ une autre forme φ_2, puis faisons varier α; nous aurons une seconde famille de surfaces individuelles qui admettront une enveloppe différente : il en sera de même pour d'autres hypothèses $\varphi = \varphi_3$, $\varphi = \varphi_4$... Mais, dans toutes ces familles, *l'intersection de deux enveloppées consécutives sera toujours une courbe de même espèce;* en effet, elle sera donnée (n° 337) par le système des deux équations

$$(28) \qquad F[x, y, z, \alpha, \varphi(\alpha)] = 0,$$

$$(29) \qquad \frac{d(F)}{d\alpha} = 0, \quad \text{ou} \quad \frac{dF}{d\alpha} + \frac{dF}{d\varphi}\varphi'(\alpha) = 0.$$

Or, quelle que soit la forme φ_1 ou φ_2 que l'on attribue à la fonction φ qui ne porte que sur des constantes, au nombre desquelles est α, les équations (28) et (29) seront toujours composées en x, y, z de la même manière; par conséquent, la *caractéristique* représentée par ces équations, sera une courbe d'une espèce constante pour toutes les familles de surfaces comprises dans le *genre* (28), et elle offrira ainsi un *caractère* commun à toutes les surfaces de ce genre.

342. D'ailleurs, comme dans chaque famille *l'enveloppe*

est (n° 337) *le lieu des diverses positions que prend la ca-*
ractéristique, en vertu des valeurs successives données à α,
toutes les enveloppes des diverses familles du genre F, admettront une génératrice d'une espèce commune, savoir,
la caractéristique (28) et (29); ainsi cette courbe *caracté-*
risera aussi toutes les enveloppes du genre de surfaces F.

Enfin, pour obtenir l'équation générale de ces enveloppes, il suffirait évidemment d'éliminer la constante α
entre les équations (28) et (29). Or, cette élimination ne
pouvant s'effectuer, même quand la forme de F est connue, à moins d'assigner aussi celle de φ, ce qui parti-
culariserait la famille, et par suite l'enveloppe, on conserve
le système (28) et (29) pour représenter généralement l'enveloppe; mais alors on regarde α, dans la première de ces
équations, comme une fonction de x et y, déterminée par
la seconde.

343. Hâtons-nous d'éclaircir ces généralités, en considérant le genre particulier des *canaux circulaires* dont l'axe
est une courbe plane, c'est-à-dire en prenant pour la fonction F la forme suivante,

$$(30) \qquad (x - \alpha)^2 + [y - \varphi(\alpha)]^2 + z^2 = R^2.$$

On voit que cette équation représente une sphère de rayon
constant, mais dont le centre variable est situé dans le
plan des x, y, et a pour coordonnées α et $\varphi(\alpha)$. Si donc
on représente cette dernière par ζ, et que l'on trace la
courbe

$$(31) \qquad \zeta = \varphi(\alpha),$$

ce sera la ligne que doit parcourir le centre de la sphère
mobile (30), ou *l'axe* du canal qui enveloppera toutes les
positions de cette sphère. Pour obtenir diverses enveloppes
particulières, il suffirait de poser, par exemple,

$$\zeta = \sqrt{m\alpha} \quad \text{ou} \quad \zeta = \sqrt{a^2 - \alpha^2};$$

on aurait ainsi des canaux dont l'axe serait *parabolique*
ou *circulaire*. Mais laissons à la fonction φ une forme

quelconque, et cherchons la *caractéristique*, c'est-à-dire l'intersection de deux *enveloppées* consécutives. Il faut joindre à l'équation (30) sa dérivée complète relative à α, ce qui donne le système

$$(30) \quad (x - \alpha)^2 + [y - \varphi(\alpha)]^2 + z^2 = R^2,$$

$$(32) \quad x - \alpha + (y - \varphi\alpha) \cdot \varphi'\alpha = 0;$$

et puisque la dernière équation est celle d'un plan qui passe par le centre de la sphère, et qui est évidemment *normal* à la courbe (31), il en résulte que la caractéristique est ici, dans chaque famille, *un grand cercle* NORMAL *à l'axe du canal*, et dont le centre est sur cet axe curviligne.

Quant à l'équation de l'enveloppe, nous avons dit (n° 342) qu'elle ne pouvait être représentée généralement que par le système (30) et (32), en y regardant α comme une fonction de x et y; mais si nous voulons obtenir une enveloppe particulière, par exemple, celle qui se rapporte à l'hypothèse

$$\phi(\alpha) = \sqrt{a^2 - \alpha^2}, \quad \text{d'où} \quad \phi'(\alpha) = \frac{-\alpha}{\sqrt{a^2 - \alpha^2}},$$

nous substituerons ces valeurs dans les équations (30) et (32), qui deviendront alors

$$(x - \alpha)^2 + (y - \sqrt{a^2 - \alpha^2})^2 + z^2 = R^2,$$

$$\alpha y = x\sqrt{a^2 - \alpha^2};$$

puis nous éliminerons entre elles α, en prenant sa valeur dans la dernière; et il viendra, après quelques réductions,

$$(a \pm \sqrt{x^2 + y^2})^2 = R^2 - z^2.$$

Cette enveloppe n'est autre chose que le *tore*, surface de révolution que nous avons déjà obtenue (n° 298).

Une *colonne torse* est aussi l'enveloppe des positions successives d'une sphère, dont le centre parcourt une *hélice,* et dont le rayon est constant, ou variable si la colonne n'a pas le même diamètre au sommet qu'à sa base.

344. Observons enfin que dans chaque enveloppe, il existera ordinairement *une arète de rebroussement* formée par les intersections consécutives des caractéristiques. Or, puisqu'une de ces dernières est représentée (n° 341) par les équations

$$F[x, y, z, \alpha, \varphi(\alpha)] = 0, \quad \frac{d(F)}{d\alpha} = 0,$$

où α est une constante arbitraire, le point de section de cette courbe avec celle qui en est infiniment voisine, s'obtiendra (comme au n° 337) en joignant aux équations précédentes leurs différentielles complètes par rapport à α; mais ce système se réduit évidemment à

$$F[x, y, z, \alpha, \varphi(\alpha)] = 0, \quad \frac{d(F)}{d\alpha} = 0, \quad \frac{d^2(F)}{d\alpha^2} = 0;$$

donc il suffira d'éliminer α entre ces trois dernières, pour avoir les deux équations de l'arète de rebroussement de l'enveloppe.

Dans le tore trouvé au numéro précédent, l'arète de rebroussement est imaginaire si $R < a$; et si $R > a$, elle se réduit à deux points situés sur l'axe vertical de la surface : mais on trouvera un exemple plus intéressant de cette sorte de courbes, dans la surface enveloppe décrite au n° 205 de la *Géométrie descriptive*.

〜〜〜〜〜〜〜〜〜〜〜〜〜〜〜〜〜〜〜〜〜〜〜〜〜〜〜〜〜〜〜〜〜〜〜〜〜〜〜

CHAPITRE XVI.

Des Lignes courbes, et de leurs diverses courbures.

Fig. 48. **345.** Lorsqu'une courbe AMM′, plane ou à double courbure, est donnée par ses deux projections

$$(1) \quad x = \phi(z), \quad (2) \quad y = \psi(z),$$

on a vu (n° 264) que sa tangente était projetée sur les droites qui touchaient les deux projections, et qu'ainsi cette tangente avait pour équations

$$(3) \qquad x' - x = \frac{dx}{dz} (z' - z),$$

$$(4) \qquad y' - y = \frac{dy}{dz} (z' - z),$$

dans lesquelles x', y', z' désignent les coordonnées courantes de la droite; x, y, z celles du point de contact M, et où les dérivées $\frac{dx}{dz}$, $\frac{dy}{dz}$, sont censées déduites des équations (1) et (2). Mais, quand même la courbe serait définie par deux surfaces quelconques F $(x, y, z) = $ o et F' $(x, y, z) = $ o, on en déduirait également bien, sans les ramener à la forme (1) et (2), les dérivées en question; car, dans le système des équations simultanées F $=$ o et F' $=$ o, une seule des variables demeurant arbitraire, il faudra faire varier les deux autres en même temps que celle-là par la différentiation, ce qui donnera

$$\frac{dF}{dx} dx + \frac{dF}{dy} dy + \frac{dF}{dz} dz = 0,$$

$$\frac{dF'}{dx} dx + \frac{dF'}{dy} dy + \frac{dF'}{dz} dz = 0;$$

équations d'où l'on tirera les valeurs de $\frac{dx}{dz}$ et $\frac{dy}{dz}$, lesquelles se trouveront exprimées en x, y, z, au lieu d'être seulement fonctions de z, comme cela fût arrivé en se servant des équations (1) et (2).

346. Quant aux angles α, ϵ, γ, que forme la tangente avec les axes, on trouvera, en appliquant ici les formules du n° 27,

$$\cos \alpha = \frac{dx}{\sqrt{dx^2 + dy^2 + dz^2}}, \qquad \cos \epsilon = \frac{dy}{\sqrt{dx^2 + dy^2 + dz^2}},$$

$$\cos \gamma = \frac{dz}{\sqrt{dx^2 + dy^2 + dz^2}},$$

347. Un arc $AM = s$ qui commence à un certain point fixe A, et se termine à un point variable M ayant pour coordonnées x, y, z, est évidemment une fonction de ces coordonnées, dont une seule est d'ailleurs arbitraire en vertu des équations de la courbe. Ainsi cet arc admet une différentielle que l'on peut regarder, d'après les principes de la méthode infinitésimale, comme l'accroissement MM' que subit AM quand on donne à la variable indépendante z un accroissement infiniment petit dz : mais par les mêmes principes, les autres coordonnées x, y, croissant aussi de leurs différentielles dx, dy, le petit arc MM' pourra être considéré comme la distance rectiligne de deux points dont les coordonnées sont x, y, z, et $x + dx$, $y + dy$, $z + dz$; par conséquent on aura

$$(5) \quad MM' = ds = \sqrt{dx^2 + dy^2 + dz^2}.$$

Cette formule s'obtiendrait d'ailleurs en développant le cylindre vertical qui projette la courbe AM sur le plan XY ; car par ce développement l'arc AM devient, sans changer de longueur, un arc plan $Am = s$, qui, rapporté aux coordonnées $Bp = t$ et $pm = PM = z$, donne, comme on sait, la relation $ds^2 = dz^2 + dt^2$: mais $t = Bp = BP$ est un arc de courbe plane qui fournit aussi l'équation $dt^2 = dx^2 + dy^2$; donc, en substituant, il vient

$$ds^2 = dz^2 + dy^2 + dx^2.$$

348. D'après cela, les formules trouvées n° 346 pour les angles de la tangente, peuvent être écrites sous cette forme plus simple

$$(6) \quad \cos \alpha = \frac{dx}{ds}, \quad \cos \delta = \frac{dy}{ds}, \quad \cos \gamma = \frac{dz}{ds} ;$$

et il est utile de remarquer que ces formules, qui sont fréquemment employées, peuvent encore s'obtenir en observant que l'élément de courbe $MM' = ds$, qui coïncide en direction avec la tangente, a pour projections sur les trois axes coordonnés, les quantités dx, dy, dz ; de sorte que le théorème du n° 67 donne immédiatement

$$dx = ds \cos\alpha, \quad dy = ds \cos\varepsilon, \quad dz = ds \cos\gamma.$$

349. Une courbe quelconque AM n'a qu'une tangente unique Fig. 48.
en chaque point M ; mais elle admet une infinité de normales,
c'est-à-dire de droites perpendiculaires à la tangente, et menées par le point de contact de celle-ci. Or toutes ces normales
sont nécessairement dans un même plan, que l'on nomme *le
plan normal* de la courbe au point M, et son équation aura
évidemment la forme

$$A\,(x' - x) + B\,(y' - y) + C\,(z' - z) = 0 ;$$

mais puisqu'il doit être perpendiculaire à la tangente représentée par les équations (3) et (4), on aura (n° 47) les deux
relations

$$\frac{A}{C} = \frac{dx}{dz}, \quad \frac{B}{C} = \frac{dy}{dz} :$$

de sorte que l'équation du plan normal deviendra

$$(7) \quad (x' - x)dx + (y' - y)dy + (z' - z)dz = 0,$$

où les différentielles disparaîtront, quand on aura tiré des
équations de la courbe les valeurs de deux d'entre elles en
fonction de la troisième.

350. Lorsqu'une ligne AM est à double courbure, ses diverses tangentes ne sont pas dans un même plan, mais deux
élémens consécutifs MM′ et M′M″ remplissent toujours cette
condition, puisqu'ils ont un point de commun ; alors le plan
qui passe par ces deux élémens se nomme *le plan osculateur*
de la courbe en M, et il change de position quand on considère les divers points successifs M′, M″ ... L'équation de
ce plan, en tant qu'il est mené par le point M (x, y, z), aura
la forme

$$A(x' - x) + B(y' - y) + C(z' - z) = 0 ;$$

puis, pour exprimer qu'il passe aussi par M′ et par M″, il

16..

faut écrire que l'équation précédente est satisfaite quand on
y remplace x, y, z par

$$x + dx, \quad y + dy, \quad z + dz,$$

et par

$$x + 2dx + d^2x, \quad y + 2dy + d^2y, \quad z + 2dz + d^2z.$$

Or, on sait qu'en faisant ces substitutions dans une équation
quelconque

$$F (x, y, z) = 0,$$

elle devient successivement

$$F + dF = 0,$$
$$F + 2dF + d^2F = 0;$$

et toutes les fois qu'il faudra, comme ici, prendre simultanément ces trois équations, leur système se réduira évidemment à

$$F = 0, \quad dF = 0, \quad d^2F = 0.$$

Par conséquent, pour exprimer qu'une équation qui est satisfaite pour un certain point, est aussi vérifiée pour deux
points infiniment voisins du premier, il suffit de joindre à
l'équation primitive sa différentielle première et sa différentielle seconde ; c'est là une proposition que nous nous dis-
penserons de démontrer dorénavant dans tous les cas semblables. Il résulte de là que le plan osculateur sera déterminé
par les équations

$$A (x' - x) + B (y' - y) + C (z' - z) = 0,$$
$$A dx + B dy + C dz = 0,$$
$$A d^2x + B d^2y + C d^2z = 0.$$

Les deux dernières font connaître les valeurs de $\dfrac{A}{C}$ et $\dfrac{B}{C}$, et
en les substituant dans la première, on obtient pour l'équa-
tion du plan osculateur

$$(8) \quad \left\{ \begin{array}{l} (x'-x)(dy\,d^2z - dz\,d^2y) + (y'-y)(dz\,d^1x - dx\,d^1z) \\ \quad + (z'-z)(dx\,d^2y - dy\,d^1x) \end{array} \right\} = 0.$$

A la vérité, la courbe étant déterminée par deux équations, une des trois variables est *indépendante,* par exemple x, et ainsi $d^2x = 0$. C'est une réduction que l'on introduira, si l'on veut, dans les calculs précédens ; mais il vaut mieux, pour conserver aux formules la symétrie qui les rend plus faciles à retrouver et à combiner, regarder les trois coordonnées comme des fonctions d'une quatrième variable indépendante et quelconque t ; ce qui est toujours permis, puisque les deux équations $x = \varphi(z)$ et $y = \psi(z)$ pourraient être remplacées par trois autres, entre x, y, z et t.

351. *La courbure* d'une ligne quelconque AM, au point M, Fɪɢ. 49. doit être estimée d'après *l'angle de contingence* TM'T' $= \varepsilon$ que font entre elles les deux tangentes infiniment voisines MM'T, M'M″T' ; car cet angle, qui est toujours *infiniment petit* dans une courbe continue, exprime bien la flexion qu'il a fallu faire subir à la droite MM'T pour la plier suivant la courbe MM'M″ .... Or, si, dans le plan osculateur MM'M″, on trace deux normales KO et K'O, élevées sur les milieux des élémens MM' et M'M″, ces deux normales comprendront un angle KOK' = TM'T' $= \varepsilon$, et leur point de section O sera le centre du cercle qui passerait par les trois points M, M', M″. Ce cercle ayant ainsi *deux élémens consécutifs* MM', M'M″, *communs avec la courbe,* se nomme par cette raison *le cercle osculateur* relatif au point M, et son rayon serait une des trois distances égales OM, OM', OM″ ; mais on peut en place adopter pour ce rayon la normale OK $= \rho$ dont la longueur ne diffère de OM' que par un infiniment petit du second ordre, puisque le triangle rectangle OKM' donne

$$\mathrm{OM'} = \sqrt{\mathrm{OK}^2 + \mathrm{KM'}^2} = \rho \left(1 + \frac{ds^2}{4\rho^2} \right)^{\frac{1}{2}} = \rho + \frac{ds^2}{8\rho} + \cdots .$$

Cela posé, en admettant que les élémens MM' et M'M″ ont été pris *égaux,* l'arc KM'K' du cercle osculateur sera égal à

$MM' = ds$; et comme il correspond à l'arc ϵ décrit avec l'unité pour rayon, on aura

$$(9) \qquad \epsilon = \frac{ds}{\rho},$$

résultat qui montre, puisque ds est constant ici, que *la courbure d'une courbe* indiquée par l'angle ϵ, *varie d'un point à un autre en raison inverse du rayon* $OK = \rho$ du cercle osculateur; c'est pourquoi cette droite s'appelle aussi *le rayon de courbure* de la courbe au point M (*).

(*) L'hypothèse admise plus haut, que les élémens MM' et $M'M''$ sont égaux, revient à supposer que l'arc s a été pris pour la variable indépendante, puisque alors ds sera constant : mais dans toute autre hypothèse, les élémens MM' et $M'M''$ ne pourront, du moins, différer que par une quantité. infiniment petite *du second ordre*. En effet, l'arc $AM = s$ sera toujours une certaine fonction déterminée de la variable indépendante, x par exemple, laquelle devra alors recevoir des accroissemens *constans* désignés par h; et les accroissemens de s, loin de pouvoir être pris arbitrairement, devront se déduire des formules

$$AM = s = \varphi(x)$$
$$MM' = \varphi(x+h) - \varphi(x) \quad = h\,\varphi'(x) + \frac{h^2}{1.2}\,\varphi''(x) + \ldots$$
$$M'M'' = \varphi(x+2h) - \varphi(x+h) = h\,\varphi'(x) + \frac{3h^2}{1.2}\,\varphi''(x) + \ldots$$

d'où l'on voit qu'en négligeant, comme il le faut, les infiniment petits du second ordre vis-à-vis de ceux du premier, il viendra

$$M'M'' = MM' + Ah^2, \quad \text{ou} \quad ds' = ds + Ah^2 = ds;$$

ensuite on aura, comme dans le texte,

$$\text{arc } KM'K' = \tfrac{1}{2}\,ds + \tfrac{1}{2}\,ds' = ds.$$

D'ailleurs, si l'on appelle ρ' la longueur du nouveau rayon de courbure KO', quand le milieu de l'élément $M'M''$ est en I au lieu d'être en K', le triangle rectangle ODO' donnera évidemment

$$\rho' - \rho = \frac{\tfrac{1}{2}ds' - \tfrac{1}{2}ds}{\sin \epsilon} = \frac{Ah^2}{2\epsilon};$$

or, comme ce résultat est une quantité infiniment petite du premier ordre, elle doit être négligée vis-à-vis de ρ, et l'on a ainsi $\rho' = \rho$; par conséquent, les formules (9) et (10) du texte sont toujours vraies, même quand la courbe n'est pas divisée en élémens égaux entre eux.

352. Toutefois, il faut observer que la grandeur absolue de l'angle de contingence ε ne suffirait plus pour comparer entre elles deux courbes différentes dont les élémens pourraient ne pas être respectivement égaux, ou même avoir entre eux un rapport déterminé ; car on sent bien que c'est seulement sur deux arcs de même longueur, que l'angle des tangentes extrêmes manifeste une courbure plus ou moins prononcée. Ainsi l'on doit dire généralement que *la courbure d'une courbe est mesurée par le rapport*

$$(10) \qquad \frac{\varepsilon}{ds} = \frac{1}{\rho} \,;$$

mais avant de calculer cette expression qui s'applique également aux lignes planes et aux lignes à double courbure, nous allons expliquer en quoi les unes diffèrent des autres.

353. Lorsqu'une courbe n'est point plane, elle n'a en cha- Fɪɢ. 49. que endroit qu'*une seule courbure* qui s'estime comme nous venons de le dire ; mais elle offre en outre *une torsion* de ses élémens les uns autour des autres. En effet si, dans une pareille ligne, on fait tourner le plan osculateur $MM'M''$ autour de $M'M''$, pour le rabattre sur le plan osculateur suivant, les trois élémens MM', $M'M''$, $M''M'''$, se trouveront dans un même plan, sans que la courbure ou l'angle $TM'T'$ ait été altérée. De même, en faisant tourner le plan actuel $MM'M''M'''$ autour de $M''M'''$, on pourra le rabattre sur le plan osculateur suivant ; et en continuant ainsi de proche en proche, on amènera tous les élémens dans un seul plan. Au contraire, par des mouvemens opposés, qui répondent bien à une véritable torsion, on changerait une courbe plane en *une courbe à double courbure;* c'est pourquoi il convient de remplacer cette dernière dénomination, qui exprime l'idée fausse de deux courbures, par celle de *courbe gauche* que nous emploierons dorénavant ; et *la torsion* d'une pareille courbe *sera mesurée, en chaque point, par l'angle θ compris entre les deux plans osculateurs consécutifs*. Cet angle θ que nous calculerons bientôt, est toujours infiniment petit dans une courbe continue, et il est constam-

ment nul dans une courbe entièrement plane. (Voyez la *Géométrie descriptive,* n° 644.)

Fig. 48.   354. Cela posé, pour calculer l'angle de contingence $TM'T' = \varepsilon$, désignons par u, v, w, les cosinus des angles que la tangente MT forme avec les axes, et par u', v', w' les cosinus analogues pour la tangente M'T'; nous aurons (n° 34)

$$\cos \varepsilon = uu' + vv' + ww';$$

mais comme u', v', w' sont les fonctions variées de u, v, w, quand x, y, z deviennent $x + dx$, $y + dy$, $z + dz$, on aura par la formule de Taylor,

$$u' = u + du + \frac{1}{2} d^2 u,$$

$$v' = v + dv + \frac{1}{2} d^2 v,$$

$$w' = w + dw + \frac{1}{2} d^2 w.$$

Nous poussons ici le développement de u', v', w', jusqu'aux termes du second ordre, parce que ε étant infiniment petit, son cosinus ne doit différer de l'unité qu'à partir de ces termes. Si donc on substitue ces valeurs, et qu'on fasse attention aux relations

$$u^2 + v^2 + w^2 = 1,$$
$$udu + vdv + wdw = 0,$$
$$ud^2 u + vd^2 v + wd^2 w = - (du^2 + dv^2 + dw^2),$$

dont les deux dernières se déduisent de la première par la différentiation, on trouvera

$$\cos \varepsilon = 1 - \frac{1}{2} (du^2 + dv^2 + dw^2).$$

Mais, en développant le cosinus de l'arc infiniment petit ε, on a aussi

$$\cos \varepsilon = 1 - \frac{\varepsilon^2}{2}; \ \text{ donc } \ \varepsilon^2 = du^2 + dv^2 + dw^2:$$

puis, comme on sait (n° 348) que $u = \dfrac{dx}{ds}$, $v = \dfrac{dy}{ds}$, $w = \dfrac{dz}{ds}$,

il viendra pour l'angle de contingence

$$(11) \qquad \varepsilon = \sqrt{\left(d\,\frac{dx}{ds}\right)^2 + \left(d\,\frac{dy}{ds}\right)^2 + \left(d\,\frac{dz}{ds}\right)^2}.$$

355. On peut donner à cette expression une forme plus simple. D'abord en effectuant les différentielles des fractions, sans regarder aucune des variables comme indépendante, il viendra

$$\varepsilon = \frac{\sqrt{(ds\,d^2x - dx\,d^2s)^2 + (ds\,d^2y - dy\,d^2s)^2 + (ds\,d^2z - dz\,d^2s)^2}}{ds^2}.$$

Si maintenant on développe, on trouvera pour la somme des carrés des premiers termes des binomes,

$$ds^2(d^2x^2 + d^2y^2 + d^2z^2):$$

pour la somme des carrés des seconds termes

$$d^2s^2(dx^2 + dy^2 + dz^2) = ds^2.d^2s^2:$$

la somme des doubles produits donnera

$$- 2ds\,d^2s(dx\,d^2x + dy\,d^2y + dz\,d^2z) = - 2ds^2d^2s^2;$$

par conséquent, il reste cette valeur bien simple

$$(12) \qquad \varepsilon = \frac{\sqrt{d^2x^2 + d^2y^2 + d^2z^2 - d^2s^2}}{ds}.$$

356. Enfin, si de l'équation identique

$$ds^2 = dx^2 + dy^2 + dz^2$$

qui donne par la différentiation,

$$ds\,d^2s = dx\,d^2x + dy\,d^2y + dz\,d^2z,$$

on tirait la valeur

$$d^2 s = \frac{dx\,d^2x + dy\,d^2y + dz\,d^2z}{\sqrt{dx^2 + dy^2 + dz^2}},$$

et qu'on la substituât dans la formule (12) en réduisant au même dénominateur sous le radical, on arriverait à ce résultat moins simple, mais qu'il est bon de connaître,

$$(13)\quad \varepsilon = \frac{\sqrt{(dy\,d^2z - dz\,d^2y)^2 + (dz\,d^2x - dx\,d^2z)^2 + (dx\,d^2y - dy\,d^2x)^2}}{ds^2}.$$

Ici les trois binomes sous le radical sont les mêmes que les coefficiens de l'équation (8) du plan osculateur.

357. Maintenant que nous connaissons l'angle de contingence, il sera bien facile d'en déduire *le rayon de courbure* de la courbe, puisque, d'après la formule (9), nous avons

$$\rho = \frac{ds}{\varepsilon};$$

donc, en substituant ici l'une des expressions trouvées ci-dessus pour ε, par exemple, celle que donne la formule (12), il viendra

$$(14)\qquad \rho = \frac{ds^2}{\sqrt{d^2x^2 + d^2y^2 + d^2z^2 - d^2s^2}}.$$

Cette manière bien simple d'obtenir le rayon de courbure fait connaître sa grandeur, mais non sa position; et quoique ce résultat suffise pour le plus grand nombre des applications, il est cependant des cas où l'on a besoin d'employer *la longueur du rayon* et *les coordonnées du centre de courbure*; c'est pourquoi nous allons les déterminer par le procédé suivant.

Fig. 49.　358. Les deux normales particulières KO et K'O ne sont autre chose que les intersections du plan osculateur MM'M″ avec deux plans normaux consécutifs; par conséquent, on déterminera le centre de courbure O en cherchant le point d'intersection des trois plans que nous venons de citer. Or, l'équation du plan osculateur pour le point M dont les coordonnées sont x, y, z, est

$$A(x' - x) + B(y' - y) + C(z' - z) = 0,$$

où les quantités A, B, C, désignent, pour abréger, les coefficiens de la formule (8) du n° 350. Le plan normal en ce même point est (n° 349)

$$(x' - x)dx + (y' - y)dy + (z' - z)dz = 0,$$

et le plan normal infiniment voisin s'en déduirait (n° 350) en augmentant le premier membre de sa différentielle relative aux coordonnées x, y, z; mais puisque nous devons combiner cette nouvelle équation avec les deux précédentes pour obtenir le point de section, il suffit de joindre ici la différentielle du plan normal, égalée à zéro, ce qui donne

$$(x' - x)d^2x + (y' - y)d^2y + (z' - z)d^2z - ds^2 = 0.$$

Maintenant il faut regarder les variables x', y', z' comme les mêmes dans ces trois équations, et alors elles représenteront les coordonnées du centre O commun aux trois plans : cherchons-en donc les valeurs. Or, les deux premières équations donnent, en éliminant tour à tour $y' - y$ et $x' - x$,

$$(x' - x)(Ady - Bdx) + (z' - z)(Cdy - Bdz) = 0,$$
$$(y' - y)(Ady - Bdx) + (z' - z)(Adz - Cdx) = 0;$$

tirons de là les valeurs de $x' - x$, $y' - y$, pour les substituer dans la troisième équation, et nous aurons

$$z' - z = \frac{ds^2(Ady - Bdx)}{(Bdz - Cdy)d^2x + (Cdx - Adz)d^2y + (Ady - Bdx)d^2z};$$

mais si l'on observe que, dans ce dénominateur, le coefficient total de A est égal à la valeur même de A que donne la formule (8), et qu'une coïncidence semblable a lieu pour B et pour C, on en conclura

$$z' - z = \frac{ds^2 (Ady - Bdx)}{A^2 + B^2 + C^2},$$

et par suite

$$y' - y = \frac{ds^2 (Cdx - Adz)}{A^2 + B^2 + C^2},$$

$$x' - x = \frac{ds^2 (Bdz - Cdy)}{A^2 + B^2 + C^2}.$$

D'ailleurs, le rayon de courbure n'étant autre chose que la distance du point x, y, z, au point de section x', y', z', on aura

$$\rho = \frac{ds^2 \sqrt{(Ady - Bdx)^2 + (Cdx - Adz)^2 + (Bdz - Cdy)^2}}{A^2 + B^2 + C^2};$$

mais, en développant les carrés des binomes, on voit que les termes multipliés par A^2, B^2, C^2, sont

$$A^2(dy^2 + dz^2), \quad \text{qui égale} \quad A^2(ds^2 - dx^2),$$
$$B^2(dx^2 + dz^2), \quad \ldots\ldots\ldots \quad B^2(ds^2 - dy^2),$$
$$C^2(dx^2 + dy^2), \quad \ldots\ldots\ldots \quad C^2(ds^2 - dz^2);$$

de sorte que le radical prend la forme

$$\sqrt{(A^2 + B^2 + C^2)ds^2 - (Adx + Bdy + Cdz)^2}.$$

Or, le dernier trinome est nul, en vertu d'une des équations qui ont servi (n° 350) à calculer les coefficiens A, B, C; par conséquent, il reste

$$\rho = \frac{ds^3}{\sqrt{A^2 + B^2 + C^2}},$$

c'est-à-dire, en substituant les valeurs de A, B, C,

$$(15) \quad \rho = \frac{ds^3}{\sqrt{(dyd^2z - dzd^2y)^2 + (dzd^2x - dxd^2z)^2 + (dxd^2y - dyd^2x)^2}},$$

résultat qui s'accorde bien avec les formules (9) et (13).

359. Quant aux coordonnées x', y', z' du centre de cour-

bure, si l'on substitue dans leurs numérateurs les valeurs de A, B, C, on trouvera pour le premier, par exemple,

$$\mathrm{A}dy - \mathrm{B}dx = d^2z\,(dy^2 + dx^2) - dz\,(dxd^2x + dyd^2y)$$
$$= d^2z\,(ds^2 - dz^2) - dz\,(dsd^2s - dzd^2z)$$
$$= d^2zds^2 - dzdsd^2s\,;$$

et en développant de même les autres numérateurs, il viendra

$$(16)\quad \begin{cases} z' - z = \dfrac{ds^3\,(dsd^2z - dzd^2s)}{\mathrm{A}^2 + \mathrm{B}^2 + \mathrm{C}^2} = \rho^2\,\dfrac{d\left(\dfrac{dz}{ds}\right)}{ds}, \\[2em] y' - y = \dfrac{ds^3\,(dsd^2y - dyd^2s)}{\mathrm{A}^2 + \mathrm{B}^2 + \mathrm{C}^2} = \rho^2\,\dfrac{d\left(\dfrac{dy}{ds}\right)}{ds}, \\[2em] x' - x = \dfrac{ds^3\,(dsd^2x - dxd^2s)}{\mathrm{A}^2 + \mathrm{B}^2 + \mathrm{C}^2} = \rho^2\,\dfrac{d\left(\dfrac{dx}{ds}\right)}{ds}. \end{cases}$$

360. Si l'on veut obtenir les angles λ, μ, ν, que forme, avec les axes coordonnés, le rayon de courbure ρ prolongé à partir du point M de la courbe vers le centre O (ce qui s'appliquerait au cas d'une force attractive agissant sur un mobile M, et dirigée vers le centre de courbure), on observera que les projections de ρ sur les axes sont évidemment $x' - x$, $y' - y$, $z' - z$; par conséquent, on doit avoir (n° 67)

$$x' - x = \rho\cos\lambda, \quad y' - y = \rho\cos\mu, \quad z' - z = \rho\cos\nu\,;$$

et en substituant ici les valeurs données par les formules (16), il viendra

$$(17)\quad \cos\lambda = \rho\,\dfrac{d\left(\dfrac{dx}{ds}\right)}{ds}, \quad \cos\mu = \rho\,\dfrac{d\left(\dfrac{dy}{ds}\right)}{ds}, \quad \cos\nu = \rho\,\dfrac{d\left(\dfrac{dz}{ds}\right)}{ds}.$$

En ajoutant les carrés de ces trois cosinus (*), dont la somme

---

(*) Ces formules peuvent servir à démontrer fort simplement un théorème important de Mécanique, relatif au mouvement d'un mobile astreint à de-

doit égaler l'unité, on retrouverait une valeur de ρ qui s'accorderait bien avec les formules (9) et (11).

361. Quant à *la torsion* ou l'autre espèce de courbure que présente une courbe qui n'est point plane, nous avons dit

---

meurer sur une courbe fixe, et d'après lequel *la pression totale* supportée par cette courbe, *est la résultante de la force centrifuge et de la composante normale de la force motrice* R qui agit sur le mobile. En effet, en conservant les notations employées par M. Poisson dans son *Traité de Mécanique*, pages 279 et 321 du 1er volume, et en regardant la masse du mobile comme égale à l'unité, les équations de son mouvement seront

$$\frac{d^2x}{dt^2} = X - P\cos\varpi,$$

$$\frac{d^2y}{dt^2} = Y - P\cos\varpi',$$

$$\frac{d^2z}{dt^2} = Z - P\cos\varpi''.$$

Or, si l'on décompose la force R en deux autres T et Q, l'une tangente et l'autre normale à la courbe, la première sera, comme on sait, égale à $\frac{d^2s}{dt^2}$, et l'on aura évidemment

$$X = Q\cos q + \frac{dx}{ds}\frac{d^2s}{dt^2},$$

$$Y = Q\cos q' + \frac{dy}{ds}\frac{d^2s}{dt^2},$$

$$Z = Q\cos q'' + \frac{dz}{ds}\frac{d^2s}{dt^2};$$

de sorte qu'en substituant dans les équations primitives, il viendra

$$P\cos\varpi = Q\cos q - \frac{ds\, d\left(\frac{dx}{ds}\right)}{dt^2}$$

$$P\cos\varpi' = Q\cos q' - \frac{ds\, d\left(\frac{dy}{ds}\right)}{dt^2}$$

$$P\cos\varpi'' = Q\cos q'' - \frac{ds\, d\left(\frac{dz}{ds}\right)}{dt^2}.$$

Mais si l'on appelle γ, γ', γ'', les angles que forme avec les axes, le prolon-

(n° 353) qu'elle était mesurée au point M, par l'angle compris entre les deux plans osculateurs consécutifs qui passent,
l'un par les deux élémens MM′ et M′M″, l'autre par M′M″ et
M″M‴. Le premier de ces plans est donné par la formule (8),
que nous écrirons, pour abréger, sous la forme

$$A x' + B y' + C z' + D = o,$$

et le plan osculateur consécutif s'en déduira, en remplaçant
x, y, z par $x + dx$, $y + dy$, $z + dz$; ainsi son équation
sera

$$A' x' + B' y' + C' z' + D' = o,$$

dans laquelle on aura (n° 350) les relations

$$A' = A + dA, \quad B' = B + dB, \quad C' = C + dC.$$

En appelant θ l'angle de torsion, on aura donc

$$\cos \theta = \frac{AA' + BB' + CC'}{\sqrt{A^2 + B^2 + C^2} \; \sqrt{A'^2 + B'^2 + C'^2}};$$

---

gement *extérieur* du rayon de courbure ρ, ces angles seront les supplémens
de λ, μ, ν, et par les formules (17) du texte, on aura

$$\cos \gamma = -\rho \frac{d\left(\frac{dx}{ds}\right)}{ds}, \quad \cos \gamma' = -\rho \frac{d\left(\frac{dy}{ds}\right)}{ds}, \quad \cos \gamma'' = -\rho \frac{d\left(\frac{dz}{ds}\right)}{ds};$$

d'où l'on conclura, à cause de $\nu = \frac{ds}{dt}$,

$$P \cos \varpi = Q \cos q + \frac{\nu^2}{\rho} \cos \gamma,$$

$$P \cos \varpi' = Q \cos q' + \frac{\nu^2}{\rho} \cos \gamma',$$

$$P \cos \varpi'' = Q \cos q'' + \frac{\nu^2}{\rho} \cos \gamma'',$$

résultats qui montrent bien que la pression P est la résultante des deux
forces Q et $\frac{\nu^2}{\rho}$, dont la dernière dirigée en sens contraire du rayon de courbure, se nomme *la force centrifuge*, et subsisterait encore quand bien
même Q serait égal à zéro.

mais comme cet angle θ est infiniment petit, son cosinus ne différerait de l'unité que par des termes du second ordre; c'est pourquoi il vaut mieux passer de là au sinus, qui aura pour expression

$$\sin^2\theta = \frac{(AB' - BA')^2 + (BC' - CB')^2 + (CA' - AC')^2}{(A^2 + B^2 + C^2) \cdot (A'^2 + B'^2 + C'^2)} :$$

en y substituant les valeurs précédentes de A', B', C', et négligeant, dans le dénominateur, les termes de l'ordre le plus élevé, puis remplaçant $\sin\theta$ par θ, il restera

$$\theta^2 = \frac{(AdB - BdA)^2 + (BdC - CdB)^2 + (CdA - AdC)^2}{(A^2 + B^2 + C^2)^2}.$$

Maintenant, il n'y a plus qu'à substituer ici les valeurs des coefficiens A, B, C, prises dans la formule (8); mais, pour éviter des calculs longs à écrire, nous admettrons qu'une des trois coordonnées, x par exemple, est prise pour variable indépendante, c'est-à-dire que nous poserons $d^2x = 0$. Alors il restera

$$\begin{aligned}
A &= dy\,d^2z - dz\,d^2y, & dA &= dy\,d^3z - dz\,d^3y, \\
B &= - dx\,d^2z, & dB &= - dx\,d^3z, \\
C &= dx\,d^2y, & dC &= dx\,d^3y ;
\end{aligned}$$

et en substituant dans la valeur précédente de θ, on obtiendra, après quelques réductions évidentes,

$$(18) \quad \theta = \frac{dx\,ds\,(d^2y\,d^3z - d^2z\,d^3y)}{(d^2y^2 + d^2z^2)\,dx^2 + (dy\,d^2z - dz\,d^2y)^2}.$$

362. Si la courbe avait un point *singulier* où elle présentât *une inflexion simple*, c'est-à-dire où trois élémens consécutifs fussent dans un même plan, il arriverait que l'angle de torsion θ serait nul pour ce point; par conséquent, on aurait la condition

$$d^2y\,d^3z - d^2z\,d^3y = 0,$$

laquelle, jointe aux deux équations de la courbe, suffira pour déterminer les points singuliers de cette espèce.

On reconnaîtra aussi qu'une courbe est *entièrement plane,* lorsque la relation précédente sera vérifiée identiquement par les équations de la courbe, quelle que soit la variable x.

363. Lorsque deux élémens de la courbe seront en ligne droite, il y aura *une inflexion double,* ainsi nommée parce qu'elle entraîne nécessairement l'inflexion simple dont nous venons de parler. Alors l'angle de contingence sera nul; et d'après la formule (13) où nous supposerons, pour simplifier, que dx est constant, il faudra que

$$(dy\,d^2z - dz\,d^2y)^2 + dx^2(d^2z^2 + d^2y^2) = 0,$$

ce qui exige évidemment que l'on ait, pour un tel point,

$$d^2y = 0 \quad \text{avec} \quad d^2z = 0.$$

364. Pour compléter ce qui regarde les points singuliérs, nous ajouterons que quand il y aura *rebroussement* dans l'espace, chaque projection de la courbe présentera aussi un rebroussement; et quoique la réciproque de cette proposition ne soit pas toujours vraie, nous pouvons du moins affirmer que les points singuliers de cette espèce satisferont aux deux conditions

$$d^2y = 0 \quad \text{ou} \quad = \infty, \qquad d^2z = 0 \quad \text{ou} \quad = \infty.$$

365. Nous ferons remarquer ici qu'il existe une différence essentielle, quant aux rayons de courbure, entre les courbes planes et les courbes gauches. Dans les premières, les rayons relatifs aux divers points de la courbe étant tous dans son plan, se rencontrent consécutivement, et forment, par leurs intersections, une courbe à laquelle ils sont *tangens,* et que l'on nomme *la développée* de la première ; mais, dans une courbe gauche, les rayons des cercles osculateurs *ne se rencontrent pas* consécutivement. En effet, par les milieux K, K′, K″.... des divers élémens de la courbe MM′M″...., menons les plans normaux P, P′, P″..., qui se couperont deux à deux, suivant les droites AB, A′B′..., et formeront ainsi une surface développable (n° 331) enveloppe de tous ces

Fig.51:

17

plans. Si nous coupons les plans P et P′ par le plan osculateur MM′M″, qui est perpendiculaire à l'un et à l'autre,
nous obtiendrons pour intersections les normales KC et K′C,
perpendiculaires à AB, et dont la première sera (n° 351) *le
rayon de courbure* relatif au point M. De même, en coupant
les plans normaux P′ et P″ par le plan osculateur M′M″M‴, on
aura pour sections les deux normales K′C′ et K″C′, perpendiculaires à A′B′, et dont la première sera le rayon de courbure en M′. Or, ce rayon K′C′ ne coïncide pas avec l'autre
normale K′C, puisque ces droites proviennent du même plan
P′ coupé par deux plans osculateurs distincts; ainsi, K′C′ va
rencontrer AB en un point I différent de C, et par conséquent
les deux rayons de courbure KC et K′C′, situés dans les
plans P et P′, n'ont pas de point commun sur l'intersection
AB de ces deux plans : donc ces rayons ne sauraient se couper.

Il résulte de là que les centres de courbure C, C′, C″....
n'étant pas donnés par la rencontre successive des rayons KC,
K′C′, K″C″...., *la courbe qui passerait par tous ces points
n'aurait pas pour* TANGENTES *ces mêmes rayons*, et par conséquent ceux-ci ne sauraient être regardés comme formés par
le *développement* d'un fil qui entourerait la ligne CC′C″.. ;
donc enfin cette ligne n'est point *une développée* de la courbe
MM′M″..., dès que cette dernière est gauche.

366. Cependant la courbe MM′M″.... admet une infinité
de développées, ainsi que l'a fait voir *Monge*. En effet, si
dans le premier plan normal P nous tirons arbitrairement
une droite KD, qui sera toujours normale à la courbe proposée; puis, que par les points D et K′ nous tirions une autre
droite K′DD′, qui sera dans le second plan normal P′, puis
une troisième droite K″D′D″ située dans le plan P″, et ainsi de
suite, nous obtiendrons, par les intersections successives de
ces normales particulières, une courbe DD′D″... à laquelle
ces normales seront tangentes, et qui pourra servir à décrire
la ligne MM′M″.... par le développement d'un fil enroulé autour de cette *développée* DD′D″... Pour le prouver, il suffit de
faire voir que les portions DK et DK′ des tangentes à cette dé-

veloppée sont égales entre elles, ou bien que le point D est à la même distance des trois points M, M', M'' ; or, cela résulte de ce que la droite AB étant l'intersection de deux plans P et P' élevés perpendiculairement sur les milieux des élémens MM' et M'M'', chaque point de AB est à égale distance de M, de M' et de M'' : aussi cette droite est-elle appelée la *ligne des pôles* de l'arc total MM'M'', et les distances DK, D'K'... sont les *rayons de développée,* qu'il ne faut pas confondre avec les rayons de courbure. D'ailleurs, comme la première normale KD a été menée arbitrairement dans le plan P, on pourra donc, en faisant varier cette normale, obtenir une infinité de développées situées toutes sur la surface enveloppe des plans normaux. Pour de plus amples détails sur cette matière, on pourra consulter le *Traité de Géométrie descriptive,* n°ˢ 649 et suivans.

∿∿∿∿∿∿∿∿∿∿∿∿∿∿∿∿∿∿∿∿∿∿∿∿∿∿∿∿∿∿∿∿∿

CHAPITRE XVII.

De la courbure des Surfaces.

367. Pour estimer la courbure d'une ligne quelconque, en un point donné, on la remplace, dans les environs de ce point, par l'arc du *cercle osculateur* (n° 351) qui ayant deux élémens communs avec la courbe, présente la même courbure que celle-ci. Quant aux surfaces, on ne peut pas tenter de les assimiler ainsi à une sphère, puisque dans cette dernière la courbure est évidemment uniforme tout autour d'une même normale, tandis qu'il n'en est pas de même ordinairement pour une surface générale. Il faut donc alors imaginer divers plans conduits suivant la normale de la surface au point considéré ; calculer les rayons de courbure de ces sections planes, et par leur comparaison, on jugera de la cour-

bure plus ou moins prononcée de la surface autour de ce point, ainsi que du sens dans lequel est dirigée cette courbure ; car nous avons vu (n° 271) que certaines surfaces se trouvaient en partie au-dessus, et en partie au-dessous de leur plan tangent. D'ailleurs ces diverses *sections normales* se trouvent, quant à leur courbure, liées entre elles et avec les *sections obliques,* par des rapports bien remarquables que nous allons faire connaître, en commençant par calculer le rayon de courbure d'une section oblique quelconque.

368. Soit M (x, y, z) le point considéré sur une surface représentée par

$$(1) \quad z = f(x, y);$$

ici où les trois variables ne sont liées que par une seule équation, deux d'entre elles, x et y, seront indépendantes, et l'ordonnée z admettra, dans les divers ordres, plusieurs dérivées partielles que nous désignerons suivant l'usage, par

$$\frac{dz}{dx} = p, \qquad \frac{dz}{dy} = q,$$

$$\frac{d^2z}{dx^2} = r, \qquad \frac{d^2z}{dxdy} = s, \qquad \frac{d^2z}{dy^2} = t;$$

de sorte que quand on aura besoin de faire varier à la fois x et y, les différentielles totales de z seront

$$(2) \quad dz = pdx + qdy,$$

$$(3) \quad d^2z = dpdx + dqdy$$
$$= rdx^2 + 2sdxdy + tdy^2.$$

369. Soit maintenant MT une tangente menée à la surface, et dont la position sera fixée par les angles α, β, γ, qu'elle forme avec les axes coordonnés rectangulaires. Un seul de ces angles restera arbitraire ; car, outre la relation ordinaire

$$(4) \quad \cos^2 \alpha + \cos^2 \beta + \cos^2 \gamma = 1,$$

il faudra encore exprimer que la droite

$$x' - x = \frac{\cos \alpha}{\cos \gamma}(z' - z), \quad y' - y = \frac{\cos \beta}{\cos \gamma}(z' - z),$$

se trouve située dans le plan tangent (n° 266)

$$z' - z = p(x' - x) + q(y' - y);$$

ce qui conduit évidemment à l'équation de condition

$$\cos \gamma = p \cos \alpha + q \cos \delta,$$

ou bien, en élevant au carré, pour éliminer $\cos \gamma$,

$$(5) \qquad (1 + p^2) \cos^2 \alpha + 2pq \cos \alpha \cos \delta + (1 + q^2) \cos^2 \delta = 1.$$

Ainsi, voilà deux relations (4) et (5) qui lient entre eux les angles α, δ, γ, et ne permettent plus de se donner arbitrairement qu'un seul de ces angles.

370. Si à présent nous menons, par cette tangente MT, Fig. 40, deux plans sécans, l'un normal à la surface, l'autre oblique et formant avec le premier un angle ω, ils couperont la surface suivant deux courbes AMB, A′MB′, toutes deux tangentes à MT ; et le centre de courbure de la section oblique s'obtiendra (n° 358) en cherchant le point d'intersection I′ du plan osculateur, qui est ici le plan de A′MB′, avec les plans normaux à cette courbe menés par les points infiniment voisins M et M′. Donc, en représentant par MI′ et M′I′ les traces de ces deux derniers plans sur celui de A′MB′, la distance MI′ $= \rho_1$ sera le rayon de courbure de cette section oblique ; et comme les deux plans normaux se couperont suivant une droite I′I perpendiculaire sur A′MB′, laquelle ira évidemment rencontrer la normale MN de la surface, puisque MN et I′I sont situées toutes deux dans le plan mené par le point M, perpendiculairement à MT, on voit qu'il suffira de calculer cette distance MI $= \rho$; car le triangle rectangle MII′ fournira pour le rayon de courbure demandé MI′ $= \rho_1$, la valeur (*)

$$(6) \qquad \rho_1 = \rho \cos \omega.$$

(*) Cette méthode est tirée du mémoire inséré par M. Poisson dans le 21ᵉ cahier du *Journal de l'École Polytechnique*.

371. Cela posé, sans former l'équation du plan sécant de A′MB′, il suffit d'observer que les trois coordonnées de cette courbe étant liées par cette équation et par celle de la surface, toutes trois seront variables en même temps, et que leurs différentielles auront avec l'élément MM′ $= ds$, les rapports connus (n° 348)

$$(7) \quad \frac{dx}{ds} = \cos a, \quad \frac{dy}{ds} = \cos \varepsilon, \quad \frac{dz}{ds} = \cos \gamma\,;$$

d'ailleurs la droite II′ intersection des deux plans normaux consécutifs, sera déterminée (n° 358) par les équations

$$(8) \quad (x' - x)\, dx + (y' - y)\, dy + (z' - z)\, dz = 0,$$

$$(9) \quad (x' - x)\, d^2x + (y' - y)\, d^2y + (z' - z)\, d^2z = ds^2,$$

tandis que celles de la normale MN à la surface, seront (n° 270)

$$(10)\quad x' - x + p\,(z' - z) = 0, \quad (11)\ y' - y + q(z' - z) = 0.$$

Mais, de ces quatre équations, la première est vérifiée par les équations (10) et (11) en vertu de la relation (2) à laquelle la courbe A′MB′ doit satisfaire, à cause qu'elle est sur la surface donnée ; d'où il suit que les droites MN et II′ se coupent effectivement, comme nous l'avions déjà remarqué, et que les coordonnées x', y', z' de leur point de section I, seront fournies par les équations (9), (10) et (11), sous la forme

$$z' - z = \frac{ds^2}{d^2z - p\,d^2x - q\,d^2y}, \quad y' - y = \frac{-\,q\,ds^2}{d^2z - p\,d^2x - q\,d^2y},$$

$$x' - x = \frac{-\,p\,ds^2}{d^2z - p\,d^2x - q\,d^2y}.$$

La droite MI $= \rho$ qui est la distance du point (x', y', z') au point M (x, y, z), est alors facile à calculer, et l'on trouve

$$\rho = \frac{ds^2\,\sqrt{1 + p^2 + q^2}}{d^2z - p\,d^2x - q\,d^2y}\,;$$

mais les différentielles qui entrent ici, appartenant à une courbe A′MB′ située sur la surface donnée, doivent satisfaire à la relation

$$dz = pdx + qdy,$$

qui, étant différentiée sous le point de vue actuel, c'est-à-dire en y regardant x, y, z, comme variant à la fois, fournit, au lieu de la relation (3), la valeur

$$d^2z = pd^2x + qd^2y + rdx^2 + 2sdxdy + tdy^2;$$

de sorte qu'en substituant dans l'expression de ρ, il vient

$$\rho = \frac{ds^3 \sqrt{1 + p^2 + q^2}}{rdx^2 + 2sdxdy + tdy^2},$$

ou bien, en divisant par ds^2 et ayant égard aux formules (7),

$$(12) \quad \rho = \frac{\sqrt{1 + p^2 + q^2}}{r\cos^2\alpha + 2s\cos\alpha\cos\delta + t\cos^2\delta}.$$

372. Ce résultat, qui, joint à la formule (6), $\rho_t = \rho\cos\omega$, FIG. 40. permet de calculer le rayon de courbure MI′ $= \rho_t$ de la section oblique A′MB′, montre que la portion MI $= \rho$ de la normale à la surface, est indépendante de l'angle ω, c'est-à-dire qu'elle demeure constante lorsque le plan sécant tourne autour de la même tangente MT, quoique alors MI′ $= \rho_t$ change de grandeur et de position. Par conséquent, si l'on pose $\omega = 0$ dans la formule (6), il viendra $\rho_t = \rho$; ce qui pouve que MI $= \rho$ est précisément la position et la grandeur du rayon de courbure de *la section normale* AMB passant par la tangente donnée MT. D'ailleurs, la formule (6) devient alors l'expression d'un théorème remarquable dû à *Meunier*, savoir que *le rayon de courbure d'une section oblique est la projection, sur le plan de cette courbe, du rayon de la section normale qui passe par la même tangente.*

373. On peut énoncer ce théorème sous une autre forme, en imaginant une sphère décrite du point I comme centre, avec le rayon de courbure IM de la section normale AMB;

car il résulte évidemment de ce qui précède que *tout plan*
Fɪɢ. 45. N'MT *conduit par la tangente* MT , *coupera cette sphère sui-*
vant un cercle MD' *qui sera le cercle osculateur de la section*
faite dans la surface par le même plan.

Fɪɢ. 4o. 374. Maintenant, comparons entre elles les diverses *sec-*
tions normales faites dans la surface, tout autour du point M,
et dont les rayons de courbure sont donnés (n° 372) par la
formule (*)

$$(12) \qquad \rho = \frac{\sqrt{1 + p^2 + q^2}}{r \cos^2 \alpha + 2s \cos \alpha \cos \varsigma + t \cos^2 \varsigma},$$

dans laquelle les angles α et ς ne peuvent varier qu'en restant
toujours soumis à la relation trouvée n° 369 ,

$$(13) \qquad (1 + p)^2 \cos^2 \alpha + 2pq \cos \alpha \cos \varsigma + (1 + q^2) \cos^2 \varsigma = 1.$$

Cette relation pourrait s'obtenir d'une manière plus prompte,
en observant que les coordonnées de la courbe AMB, qui satisfont toujours à la condition générale

$$dx^2 + dy^2 + dz^2 = ds^2,$$

doivent ici vérifier l'équation différentielle de la surface,

$$dz = pdx + qdy;$$

ce qui donne

$$(1 + p^2) dx^2 + 2pq dx dy + (1 + q^2) dy^2 = ds^2;$$

puis, en divisant les deux membres par ds^2, et ayant égard
aux formules (7), on retomberait sur (13).

(*) Si l'on voulait arriver directement à ce rayon ρ, sans passer par la
considération d'une section oblique, il suffirait, en réduisant les raisonnemens du n° 370, d'observer que le centre de courbure de AMB est à la fois
sur la normale MN de la surface, et dans les deux plans normaux consécutifs
de la courbe AMB; or comme le premier de ces plans renferme nécessairement MN, cela reviendrait encore à combiner les équations (9), (10) et (11)
qui conduiraient ainsi directement à la formule (12). Mais ici, nous avons
voulu démontrer en même temps le théorème de Meunier.

Toutefois, si l'on voulait n'employer qu'une seule indéterminée, on poserait

$$(14) \quad \frac{\cos \mathcal{C}}{\cos \alpha} = \frac{dy}{dx} = m,$$

et en substituant dans (12) et (13), elles conduiraient, par l'élimination de $\cos^2 \alpha$, à cette nouvelle expression

$$(15) \quad \rho = \frac{\sqrt{1+p^2+q^2}\,[(1+p^2)+2pqm+(1+q^2)m^2]}{r+2sm+tm^2}.$$

375. Cela posé, observons que si, dans les formules (12) et (15), *nous convenons de prendre toujours* POSITIVEMENT *le radical* $\sqrt{1+p^2+q^2}$, la valeur totale de ρ aura constamment le même signe que son dénominateur ; car le numérateur de la dernière formule, égalé à zéro, n'admet que des racines imaginaires pour m. Or ce dénominateur est égal, à cela près d'un facteur positif $\cos^2 \alpha$, au dénominateur de la valeur trouvée pour $z' - z$ au n° 371 : donc ρ et $z' - z$ seront toujours de mêmes signes. Par conséquent, *lorsque ρ sera positif* pour une valeur attribuée à α ou à m dans les formules (12) ou (15), on pourra affirmer qu'alors $z' > z$, et que par suite *le rayon de courbure ρ se trouvera dirigé* AU-DESSUS *du plan tangent;* de sorte que la section normale correspondante se trouvera *concave*, au moins dans les environs du point considéré. Au contraire, *lorsque ρ sera négatif* dans les formules (12) ou (15), on aura $z' < z$, et, par suite, *le rayon de courbure ρ sera dirigé* AU-DESSOUS *du plan tangent ;* c'est-à-dire que la section correspondante se trouvera *convexe* dans le voisinage du point en question. Ainsi, d'après la convention admise plus haut sur le radical $\sqrt{1+p^2+q^2}$, les formules générales (12) et (15) offriront l'avantage d'indiquer à la fois *la grandeur* et *le sens* de la courbure de chaque section normale.

376. Pour reconnaître immédiatement si toutes les sections normales autour d'un même point, sont convexes ou non,

cherchons les racines du dénominateur de ρ, égalé à zéro, ce qui donne

$$\frac{\cos \mathfrak{E}}{\cos \alpha} = m = \frac{-s \pm \sqrt{s^2 - rt}}{t} = \left\{ \begin{array}{l} m_1 ; \\ m_2 ; \end{array} \right.$$

d'où nous conclurons que quand les coordonnées x, y, z du point considéré sur la surface, vérifieront la condition

$$rt - s^2 > 0,$$

le dénominateur en question *ne changera jamais de signe* quel que soit l'angle α; donc toutes les valeurs de ρ auront un signe constant, et la surface se trouvera située, dans les environs du point considéré, *tout entière au-dessus* ou *tout entière au-dessous* de son plan tangent. On dit alors que *la surface est convexe* tout autour de ce point; et elle serait entièrement convexe, si la condition précédente se trouvait vérifiée pour tous ses points, comme dans un ellipsoïde.

277. Au contraire, si pour le point considéré, on a

$$rt - s^2 < 0,$$

le rayon de courbure deviendra infini pour les hypothèses $m = m_1$, $m = m_2$, et il changera de signe avant et après chacune de ces racines; d'où il suit qu'il y aura des sections normales situées au-dessus du plan tangent, et d'autres situées au-dessous, et que la surface sera *non-convexe* ou à courbures opposées, autour du point en question. C'est ce qui arrive, entre autres, dans les surfaces gauches considérées au n° 318; car l'équation commune à tous leurs points étant

$$q^2 r - 2pqs + p^2 t = 0,$$

laquelle peut s'écrire sous la forme

$$(qr - ps)^2 + p^2 (rt - s^2) = 0,$$

on voit qu'ici $rt - s^2$ est nécessairement négatif, et qu'ainsi les surfaces de cette classe sont toujours *non-convexes* dans tous leurs points. Nous reviendrons plus en détail sur cette discussion que nous ne voulons qu'indiquer dans ce moment.

378. Enfin, dans les *surfaces développables*, dont l'équation générale (n° 328) est

$$rt - s^2 = 0,$$

il arrive que le dénominateur de ρ devient un carré parfait, et par suite, ce rayon de courbure gardera encore un signe constant pour tous les points d'une telle surface. Elle sera donc *convexe* en chaque point; mais elle aura *une courbure nulle* dans la direction unique qui répond à

$$m = m_1 = m_2, \quad \text{d'où} \quad \rho = \infty,$$

direction qui coïncide évidemment avec la génératrice rectiligne de la surface développable.

379. Rentrons dans le cas général auquel se rapportent les formules (12) et (15); et comme il est évident *à priori* qu'en faisant tourner le plan sécant tout autour de la normale, la courbure de la section ne peut pas croître ou décroître indéfiniment, il y a lieu de chercher quelles sont les valeurs de α ou de m qui rendront le rayon ρ *minimum* ou *maximum*. Or, les quantités p, q, r, s, t étant des fonctions de x, y, z, qui se déduisent de l'équation de la surface, et sont par conséquent indépendantes de α (*) ou de la direction donnée au plan sécant, il suffira d'égaler à zéro la différentielle de la formule (12) prise par rapport à α et $\mathcal{C}$, et d'y joindre la différentielle de l'équation (13) qui lie entre eux ces deux angles. Il pourrait paraître plus simple d'employer la formule (15), où l'on n'aurait à différentier que par rapport à la seule in-

---

(*) Cependant, pour quelques points singuliers dans lesquels les dérivées p, q, r, s, t, prennent la forme indéterminée $\frac{0}{0}$, il peut arriver que leurs vraies valeurs se trouvent dépendre de α; mais ce sont des cas très particuliers pour lesquels nous renverrons au mémoire déjà cité de M. Poisson, à qui l'on doit la remarque et l'explication de ces circonstances singulières. Voyez le 21e cahier du *Journal de l'École Polytechnique.*

déterminée m; mais les calculs seraient moins symétriques, et nous préférerons la première méthode. Si, d'ailleurs, nous écartons l'hypothèse

$$\frac{d\rho}{d\alpha} = \infty,$$

laquelle peut fournir quelquefois des *minimum* ou *maximum*, c'est qu'elle ne conduirait ici qu'à égaler à zéro le dénominateur de ρ, et donnerait ainsi les valeurs infinies déjà remarquées au n° 377, mais qui ne sont point de véritables *minimum* ou *maximum*; car, le rayon ρ changeant brusquement de signe avant et après ces valeurs extrêmes, on ne trouve plus là *la continuité* indispensable au maximum qui a besoin d'être *immédiatement* suivi et précédé de valeurs plus petites. En partant donc des formules (12) et (13), nous poserons

$$(r\cos\alpha + s\cos\mathcal{C})\sin\alpha\,d\alpha + (t\cos\mathcal{C} + s\cos\alpha)\sin\mathcal{C}\,d\mathcal{C} = 0,$$

$$[(1+p^2)\cos\alpha + pq\cos\mathcal{C}]\sin\alpha\,d\alpha + [(1+q^2)\cos\mathcal{C} + pq\cos\alpha]\sin\mathcal{C}\,d\mathcal{C} = 0,$$

d'où l'on déduit

$$(16)\qquad \frac{r\cos\alpha + s\cos\mathcal{C}}{t\cos\mathcal{C} + s\cos\alpha} = \frac{(1+p^2)\cos\alpha + pq\cos\mathcal{C}}{(1+q^2)\cos\mathcal{C} + pq\cos\alpha}.$$

Cette relation, jointe à (13), déterminera les valeurs de α et $\mathcal{C}$ qui rendront ρ *minimum* ou *maximum*; donc, pour obtenir l'équation qui donnera simultanément tous ces rayons particuliers qu'on appelle RAYONS PRINCIPAUX, il suffit d'éliminer α et $\mathcal{C}$ entre (12), (13) et (16). Mais, afin de n'avoir à opérer que sur des équations du premier degré, multiplions d'abord l'équation (16) par $\dfrac{\cos\alpha}{\cos\mathcal{C}}$, puis ajoutons l'unité à chaque membre; nous formerons ainsi une nouvelle équation où il entrera 1°. le polynome (13) qui égale l'unité : 2°. le dénominateur de ρ', qui pourra être remplacé par $\dfrac{k}{\rho}$, en posant pour abréger,

$$\sqrt{1 + p^2 + q^2} = k;$$

de sorte qu'il viendra

$$(17) \qquad t \cos 6 + s \cos \alpha = \frac{k}{\rho} \left[(1 + q^2) \cos 6 + pq \cos \alpha \right].$$

De même, en renversant d'abord les fractions de l'équation (16), et multipliant les deux membres par $\dfrac{\cos 6}{\cos \alpha}$, puis en ajoutant l'unité à chacun, on trouvera

$$(18) \qquad r \cos \alpha + t \cos 6 = \frac{k}{\rho} \left[(1 + p^2) \cos \alpha + pq \cos 6 \right].$$

Alors, voilà deux équations (17) et (18) qui peuvent remplacer (13) et (16), et qui sont du premier degré; on en tire aisément

$$(19) \qquad \left[\rho t - k (1 + q^2) \right] \cos 6 = (kpq - \rho s) \cos \alpha,$$

$$(20) \qquad \left[\rho r - k (1 + p^2) \right] \cos \alpha = (kpq - \rho s) \cos 6;$$

puis, en multipliant ces dernières l'une par l'autre α et 6 se trouvent éliminés; et il vient, en remplaçant le signe général ρ par R qui désignera dorénavant *les rayons principaux*,

$$(21) \qquad R^2(rt - s^2) - Rk \left[(1 + q^2) r - 2pqs + (1 + p^2) t \right] + k^4 = 0.$$

Cette équation du second degré montre que, parmi toutes les sections normales faites autour d'un même point d'une surface, il n'y en aura généralement que deux dont les rayons de courbure soient plus grands ou plus petits que les autres; leurs valeurs seront données par les racines de l'équation (21), savoir (*)

$$(22) \qquad \left. \begin{array}{c} R'' \\ R' \end{array} \right\} = \frac{k}{2g} \left(h \pm \sqrt{h^2 - 4gk^2} \right) = \frac{2k^3}{h \mp \sqrt{h^2 - 4gk^2}},$$

(*) Ces racines sont *toujours réelles*, comme nous le prouverons généralement au n° 398; mais on pourrait s'en assurer déjà très simplement en sup-

où nous avons posé, pour abréger,

$$g = rt - s^2, \quad k = \sqrt{1 + p^2 + q^2},$$
$$h = (1 + q^2)\, r - 2pqs + (1 + p^2)\, t\,;$$

et nous prouverons plus loin (n°ˢ 385, 388) que, de ces deux rayons, l'un R' est toujours un *minimum*, et l'autre R'' un *maximum* parmi toutes les valeurs de ρ, du moins en comparant celles qui ont un même signe.

380. Au rayon *minimum* R' correspondra une section normale *de courbure maximum*, et au rayon *maximum* R'' une section *de courbure minimum*, lesquelles se désignent aussi sous le nom de SECTIONS PRINCIPALES. Pour trouver leurs positions, il suffit de recourir à l'équation (16) qui détermine le rapport

$$\frac{\cos \beta}{\cos \alpha} = m = \frac{dy}{dx},$$

et qui, ordonnée par rapport à cette quantité, devient

$$(23) \quad \frac{dy^2}{dx^2}\left[(1 + q^2)s - pqt\right] + \frac{dy}{dx}\left[(1 + q^2)r - (1 + p^2)t\right]$$
$$- \left[(1 + p^2)\,s - pqr\right] = 0.$$

FIG. 46. Les deux racines de cette équation (*) seront évidemment

$$m' = \tang\, P'PS, \quad m'' = \tang\, P''PS\,;$$

---

posant $p = 0$ et $q = 0$ dans l'équation (21), qui donnerait alors des valeurs dont le radical porterait sur la somme de deux carrés. Or, comme cette hypothèse revient à supposer que le plan des (x, y) a été choisi parallèle au plan tangent dans le point considéré, ce qui ne peut altérer nullement la forme de la surface, il est certain que si les deux rayons R' et R'' sont réels dans cette hypothèse, ils le sont pareillement dans toute autre position des plans coordonnés.

(*) Ces racines sont aussi *toujours réelles*, comme nous le prouverons d'une manière générale au n° 398; mais on peut le reconnaître déjà, en posant $p = 0$ et $q = 0$, comme dans la note précédente; car l'équation (23) se réduit alors à la forme (24) où la réalité des racines est évidente.

ainsi, elles feront connaître les projections PP′ et PP″ des deux tangentes MM′ et MM″ par lesquelles doivent passer les plans normaux qui contiennent les deux *sections principales* MA et MB; mais pour distinguer celle qui répond au rayon *minimum* R′ de celle qui répond au rayon *maximum* R″, il n'y aura qu'à substituer tour à tour R′ et R″ à la place de ρ dans une des équations (19) et (20), puis en déduire la valeur de $\dfrac{\cos \zeta}{\cos \alpha}$.

381. *Les plans des deux sections principales sont toujours perpendiculaires entre eux.* En effet, l'angle de ces plans est évidemment mesuré par celui des tangentes MM′ et MM″; et Fig. 46. pour estimer ce dernier plus facilement, nous supposerons que les axes coordonnés ont été choisis de manière que le plan XY soit parallèle au plan tangent de la surface en M. Cette hypothèse ne peut rien changer à la position relative des tangentes ou des élémens MM′ et MM″; mais elle rendra ces élémens parallèles à leurs projections PP′ et PP″, et par suite il suffira de prouver que l'angle P′PP″ est droit dans cette hypothèse. Or, l'équation générale du plan tangent

$$Z - z = p\,(X - x) + q\,(Y - y),$$

devant se réduire alors à la forme $Z = z$, on en conclut que pour cette position du plan tangent, on a $p = 0$ et $q = 0$; valeurs qui introduites dans l'équation (23), la réduisent à

$$(24) \quad \frac{dy^2}{dx^2} + \frac{dy}{dx}\left(\frac{r - t}{s}\right) - 1 = 0;$$

et la forme du dernier terme montre que les deux racines satisfont à la condition

$$m′ . m″ = - 1,$$

ce qui prouve que les deux directions PP′ et PP″ sont bien rectangulaires, ainsi que les tangentes MM′ et MM″ dans l'espace.

382. Pour apercevoir aisément les rapports que les *deux*

rayons-principaux ont avec les autres, imaginons que l'origine des trois axes coordonnés rectangulaires soit placée au point M donné sur la surface, et que deux de ces axes, MX et MY, soient situés dans le plan tangent; alors on aura, comme ci-dessus, les conditions

$$p = 0, \quad q = 0, \quad \cos \zeta = \sin \alpha,$$

ce qui réduira la formule générale (12) à

$$(25) \qquad \rho = \frac{1}{r\cos^2 \alpha + 2s \cos \alpha \sin \alpha + t \sin^2 \alpha}.$$

En outre, nous pouvons admettre que les deux axes MX et MY ont été choisis *tangens aux deux sections principales* MA et MB, puisqu'on vient de voir que ces courbes sont situées dans deux plans normaux rectangulaires; mais alors une des racines de l'équation (24) devra être nulle, et l'autre infinie; ce qui entraîne évidemment la condition $s = 0$, attendu que l'on a

$$m' + m'' = \frac{t - r}{s}, \quad \text{et} \quad m' \cdot m'' = -1 :$$

donc, avec de tels axes coordonnés, on aura pour le rayon de courbure MI d'une section normale MN, qui fait un angle α avec MA, la valeur très simple

$$(26) \qquad \rho = \frac{1}{r\cos^2 \alpha + t \sin^2 \alpha}.$$

383. Maintenant, pour déduire de là les deux rayons principaux qui appartiennent, d'après nos hypothèses, aux sections MA et MB, il suffit ici de poser tour à tour $\alpha = 0$, $\alpha = 90°$; ce qui donne

$$MG = R' = \frac{1}{r}, \quad MH = R'' = \frac{1}{t}.$$

Or, en substituant ces valeurs dans la formule (26), l'expression d'un rayon quelconque $MI = \rho$, devient

$$(27) \qquad \frac{1}{\rho} = \frac{1}{R'} \cos^2 \alpha + \frac{1}{R''} \sin^2 \alpha,$$

relation très remarquable, trouvée d'abord par *Euler*, et d'après làquelle on pourra toujours calculer aisément le rayon de courbure $MI = \rho$ d'une section normale quelconque MN, dès que l'on connaîtra l'angle α qu'elle forme avec une des deux sections principales MA et MB, ainsi que les rayons R' et R'' de ces dernières.

Tandis que si l'on employait des sections normales quelconques, il faudrait connaître *trois* rayons ρ', ρ'', ρ''' de pareilles courbes, et les angles α' et α'' compris entre elles, pour calculer, d'après la formule (25), le rayon ρ d'une section normale MN qui ferait l'angle α avec la première. En effet, si dans la formule (25) où α est compté à partir d'un axe des x qui a une direction arbitraire sur le plan tangent, on pose tour à tour

$$\alpha = 0 \qquad \text{et} \quad \rho = \rho',$$
$$\alpha = \alpha' \qquad \text{et} \quad \rho = \rho'',$$
$$\alpha = \alpha' + \alpha'' \quad \text{et} \quad \rho = \rho''',$$

on aura trois équations de condition qui suffiront pour déterminer les constantes r, s, t; après quoi, cette même formule (25) fera connaître le rayon ρ de la section particulière que l'on cherche.

384. Remarquons ici que si l'on compare deux sections normales qui soient *perpendiculaires l'une à l'autre*, leurs rayons de courbure ρ' et ρ'' se déduiront de la formule (27) en y posant successivement

$$\alpha = \alpha' \quad \text{et} \quad \alpha = \alpha' + 90^\circ,$$

ce qui donne

$$\frac{1}{\rho'} = \frac{1}{R'} \cos^2 \alpha' + \frac{1}{R''} \sin^2 \alpha', \qquad \frac{1}{\rho''} = \frac{1}{R'} \sin^2 \alpha' + \frac{1}{R''} \cos^2 \alpha';$$

d'où l'on conclut

$$\frac{1}{\rho'} + \frac{1}{\rho''} = \frac{1}{R'} + \frac{1}{R''}.$$

Ainsi *la somme des rayons* de courbure *renversés* de deux sections rectangulaires, ou bien *la somme des courbures* (n° 352) de ces sections, *est toujours constante* autour d'un même point d'une surface. Mais on doit bien remarquer qu'il s'agit ici d'une somme *analytique ;* car les règles établies au n° 375, sur les signes des rayons et sur le sens de la courbure des sections normales, doivent être observées dans toutes les conséquences que nous avons tirées de la formule générale (12) ; et c'est aussi d'après ces règles que nous allons maintenant discuter l'équation d'Euler.

385. Lorsque les deux rayons principaux sont de même Fíg. 41. signe, comme dans la figure 41, où $R' = MG$ et $R'' = MH$, la formule

$$(27) \qquad \frac{1}{\rho} = \frac{1}{R'}\cos^2\alpha + \frac{1}{R''}\sin^2\alpha,$$

montre clairement que, quel que soit l'angle α, chaque section normale MN aura aussi un rayon $\rho = MI$ de même signe que R' et R''; et par conséquent (n° 375) toutes les sections normales autour du point M seront situées, dans les environs de ce point, d'un même côté du plan tangent : la surface est dite alors *convexe* au point M.

Dans la même hypothèse, *le plus petit des deux rayons principaux*, en valeur absolue, *est* MINIMUM *parmi tous les rayons de courbure* des diverses sections normales ; et *le plus grand des deux rayons principaux est* MAXIMUM *entre tous les autres*. En effet, puisqu'ici R', R'' et ρ sont tous de même signe, l'équation (27) subsistera toujours en ne prenant que les valeurs *absolues* de ces rayons, c'est-à-dire en rendant tous ses termes positifs ; et si alors on suppose $R' < R''$, on pourra écrire cette équation sous l'une et l'autre des formes suivantes :

$$\frac{1}{\rho} = \frac{1}{R'} - \left(\frac{1}{R'} - \frac{1}{R''}\right) \sin^2 \alpha,$$

$$\frac{1}{\rho} = \frac{1}{R''} + \left(\frac{1}{R'} - \frac{1}{R''}\right) \cos^2 \alpha.$$

Or, d'après l'hypothèse $R' < R''$, il résulte évidemment de ces équations qu'on aura toujours, quel que soit l'angle α,

$$\frac{1}{\rho} < \frac{1}{R'} \quad \text{et} \quad \frac{1}{\rho} > \frac{1}{R''},$$

d'où
$$R' < \rho \quad \text{et} \quad R'' > \rho ;$$

ce qui prouve que R' est *minimum*, et R'' *maximum* entre toutes les valeurs de ρ.

386. Lorsque les deux rayons principaux *sont égaux* et de même signe, la formule (27) montre que $\rho = R'$, quel que soit l'angle α; alors toutes les sections normales faites autour du point M ont une courbure égale, et chacune peut être regardée comme une *section principale*. En effet, si nous prenons le plan tangent pour le plan des (x, y), comme au n° 381, nous aurons $p = 0$, $q = 0$, et la formule générale (22) deviendra

$$R = \frac{r + t \pm \sqrt{(r - t)^2 + 4s^2}}{rt - s^2};$$

or, pour que ces deux valeurs soient égales, il faudra poser

$$r - t = 0 \quad \text{et} \quad s = 0,$$

conditions qui rendront *identique* l'équation (24), et laisseront alors entièrement arbitraires les directions des sections principales que cette équation devait déterminer. Cette circonstance se présente évidemment dans une sphère pour tous ses points, et dans un ellipsoïde de révolution pour les deux points qui sont sur l'axe; mais nous reviendrons (n° 397) d'une manière plus complète sur ce genre de points singuliers que l'on nomme des *Ombilics*.

387. Supposons maintenant que les rayons principaux

soient *de signes contraires*, par exemple, R′ positif et R″ négatif; les deux sections principales MA et MB auront la position indiquée fig. 42, et la surface sera *non-convexe* au point M, puisqu'il y aura des sections situées au-dessus du plan tangent en ce point, et d'autres placées au-dessous. Pour déterminer les limites des unes et des autres, mettons en évidence les signes des deux rayons R′ et R″ dans la formule (27), qui deviendra ainsi

$$(28) \qquad \frac{1}{\rho} = \frac{1}{R'} \cos^2 \alpha - \frac{1}{R''} \sin^2 \alpha.$$

On voit alors qu'en faisant augmenter l'angle α à partir de zéro, le rayon variable ρ commencera par être positif, et égal à R′; puis, il ira toujours en croissant jusqu'à $\rho = \infty$, valeur qu'il atteindra quand l'angle α aura acquis une grandeur ω propre à vérifier l'équation

$$\frac{\cos^2 \omega}{R'} = \frac{\sin^2 \omega}{R''}, \quad \text{d'où} \quad \text{tang}\,\omega = \pm \sqrt{\frac{R''}{R'}}.$$

Fig. 42. Si donc on tire dans le plan tangent, deux droites MD et ME qui fassent chacune avec MX un angle égal à ω, ces droites seront les traces de deux *plans normaux limites,* tels, que toutes les sections comprises dans les deux angles opposés DME et D′ME′ auront des rayons de courbure *positifs ;* et par suite (n° 375) ces sections seront toutes situées *au-dessus du plan tangent.* D'ailleurs, il est évident que R′ *sera le* MINIMUM *de tous ces rayons positifs.*

388. Si l'on fait ensuite augmenter α au-delà de ω, la formule (28) montre que ρ devient négatif, et va en décroissant numériquement depuis $\alpha = \omega$, où $\rho = \pm \infty$, jusqu'à $\alpha = 90°$, où $\rho = - R''$: au-delà le rayon ρ, toujours négatif, recommence à croître numériquement jusqu'à $\alpha = 180° - \omega$, où $\rho = -\infty$; de sorte qu'en continuant cette discussion, on verra que toutes les sections situées dans les deux angles opposés DME′ et D′ME, ont des rayons de courbure négatifs,

et par conséquent ces diverses sections sont toutes (n° 375) *au-dessous du plan tangent.*

D'ailleurs, on voit que R″ sera le *minimum numérique* des rayons de courbure de ce genre ; ou bien, si l'on continue à tenir compte de leurs signes, on peut dire que *le rayon* — R″ *est un* MAXIMUM *analytique,* mais seulement *par rapport aux rayons négatifs :* au lieu que dans les surfaces convexes (n° 385) les deux rayons principaux R′ et R″ étaient, l'un *minimum absolu,* l'autre *maximum absolu* entre tous les rayons de courbure des diverses sections normales faites par le point en question.

389. On trouve des exemples de ces courbures opposées, sans sortir des surfaces du second ordre. En effet, dans le paraboloïde hyperbolique et l'hyperboloïde à une nappe, nous savons que le plan tangent en un point quelconque coupe la surface suivant deux droites ; or ce sont ces lignes qui, tenant lieu des droites DD′ et EE′ (fig. 42), partagent la surface *en quatre régions* opposées deux à deux, dans lesquelles les sections normales tournent successivement leur convexité en sens contraires. Pour fixer davantage les idées, il n'y a qu'à considérer spécialement l'un des quatre sommets de l'hyperboloïde à une nappe, et faire tourner le plan de *l'ellipse de gorge* autour de l'axe qui coïncide avec la nor-male à ce sommet : alors on reconnaîtra sans peine que ce plan mobile donne d'abord des sections elliptiques convexes extérieurement, puis des hyperboles concaves ; et que ces deux genres sont séparés par deux sections rectilignes, qui tiennent lieu de paraboles, parce que le plan sécant, arrivé à l'une ou à l'autre de ces limites, renferme deux droites parallèles de la surface.

390. Observons que dans l'hyperboloïde gauche dont nous parlons ici, les *sections normales limites* sont précisément ces deux génératrices rectilignes, et par conséquent leurs rayons de courbure sont évidemment infinis, comme l'avait annoncé la formule (28) ; mais, dans les surfaces d'un degré plus élevé, les plans normaux limites donneront des sections cour-

vilignes, distinctes des droites DD′, EE′, et tangentes à ces lignes, avec lesquelles elles auront même un contact du second ordre au moins, puisque les rayons de courbure sont toujours infinis à ces limites. C'est ce qui arrive dans le *Tore*, où le plan tangent à la nappe intérieure coupe la surface suivant une courbe fermée, dont les deux branches offrent un point multiple. Les tangentes à ces deux branches sont les traces des *plans normaux limites*, et ceux-ci couperont le tore suivant des courbes qui toucheront ces mêmes tangentes, avec un contact du troisième ordre, puisque chacune sera tout entière d'un même côté de sa tangente. Voyez *la Géométrie descriptive*, n°s 715... 719.

391. Dans les surfaces développables, dont l'équation générale trouvée n° 328, est

$$rt - s^2 = 0,$$

on voit que si on les rapporte aux mêmes axes que ci-dessus (n° 382), la condition $s = 0$ entraînera l'une de ces deux-ci, $r = 0$ ou $t = 0$; de sorte que l'un des rayons principaux trouvés n° 383 sera infini. Mais sans recourir à ces axes particuliers, la formule générale (22) dans laquelle il faudra poser $g = 0$, après avoir fait passer le radical au dénominateur, donnera

$$R'' = \frac{k^3}{0}, \quad R' = \frac{k^3}{h};$$

d'ailleurs la formule (12) devenant ici

$$\rho = \frac{k}{(\sqrt{r}\cos\alpha + \sqrt{t}\cos\mathcal{C})^2},$$

il en résulte que toutes les sections normales auront des rayons de même signe, quel que soit l'angle α, ou bien que la surface est encore *convexe* dans tous ses points. Ces résultats s'accordent avec la nature des surfaces développables dans lesquelles nous savons (n° 274) que le plan tangent ne coupe pas, mais touche la surface tout le long de la génératrice rectiligne ; et cette droite devient la *section principale* dont le rayon de courbure R'' est *maximum* et infini , tandis que le rayon *minimum* R' appartient à la section faite perpendiculairement à la génératrice. Toutes ces conséquences sont faciles à vérifier quand on prend pour exemple un cylindre à base quelconque.

392. Les formules (27) et (28), qui lient entre eux les rayons de courbure des diverses sections normales, présentent une analogie frappante avec les relations qui existent entre les diamètres et les axes d'une ellipse ou d'une hyperbole. On sait, en effet, qu'en appelant a et b les demi-axes d'une ellipse, et a' un demi-diamètre qui fait un angle α avec le premier axe, on a pour déterminer la longueur de ce diamètre, l'équation

$$\frac{1}{a'^2} = \frac{1}{a^2} \cos^2 \alpha + \frac{1}{b^2} \sin^2 \alpha,$$

laquelle subsiste pour l'hyperbole, en changeant b^2 en $-b^2$. Si donc on construit une courbe du second degré dont les axes soient tels que

$$a^2 = R', \quad b^2 = R'', \quad \text{on aura évidemment } a'^2 = \rho ;$$

de sorte que si les rayons principaux sont tous deux positifs, cette courbe sera une ellipse dans laquelle *les carrés des divers diamètres représenteront,* d'une manière graphique, *les valeurs croissantes ou décroissantes des rayons de courbure* des sections normales faites dans la surface. Si au contraire R' est positif et R'' négatif, l'axe b sera imaginaire, et la courbe construite sur les demi-axes a et b, toujours déterminés comme ci-dessus, deviendra une hyperbole dans laquelle les demi-diamètres a', tantôt réels, tantôt infinis, tantôt imaginaires, suivant la valeur de α, représenteront aussi, par leurs carrés, *la grandeur* et *le signe* des rayons de courbure des diverses sections normales (*).

(*) On pourrait aussi former une courbe du second degré dans laquelle les

393. La courbure d'une surface quelconque S, en chacun de ses points, peut toujours être assimilée à la courbure d'un ellipsoïde, ou d'un hyperboloïde gauche, dans un de leurs sommets réels. Soient en effet MZ la normale de S au point en question M; MA et MB les deux sections principales situées dans les plans rectangulaires ZX, ZY; et R′, R″ leurs rayons de courbure, que nous supposerons d'abord tous deux positifs. Si dans les plans ZX, ZY, nous traçons deux ellipses qui aient un axe commun $MO = c$, arbitraire en longueur, mais dirigé suivant la normale, et qu'ensuite nous choisissions les deux autres axes $OA′ = a$, $OB′ = b$, de manière que l'on ait

$$\frac{a^2}{c} = R', \qquad \frac{b^2}{c} = R'',$$

il en résultera que les ellipses MA′ et MB′ auront en M les mêmes rayons de courbure (*) que les sections MA et MB;

---

rayons vecteurs, et non pas leurs carrés, représenteraient les rayons de courbure des diverses sections normales de la surface. En effet, si l'on renverse la formule (27), et qu'on y remplace $\cos^2 \alpha$ et $\sin \alpha$ par leurs valeurs en fonction d $\cos 2\alpha$, on trouvera aisément

$$\rho = \frac{2R'R''}{(R'' + R') + (R'' - R') \cos 2\alpha};$$

puis, si l'on pose

$$R'' + R' = 2a, \quad R'' - R' = 2c, \quad \text{d'où} \quad R''R' = a^2 - c^2,$$

il viendra

$$\rho = \frac{a^2 - c^2}{a + c.\cos 2\alpha},$$

équation polaire d'une section conique dont les demi-axes sont a et $b = \sqrt{a^2 - c^2}$, et dont les rayons vecteurs, partis du foyer, seront les longueurs des divers rayons de courbure; mais il faut bien observer que chacun de ces rayons vecteurs devra former avec l'axe $2a$, *un angle double* de celui que comprennent les plans de ρ et de R′.

(*) On sait qu'au sommet d'une courbe du second degré le rayon de courbure est égal au *demi-paramètre*; c'est-à-dire au carré du demi-axe parallèle à la tangente en ce sommet, divisé par le demi-axe qui aboutit à ce point.

et par suite elles seront *osculatrices* de ces courbes, c'est-à-dire qu'elles auront avec ces sections un contact du deuxième ordre. Or, ces deux ellipses déterminent complètement un ellipsoïde S′ dont les demi-axes sont OA′, OB′, OM, et qui sera dit *osculateur de la surface* S, parce que *tout plan normal* ZMX′ *coupera ces deux surfaces suivant deux courbes* MN *et* MN′, *qui seront osculatrices entre elles*, ou bien qui auront le même rayon de courbure.

Pour démontrer cette proposition, il faut remarquer que la section MN′ sera une ellipse ayant pour axes OM $= c$ et ON′ $= a'$, et que, d'après la note précédente, le rayon de courbure au sommet M sera $\rho' = \dfrac{a'^2}{c}$; mais a' est un demi-diamètre de l'ellipse A′N′B′, lequel est lié avec les axes par la relation déjà citée

$$\frac{1}{a'^2} = \frac{1}{a^2} \cos^2 \alpha + \frac{1}{b^2} \sin^2 \alpha ;$$

et puisque l'on a, par tout ce qui précède,

$$\frac{1}{\rho'} = \frac{c}{a'^2}, \quad \frac{1}{R'} = \frac{c}{a^2}, \quad \frac{1}{R''} = \frac{c}{b^2},$$

la relation ci-dessus devient

$$\frac{1}{\rho'} = \frac{1}{R'} \cos^2 \alpha + \frac{1}{R''} \sin^2 \alpha ;$$

or, en la comparant avec la formule (27) qui donne le rayon de courbure de la section MN, savoir,

$$\frac{1}{\rho} = \frac{1}{R'} \cos^2 \alpha + \frac{1}{R''} \sin^2 \alpha,$$

on en conclut que $\rho = \rho'$, c'est-à-dire que les sections MN et M′N′, faites dans les surfaces S et S′, sont osculatrices l'une de l'autre, pour une même valeur de l'angle α. Par conséquent, la forme bien connue de l'ellipsoïde S′ aux environs de son sommet M, pourra servir à donner une idée exacte de la courbure de la surface S autour de ce point ; seulement il faudra se rappeler que quand le point M variera sur la surface S, l'ellipsoïde osculateur changera lui-même, puisque ses axes dépendent des rayons principaux au point que l'on considère.

394. Si maintenant on suppose le rayon principal R' positif, et R'' négatif, les axes de la surface osculatrice S' devant toujours être déterminés par les conditions

$$\frac{a^2}{c} = R', \quad \frac{b^2}{c} = -R'',$$

en continuant de prendre $MO = c$ positif, on voit que a sera réel et b imaginaire : par conséquent l'ellipse MB' se changera en une hyperbole tangente à MY, mais située au-dessous de cette droite, et la surface osculatrice S' deviendra un hyperboloïde gauche, dont l'ellipse de gorge sera MA'. Du reste, l'identité des rayons de courbure ρ et ρ' relatifs à deux sections MN et MN', faites par un même plan dans la surface S et dans l'hyperboloïde S', se démontrera comme ci-dessus, puisqu'il suffira de changer partout les signes de R'' et de b^2, et que la courbe $A'N'B'$, qui deviendra une hyperbole dont l'axe réel sera OA' et l'axe imaginaire OB', offrira encore entre ces axes et le diamètre $ON' = a'$, réel ou imaginaire, la relation

$$\frac{1}{a'^2} = \frac{1}{a^2} \cos^2 \alpha - \frac{1}{b^2} \sin^2 \alpha.$$

Ainsi, *cet hyperboloïde gauche sera* OSCULATEUR *de la surface S non-convexe*, et donnera par la courbure de son sommet une idée exacte de la forme de cette surface dans les environs du point M. Nous n'avons pas effectué ici ces constructions ; mais on les trouvera développées avec détail dans la *Géométrie descriptive*, n° 684.

395. Lorsque la surface sera développable, un des deux rayons principaux, R'' par exemple, sera infini (n° 391) ; et alors l'axe b devenant aussi infini, l'ellipse MB' se changera

en deux droites parallèles à MY, de sorte que la surface du deuxième degré osculatrice de S, deviendra un *cylindre* ayant pour *section droite* l'ellipse MA'. Toutefois, ce cylindre, quoique tangent à S tout le long de la génératrice rectiligne, ne sera osculateur qu'au point M.

396. Nous ferons observer aussi que dans le n° 393 on aurait pu employer pour surface osculatrice, un hyperboloïde à deux nappes ou un paraboloïde elliptique, puisque ces surfaces sont *convexes* comme l'ellipsoïde ; et dans le n° 394, l'hyperboloïde gauche aurait pu être remplacé par un paraboloïde hyperbolique ; mais nous nous sommes bornés à employer, parmi ces cinq surfaces, les deux principales dont la forme est plus facile à se représenter.

En général, *deux surfaces quelconques* S et S' *sont osculatrices* en un point M où la normale est commune, *lorsque toutes les sections normales sont respectivement osculatrices.* Or, pour cela, il suffit que les deux sections principales de S soient dans les mêmes plans, et aient les mêmes rayons de courbure que les sections principales de S' : ou bien, que trois sections normales quelconques de S se trouvent osculatrices des sections faites dans S' par les mêmes plans normaux ; car il résulte évidemment de la formule (27) et des calculs indiqués au n° 383, qu'alors tout autre plan normal coupera S et S' suivant deux courbes qui auront aussi le même rayon de courbure, et qui seront par conséquent *osculatrices l'une de l'autre.*

Cette définition des surfaces osculatrices équivaut, d'après là formule générale (12), à exiger comme conditions analytiques, que l'ordonnée z et les dérivées p, q, r, s, t, aient des valeurs égales dans les équations des deux surfaces, lorsqu'on y substitue les coordonnées x et y du point considéré.

397. DES OMBILICS. On nomme ainsi un point d'une surface pour lequel toutes les sections normales ont la même courbure, ce qui exige (n° 386) que pour un tel point, *les deux rayons principaux soient égaux* en grandeur et en signe. Il est donc

nécessaire et suffisant que le radical de la formule (22) soit nul, c'est-à-dire que l'on ait $h^2 - 4gk^2 = 0$, ou bien

$$(29) \quad [(1+q^2)r - 2pqs + (1+p^2)t]^2 - 4(rt - s^2)(1+p^2+q^2) = 0;$$

mais cette condition se partagera toujours en deux autres, comme il est arrivé déjà dans le cas particulier du n° 386. En effet, si l'on développe le carré indiqué, en ne laissant dans le premier membre que la quantité

$$[(1 + q^2)r + (1 + p^2)t]^2,$$

et que l'on retranche des deux membres de la nouvelle équation, quatre fois le produit des deux termes de ce binome, on pourra écrire la relation (29) sous la forme

$$(30) \quad [(1+q^2)r - (1+p^2)t]^2 + 4[(1+p^2)s - pqr][(1+q^2)s - pqt] = 0;$$

puis, si l'on pose

$$(31) \quad (1 + p^2)s - pqr = U,$$
$$(32) \quad (1 + q^2)s - pqt = V,$$

d'où l'on déduit, en éliminant s,

$$(33) \quad (1 + q^2)r - (1 + p^2)t = \frac{(1+p^2)V - (1+q^2)U}{pq},$$

alors l'équation (30) deviendra

$$(34) \quad [(1 + p^2)V - (1 + q^2)U]^2 + 4p^2q^2 UV = 0,$$

qui, en développant le carré, peut être écrite ainsi

$$(35) \quad \left[(1+p^2)V - \left(\frac{1+p^2+q^2-p^2q^2}{1+p^2}\right)U\right]^2 + \frac{4p^2q^2(1+p^2+q^2)}{(1+p^2)^2}U^2 = 0.$$

Or, sous cette forme, on voit clairement qu'on ne peut y satisfaire qu'en posant à la fois $U = 0$ et $V = 0$, c'est-à-dire

$$(36) \quad (1 + p^2)s - pqr = 0$$
$$(37) \quad (1 + q^2)s - pqt = 0;$$

car on ne doit pas chercher à vérifier l'équation (35) en rendant *nulles* ou *infinies* les quantités p et q, puisque ces hypothèses ne feraient qu'exprimer une inclinaison particulière du plan tangent sur les plans coordonnés, sans avoir aucune influence sur la courbure de la surface dans les points auxquels on serait conduit par ce moyen.

398. Nous avons imité ici la marche de M. Poisson, parce qu'elle offre l'occasion de prouver généralement que les racines des équations (21) et (23) sont toujours réelles ; car les radicaux que produit la résolution de ces équations, renferment précisément les deux polynomes (29) et (30), équivalens entre eux, et qui viennent d'être ramenés à la forme (35) *composée de deux carrés*.

Mais pour arriver aux conditions $U = 0$ et $V = 0$, il suffisait d'exprimer directement que, dans un ombilic, *tous les rayons de courbure des sections normales sont égaux entre eux* ; ce qui devient facile en partant de la formule générale trouvée n° 374,

$$\rho = \sqrt{1 + p^2 + q^2} \, \frac{[(1 + p^2) + 2pqm + (1 + q^2)m^2]}{r + 2sm + tm^2},$$

puisqu'il suffit d'écrire que le second membre est indépendant de la quantité m, qui varie seule quand le plan sécant normal tourne autour du même point donné sur la surface. Or, pour cela, il est nécessaire et suffisant que les coefficiens de chaque puissance de m aient entre eux le même rapport, ce qui donne les deux équations

$$(38) \qquad \frac{1 + p^2}{r} = \frac{pq}{s} = \frac{1 + q^2}{t},$$

lesquelles coïncident évidemment avec les conditions (36) et (37).

399. Remarquons d'ailleurs que l'équation (23), qui détermine généralement la direction des sections principales en un point donné, devient totalement *identique* quand la double condition (38) est vérifiée pour ce point : ré-

sultat auquel on parvient aussi en observant que, d'après les relations (31), (32) et (33), cette équation (23) peut s'écrire sous la forme suivante, qui nous sera utile plus tard,

$$(39) \quad V \frac{dy^2}{dx^2} + \left[\frac{(1 + p^2)V - (1 + q^2)U}{pq} \right] \frac{dy}{dx} - U = 0 \, ;$$

et comme pour un ombilic, on a toujours $U = 0$ et $V = 0$, il en faut conclure qu'alors la direction des sections *de courbure maximum* et *de courbure minimum* demeure totalement *indéterminée*. En effet, autour d'un tel point, toutes les sections normales ayant la même courbure, chacune peut être dite *une section principale.*

400. De cette discussion il résulte que, pour trouver si une surface donnée $F(x, y, z) = 0$ admet des *ombilics,* il faut, après avoir déduit de cette équation les expressions de p, q, r, s, t en fonction de x, y, z, poser les deux conditions

$$(38) \quad \frac{1 + p^2}{r} = \frac{pq}{s} = \frac{1 + q^2}{t} \, ;$$

puis, en les joignant à $F(x, y, z) = 0$, chercher si le système de ces *trois* équations finies, admet des valeurs réelles pour les coordonnées x, y, z. On voit par là qu'il n'y aura, en général, qu'un nombre limité d'ombilics sur une surface donnée.

401. Cependant, si les deux équations (38) se réduisaient à une seule vraiment distincte, alors cette équation jointe à $F(x, y, z) = 0$, déterminerait sur la surface donnée une courbe dont chaque point serait un ombilic, et qui est nommée *la ligne des courbures sphériques,* parce que dans chacun de ces points, la surface offrirait une courbure uniforme, comme celle d'une sphère.

402. Mais si, au lieu de donner l'équation $F(x, y, z) = 0$, on demandait quelle est *la surface dont chaque point est un ombilic,* c'est-à-dire pour chaque point de laquelle les deux rayons principaux sont égaux entre eux, sans rien préju-

ger sur leur variation d'un point à un autre de cette surface, il faudrait alors trouver une fonction inconnue $z = f(x,y)$
qui fût telle, que ses dérivées du premier et du second ordre
vérifiassent les relations (36) et (37). Or, en se rappelant
la signification de ces dérivées (n° 368), on voit que les
équations (36) et (37) peuvent être écrites sous la forme

$$\frac{p}{1 + p^2}\frac{dp}{dx} = \frac{1}{q}\frac{dq}{dx}, \qquad \frac{q}{1 + q^2}\frac{dq}{dy} = \frac{1}{p}\frac{dp}{dy};$$

alors elles peuvent s'intégrer (*) comme des équations différentielles ordinaires, pourvu qu'on remplace les constantes
arbitraires par une fonction Y de y dans la première, et
par une fonction X de x dans la seconde, ce qui conduira à

$$1 + p^2 = Yq^2, \qquad 1 + q^2 = Xp^2,$$

d'où l'on déduit

$$p = \sqrt{\frac{1 + Y}{XY - 1}}, \qquad q = \sqrt{\frac{1 + X}{XY - 1}}.$$

Mais les quantités p et q doivent, par leur nature, satisfaire à la condition $\dfrac{dp}{dy} = \dfrac{dq}{dx}$ qui devient ici

$$\frac{1}{(1 + X)^{\frac{3}{2}}}\frac{dX}{dx} = \frac{1}{(1 + Y)^{\frac{3}{2}}}\frac{dY}{dy};$$

or, quelles que soient les fonctions X et Y, cette égalité
est de la forme $\phi(x) = \psi(y)$, et elle ne peut subsister
pour toutes les valeurs de x et de y qui sont des variables indépendantes, qu'autant que chaque membre se
réduira à une même constante arbitraire. Représentons-la
donc par $\dfrac{2}{\delta}$, pour la commodité des calculs, et nous au-

---

(*) Cette marche, plus simple que celle de Monge, est tirée du Mémoire de
M. Poisson.

rons ainsi

$$\frac{d\mathrm{X}}{(1+\mathrm{X})^{\frac{3}{2}}} = \frac{2dx}{\delta}, \qquad \frac{d\mathrm{Y}}{(1+\mathrm{Y})^{\frac{3}{2}}} = \frac{2dy}{\delta};$$

d'où l'on déduit par l'intégration, et en appelant a et b deux nouvelles constantes arbitraires,

$$\frac{\delta}{\sqrt{1+\mathrm{X}}} = a - x, \qquad \frac{\delta}{\sqrt{1+\mathrm{Y}}} = b - y.$$

De là nous pouvons tirer les valeurs de X et Y pour les substituer dans celles de p et q qui deviendront

$$p = \frac{a-x}{\sqrt{\delta^2-(a-x)^2-(b-y)^2}}, \quad q = \frac{b-y}{\sqrt{\delta^2-(a-x)^2-(b-y)^2}};$$

et enfin, ces dernières substituées dans la relation..... $dz = pdx + qdy$, rendront le second membre une différentielle exacte, de sorte qu'une nouvelle intégration donnera

$$(x-a)^2 + (y-b)^2 + (z-c)^2 = \delta^2,$$

ce qui représente une sphère dont le rayon et le centre sont arbitraires.

Il est démontré par là que la sphère est la seule surface qui offre une courbure uniforme tout autour de chaque normale ; et que de cette propriété résulte aussi l'invariabilité de la courbure en passant d'un point à un autre de la surface.

403. DES LIGNES DE COURBURE. *Monge* a nommé ainsi la suite des points d'une surface pour lesquels les normales infiniment voisines se rencontrent consécutivement ; et il existe sur toute surface deux séries de pareilles lignes, comme le calcul va le faire voir. Soit en effet

$$z = f(x, y)$$

l'équation d'une surface rapportée à des axes rectangulaires quelconques, et M un point de cette surface dont les coordonnées sont x, y, z; si nous menons en ce point la nor- Fig. 46. male MG, elle aura (n° 270) pour équations

$$(A) \qquad x' - x + p\,(z' - z) = 0,$$

$$(B) \qquad y' - y + q\,(z' - z) = 0.$$

La normale menée en un point M′ infiniment voisin du premier, s'obtiendra en changeant, dans les équations précédentes, x, y, z en $x + dx$, $y + dy$, $z + dz$; par conséquent cette seconde normale aura des équations de la forme

$$(A) + d\,(A) = 0, \quad (B) + d\,(B) = 0;$$

et s'il s'agit, comme ici, de trouver le point de rencontre de ces deux normales, il faudra prendre *simultanément* les quatre équations précédentes, dont l'ensemble se réduit évidemment à

$$(A) = 0, \quad (B) = 0, \quad d\,(A) = 0, \quad d\,(B) = 0.$$

Développons donc les deux dernières, qui indiquent des différentielles relatives aux seules coordonnées x, y, z de la surface, et nous aurons

$$(C) \qquad dx + p\,dz = (z' - z)\,dp,$$

$$(D) \qquad dy + q\,dz = (z' - z)\,dq;$$

ainsi les coördonnées x', y', z', du point commun aux deux normales, seront fournies par la combinaison des quatre équations (A), (B), (C), (D). Or, puisque le nombre de ces équations surpasse celui des inconnues x', y', z', il faut en conclure que les deux normales ne se couperont pas, quelque rapproché que soit le point M′ du point M, à moins que ce point M′ ne soit choisi de manière à vérifier *l'équation de condition* que fournira le système (A), (B), (C), (D), par l'élimination des inconnues x', y', z'. On obtient aisément cette condition, puisque (C) et (D) ne renferment que z'; et en éliminant entre elles le binome $z' - z$, il viendra

$$(E) \qquad (dx + p\,dz)\,dq = (dy + q\,dz)\,dp,$$

19

qui, en y substituant les relations connues (n° 368)

$$dz = pdx + qdy, \quad dp = rdx + sdy, \quad dq = sdx + tdy,$$

pourra être ordonnée ainsi :

$$(E') \quad \frac{dy^2}{dx^2}\left[(1 + q^2)s - pqt\right] + \frac{dy}{dx}\left[(1 + q^2)r - (1 + p^2)t\right]$$
$$- \left[(1 + p^2)s - pqr\right] = 0.$$

404. Cette équation (E) ou (E') est dite *l'équation différentielle des lignes de courbure ;* parce que les quantités p, q,
r, s, t, étant des fonctions connues des coordonnées x, y,
z, du point donné M (fig. 46), elle établit une dépendance
entre les accroissemens $dx = $ PS, $dy = $ P'S, qui servent à
fixer le point M' ; et puisqu'elle assigne, non la grandeur
absolue de ces accroissemens, mais la valeur du rapport

$$\frac{dy}{dx} = \text{tang P'PS},$$

on peut dire qu'elle fait connaître, en projection sur le plan
des (x, y), suivant quelle direction PP' il faut passer du
point M de la surface à un point infiniment voisin M', pour
que les deux normales se rencontrent. D'ailleurs, cette équation (E') étant du second degré, *il n'y a donc* en général *que
deux directions* MM' et MM'', pour lesquelles la rencontre
des normales voisines ait lieu.

Fig. 52.　Cela posé, en partant du point M' (fig. 52) il y aura de
même deux points voisins N' et G dont les normales rencontreront celle de M' ; si donc on conserve seulement celui
des deux, N', qui est dans le même sens que M et M', et qu'ensuite on cherche encore dans le même sens, le point voisin
dont la normale coupera celle de N', on obtiendra en continuant ainsi, une *première ligne de courbure* MM'N'D' de la
surface. La *seconde ligne de courbure* relative au même point
M, s'obtiendra d'une manière semblable, et sera MM''N''D'' ;
puis, comme ces constructions peuvent se répéter pour chaque point G, H,.... on formera ainsi deux séries de lignes
de courbure qui partageront la surface en quadrilatères cur-

vilignes et infiniment petits, dont les *côtés se couperont tou-jours à angles droits dans l'espace.*

405. Cette *perpendicularité entre les lignes de courbure* pourrait se démontrer en rendant, comme au n° 381, le plan des (x, y) parallèle au plan tangent de la surface pour le point M (fig. 46) : mais il vaut encore mieux observer que l'équation (E′) est entièrement identique avec l'équation (23) qui détermine la direction des deux sections principales MA et MB; car il résulte de là, 1°. qu'en chaque point M d'une surface, *les lignes de courbure MM′D′ et MM″D″ sont tangentes aux sections principales* MA et MB : 2°. que ces dernières ayant leurs tangentes ou leurs élémens MM′ et MM″ perpendiculaires l'un sur l'autre (n° 381), il arrive aussi que *les lignes de courbure MD′ et MD″ se coupent à angles droits.* Cependant, il ne faut pas croire que ces lignes coïncideront généralement, dans toute leur étendue, avec les courbes planes MA et MB ; parce qu'une fois arrivée au point M′ de la surface, M′A ne sera plus ordinairement une *section princi-pale* pour ce point; de sorte que les lignes de courbure MM′D′ et MM″D″ seront en général des *courbes gauches.*

406. Avant d'aller plus loin, éclaircissons cette théorie par quelques exemples. Dans une surface de révolution, *le méri-dien* MA est évidemment *une première ligne de courbure,* puisque les normales MG, M′G,... de la surface en M, M′,... sont toutes situées (n° 301) dans le plan de ce méri-dien, et par conséquent ne peuvent manquer de se rencon-trer. D'ailleurs cette courbe méridienne MM′D′A est aussi *une section principale* de la surface, puisque le plan d'une telle section doit, comme nous venons de le voir, passer par la tangente MM′ de la ligne de courbure et par la normale MG; donc ici la première ligne de courbure coïncide avec une section principale, et il en sera de même *toutes les fois qu'une ligne de courbure sera plane, et que son plan renfer-mera la normale* de la surface.

Quant à *la seconde ligne de courbure,* c'est évidemment *le parallèle* MM″D″, car on sait que toutes les normales en M,

M″,.... aboutissent au même point H de l'axe ; mais cette ligne de courbure, quoique plane, ne coïncide pas avec *la seconde section principale* MM″B, puisque celle-ci doit être dans un plan mené suivant la normale MH, perpendiculairement au méridien MA, qui est la première section principale : seulement, les lignes MM″B et MM″D″ ont une tangente commune.

407. Dans les cylindres à bases quelconques, la génératrice rectiligne et la *section droite* sont évidemment les deux lignes de courbure ; et ce sont en même temps les deux sections principales, par la raison donnée ci-dessus pour le méridien. Dans d'autres surfaces, au contraire, chaque ligne de courbure est distincte des deux sections principales, comme dans l'ellipsoïde quelconque dont les lignes de courbure se prêtent à des constructions élégantes, que nous ferons connaître bientôt (n° 426). Pour les surfaces développables et les surfaces gauches, on pourra consulter la *Géométrie descriptive*, n° 697.

Fig. 46. 408. Calculons maintenant les portions MG et MH de la normale, comprises entre le point M et ceux où elle est coupée par les deux normales voisines qui la rencontrent. En appelant R une quelconque de ces deux distances, MG par exemple, on aura

$$R^2 = (x' - x)^2 + (y' - y)^2 + (z' - z)^2 ;$$

et les coordonnées x', y', z', du point de section G seront données par les quatre équations (A), (B), (C), (D), dont les deux dernières se réduisent à une seule, en vertu de la condition (E) que nous supposons vérifiée par le point M′. Si donc d'abord on tire de (A) et (B) les valeurs de $x' - x$, $y' - y$, il viendra

$$R = (z' - z) \sqrt{1 + p^2 + q^2} ;$$

puis, on devrait substituer ici la valeur de $(z' - z)$, déduite de (C) ou de (D) ; mais pour que cette valeur convienne à la fois aux deux lignes de courbure, et par conséquent aux deux poińts G et H, il faut auparavant éliminer entre les équations (C) et (D), la quantité $\frac{dy}{dx}$ qui n'est pas la même pour ces deux lignes. Or, si l'on substitue les expressions déjà citées

$$dz = pdx + qdy, \quad dp = rdx + sdy, \quad dq = sdx + tdy,$$

dans les équations (C) et (D), celles-ci pourront être ordonnées de la manière suivante :

(C') $\qquad [1 + p^2 - (z' - z)r]\, dx = [(z' - z)\, s - pq]\, dy,$

(D') $\qquad [1 + q^2 - (z' - z)t]\, dy = [(z' - z)\, s - pq]\, dx;$

alors, pour éliminer dx et dy, il suffit de les multiplier membre à membre, et il vient

(F) $\quad (z'-z)^2\,(rt-s^2)-(z'-z)\,[(1+q^2)\,r-2pqs+(1+p^2)t]$
$$\qquad\qquad\qquad + [1 + p^2 + q^2] = 0.$$

C'est donc de là qu'il faudrait tirer la valeur de $z' - z$, pour la substituer dans l'expression de R; ou bien, si de cette dernière on déduit la valeur de $z' - z$, et qu'on la porte dans (F), on trouvera pour déterminer les deux valeurs de R, l'équation du second degré,

(G) $\quad R^2(rt-s^2)-R[(1+q^2)r-2pqs+(1+p^2)t]\sqrt{1+p^2+q^2}$
$$\qquad\qquad\qquad + [1 + p^2 + q^2]^2 = 0.$$

409. Les racines de cette équation, ou les portions MG et MH de la normale, sont ce que Monge a nommé *les deux rayons de courbure de la surface* au point M; et nous expliquerons tout-à-l'heure (n° 411) le motif de cette dénomination. Mais auparavant, remarquons que l'équation (G) est entièrement identique avec l'équation (21) trouvée au n° 379; d'où il résulte qu'en chaque point, *les deux rayons de courbure de la surface* coïncident, en grandeur et en position, avec *les deux rayons de courbure des sections principales*.

410. Cette identité permet quelquefois de trouver graphiquement, et sans aucun calcul, les rayons de courbure des

deux sections principales pour un point donné sur une surface. Par exemple, dans une surface de révolution, il suit de
ce que nous avons vu au n° 406, que les rayons de courbure
des deux sections principales MA et MB, sont toujours, 1°. le
rayon de courbure MG du méridien ; 2°. la portion MH de la
normale comprise entre le point donné M et l'axe de révolution. Ces relations sont nécessaires à connaître dans certaines
questions de Géométrie descriptive, qui exigent l'emploi
d'une surface du second degré, osculatrice d'une surface de
révolution.

411. Revenons aux surfaces quelconques ; et, par les deux
normales consécutives MG, M'G, faisons passer un plan;
il contiendra la section principale MA, puisque celle-ci doit
toucher la ligne de courbure MM'D' ; et comme les deux
normales en question sont sensiblement égales (n° 351), la
sphère qui sera décrite avec MG pour rayon, *touchera* la surface proposée *en deux points consécutifs* M et M' le long de
MA. Il en sera de même de la sphère décrite avec MH = M"H
pour rayon, laquelle touchera la surface aux deux points M
et M" sur la section principale MB ; tandis que si, avec le
rayon de courbure MI = KI (fig. 41) d'une section normale
quelconque MN, on décrivait une sphère, celle-ci n'aurait
qu'un plan tangent de commun en M avec la surface. En
effet, le second rayon KI, qui est bien une normale commune
à cette section et à la sphère correspondante, ne saurait être
normal à la surface primitive, puisqu'il va couper la droite
MG, et qu'une telle rencontre ne peut avoir lieu (n° 404)
qu'aux seuls points M' et M". C'est pour cela que *Monge* a
nommé les rayons principaux *rayons de courbure de la surface,* en les regardant comme les rayons des deux sphères,
qui seules peuvent *toucher la surface en deux points consécutifs.*

Toutefois, il ne faut pas dire que les deux sphères décrites
avec les rayons MG et MH, sont *osculatrices* de la surface
proposée ; parce que le contact du second ordre que chacune
d'elles présente avec cette surface, n'a lieu que suivant la

direction MM' ou MM", et non pas tout autour du point M, comme l'exigerait la définition des surfaces osculatrices, donnée au n° 396.

412. Il faut aussi se garder de croire que MG (fig. 46) soit le rayon de courbure de la ligne MD', c'est-à-dire le rayon du cercle qui aurait avec cette ligne deux élémens communs. En effet, il est vrai que les deux droites MG et M'G, étant normales à la surface, sont aussi telles par rapport à la courbe MD'; mais pour que leur rencontre donnât le centre du cercle osculateur de MD', il faudrait (n° 351) que ces normales fussent situées toutes deux dans le plan osculateur de cette courbe, ce qui n'arrivera que dans le cas particulier où MD' coïncidera avec MA, ou du moins lorsque MD' et MA auront un contact du second ordre.

Par exemple, dans une surface de révolution (fig 47), la première ligne de courbure étant confondue avec le méridien MA, contiendra dans son plan les deux normales MG et M'G qui fourniront bien, par leur rencontre, le centre de courbure G de cette ligne MD'. Tandis que la seconde ligne de courbure MD", quoique plane, n'aura pas pour rayon de courbure la normale MH ; mais ce sera évidemment le rayon même de ce parallèle circulaire MD".

413. Si par tous les points de la ligne de courbure MM'N'D' Fɪɢ.52. on mène les diverses normales à la surface, ces droites, qui se rencontreront consécutivement, formeront une surface développable, dont l'arète de rebroussement sera la suite des centres de la première courbure, relatifs à la ligne MM'D'. En opérant ainsi pour chaque ligne M"GH..., N"KL... de la même courbure, on obtiendra une série de surfaces développables dont les arètes de rebroussement formeront, par leur ensemble, *une surface, lieu de tous les centres de la première courbure,* et à laquelle toutes les normales seront tangentes ; mais cette surface aura une seconde nappe, *lieu des centres de la seconde courbure,* qui résultera des arètes de rebroussement produites par les normales menées le long des lignes de la seconde courbure MM"N"..., M'GK...,

N'HL..., et cette seconde nappe sera aussi touchée par les mêmes normales que la première. Pour obtenir l'équation de ces deux nappes, qui sont le lieu de tous les points de section dont les coordonnées ont été désignées par x', y', z', dans les équations (A), (B), (F), il suffira évidemment d'éliminer x, y, z, entre ces trois équations et celle de la surface proposée.

Les deux nappes des centres de courbure sont, par rapport à la surface proposée, ce que les développées des lignes courbes sont par rapport à celles-ci ; et ces nappes offrent encore diverses propriétés remarquables, sur lesquelles on pourra consulter le livre VIII de notre *Traité de Géométrie descriptive*. Nous ajouterons seulement ici que quand ces deux nappes se couperont, leur intersection sera évidemment le lieu des centres relatifs à *la ligne des courbures sphériques*, dont nous avons parlé au n° 401.

414. Lorsque le point M considéré sur une surface quelconque, sera *un ombilic* (n° 397), l'équation (E') des lignes de courbure relatives à ce point, prendra la forme $o = o$, comme il est déjà arrivé (n° 399) pour l'équation (23) avec laquelle (E') coïncide toujours ; ce qui annonce que d'un ombilic, il part *une infinité de lignes de courbure*, et la direction du premier élément de chacune d'elles, reste arbitraire. En effet, ces lignes doivent toujours (n° 405) être tangentes aux sections principales relatives au point considéré ; et dans un ombilic, toutes les sections normales sont principales (n° 399).

415. Cependant les opinions des géomètres se sont trouvées partagées sur cette matière. Monge y a laissé quelque obscurité, parce qu'il définit les ombilics, en plusieurs endroits, par des conditions diverses qui ne sont pas toujours une suite nécessaire les unes des autres ; tantôt il les regarde comme des points où la courbure de la surface est égale dans toutes les directions, ce qui est le caractère véritable et général ; tantôt comme des points où les deux lignes de courbure viennent à coïncider, circons-

tance qui arrive aux ombilics que nous rencontrerons sur l'ellipsoïde (n° 43o), mais qui n'est plus vraie pour les points de la ligne des courbures sphériques (n° 4o1), ni pour d'autres ombilics isolés, tels que les sommets d'une surface de révolution.

M. Dupin (*), en partant de la première définition, est conduit à n'admettre qu'un nombre limité de lignes de courbure, pour chaque ombilic isolé ou faisant partie de la ligne des courbures sphériques. Néanmoins, dès que tous les rayons de courbure des sections normales sont égaux pour un même point d'une surface, celle-ci est *osculée* par une sphère qui a les mêmes normales que la surface primitive, tout autour de l'ombilic et à une distance infiniment petite; d'où il suit que dans toutes les directions autour de l'ombilic, une normale infiniment voisine ira couper celle de ce point, au centre même de la sphère osculatrice; et par conséquent il existe ici une infinité de lignes de courbure, d'après la définition universellement admise (n° 4o3).

Pour concilier ces résultats, M. Poisson (**) regarde un ombilic comme admettant une infinité de lignes de courbure, parce que dans toutes les directions autour de ce point, une normale infiniment voisine va rencontrer la première, du moins tant qu'on ne tient compte que des différentielles du premier ordre; mais si l'on pousse l'approximation plus loin, il y aura quelques-unes de ces directions pour lesquelles le rapprochement des normales sera plus intime que pour les autres, et ce sont ces directions particulières qui méritent alors plus spécialement le nom de lignes de courbure, et qui se trouvent en nombre fini. En nous rangeant à cette dernière opinion, nous allons chercher à l'appuyer par les calculs suivans.

416. La normale de la surface au point M (x, y, z) a

(*) Voyez les *Développemens de Géométrie*, 3e mémoire.
(**) Voyez le *Journal de l'École Polytechnique*, 21e cahier.

des équations qui peuvent s'écrire

$$(A) \qquad x - x' + p(z - z') = 0,$$
$$(B) \qquad y - y' + q(z - z') = 0;$$

celles de la normale au point projeté en $x + dx, y + dy$, seront de la forme

$$A + dA + \tfrac{1}{2} d^2A = 0,$$
$$A + dB + \tfrac{1}{2} d^2B = 0,$$

en tenant compte des infiniment petits du second ordre. Mais, pour le point commun à ces deux droites, le système de ces quatre équations revient à combiner (A) et (B) avec les suivantes

$$(A'') \quad dx + pdz + \tfrac{1}{2}pd^2z + dpdz + (z-z')(dp + \tfrac{1}{2}d^2p) = 0,$$
$$(B'') \quad dy + qdz + \tfrac{1}{2}qd^2z + dqdz + (z-z')(dq + \tfrac{1}{2}d^2q) = 0;$$

et la condition pour que ces deux normales se rencontrent, s'obtiendra (n° 403) en éliminant z' entre (A'') et (B''), ce qui donne généralement

$$(e) \quad (dx + pdz + \tfrac{1}{2}pd^2z + dpdz)(dq + \tfrac{1}{2}d^2q) =$$
$$(dy + qdz + \tfrac{1}{2}qd^2z + dqdz)(dp + \tfrac{1}{2}d^2p).$$

Cela posé, si le point considéré M est quelconque, il faudra réduire l'équation (e) aux seuls termes de l'ordre le moins élevé, ce qui conduit à

$$(E) \qquad (dx + pdz)dq = (dy + qdz)dp,$$

équation trouvée au n° 403 pour les lignes de courbure ordinaires : mais si ce point M est un ombilic, on sait (n°s 414 et 399) qu'alors l'équation (E) sera *identiquement vérifiée;* de sorte que les infiniment petits du second ordre disparaissant d'eux-mêmes dans l'équation générale (e), il faudra y garder tous les termes du troisième ordre, et négliger ceux du quatrième, ce qui donnera

$$(\text{E}'') \quad (dx + pdz)\, d^2q + (pd^2z + dpdz)dq =$$
$$(dy + qdz)\, d^2p + (qd^2z + dqdz)dp.$$

C'est donc cette dernière équation qui, dans le cas d'un ombilic, déterminera la direction à suivre pour trouver une normale qui coupe celle du premier point; et comme en substituant ici les valeurs connues

$$dz = pdx + qdy, \quad dp = rdx + sdy, \dots\dots$$

l'équation (E'') contiendra le rapport $\dfrac{dy}{dx}$ à la troisième puissance, il s'ensuit que, *par un ombilic il passe ordinairement* UNE *ou* TROIS *lignes de courbure;* ou plus généralement, *un nombre déterminé,* parce que si l'équation (E''') se trouvait encore identique d'elle-même, il faudrait en remontant aux équations (A'') et (B''), tenir compte des différentielles troisièmes, ce qui conduirait à une équation de condition où $\dfrac{dy}{dx}$ entrerait à la quatrième puissance; et ainsi de suite. Mais ces lignes de courbure en nombre fini, seront du genre de celles où le rapprochement des normales s'élève au-delà du premier ordre, puisque dans les équations (A'') et (B'') nous avons tenu compte des différentielles supérieures, et que sans cela, la rencontre des normales aurait eu lieu dans toutes les directions, attendu que l'équation (E) se trouvait vérifiée d'elle-même, quelle que fût la valeur de $\dfrac{dy}{dx}$.

Ajoutons enfin que même les lignes de courbure de ce genre sont quelquefois encore *en nombre infini,* comme il arrive au sommet d'une surface de révolution; et nous verrons dans le numéro suivant la raison analytique de cette circonstance particulière.

417. Il importe d'observer que l'équation (E''), où nous avons laissé à dessein le terme *dpdqdz* commun aux deux membres, est précisément *la différentielle* de l'équation (E),

prise en regardant comme seules constantes les accroissemens dx et dy des variables indépendantes. C'est pourquoi
nous n'avons pas pris la peine de développer et d'ordonner l'équation (E″) par rapport à $\dfrac{dy}{dx}$, attendu que, dans
la pratique, et quand on trouvera que l'équation (E), ou
plutôt l'équation (E′) du n° 403, devient identique pour
un point particulier, il suffira de différentier cette dernière équation par rapport à p, q, r, s, t, et l'on obtiendra
l'équivalent de (E″). De même, si cette dernière devenait
identique, il suffirait d'en prendre encore la différentielle,
et ainsi de suite. Mais quand toutes ces différentielles seront constamment nulles pour le point que l'on considère,
on tombera dans le dernier cas indiqué au numéro précédent (*). Nous éclaircirons ceci par l'exemple de l'ellipsoïde, n° 430.

Détermination des lignes de courbure sur une surface particulière.

418. Pour obtenir, *en quantités finies*, les équations des
lignes de courbure sur une surface donnée $F(x,\ y,\ z) = 0$,
on commence par déduire de cette équation les valeurs de
z, p, q, r, s, t, en fonction de x et de y; et, en les substituant dans l'équation générale (E′) trouvée n° 403, on a
l'équation différentielle de la projection des lignes de courbure sur le plan des $(x,\ y)$. Ensuite, il reste à intégrer
ce résultat, et à déterminer la *constante arbitraire* qu'a-
mène l'intégration, de manière que la courbe passe par le
point donné sur la surface : mais comme, d'après la forme
de l'équation différentielle (E′), cette constante arbitraire
entrera au second degré dans l'intégrale, elle admettra pour
chaque point de la surface deux valeurs généralement dis-

(*) M. Dupin était arrivé à établir ces règles, mais par des considérations
qui me paraissent laisser quelque chose à désirer sous le rapport de la rigueur.
Voyez page 164 des *Développemens de Géométrie.*

tinctes, qui correspondront aux deux lignes de courbure relatives au point donné.

419. Appliquons cette marche à l'ellipsoïde représenté par l'équation

$$(1) \qquad \frac{x^2}{a^2} + \frac{y^2}{b^2} + \frac{z^2}{c^2} = 1 :$$

en la différentiant successivement par rapport à x et à y, et jusqu'au deuxième ordre, on trouvera

$$p = -\frac{c^2 x}{a^2 z}, \quad q = -\frac{c^2 y}{b^2 z},$$

$$r = \frac{-c^4(b^2 - y^2)}{a^2 b^2 z^3}, \quad s = \frac{-c^4 x y}{a^2 b^2 z^3}, \quad t = \frac{-c^4(a^2 - x^2)}{a^2 b^2 z^3},$$

valeurs qui substituées, ainsi que celle de z^2, dans l'équation (E') du n° 403, la ramèneront à

$$\frac{(b^2 - c^2)xy}{b^2(a^2 - b^2)} \cdot \frac{dy^2}{dx^2} + \left[\frac{(a^2 - c^2)x^2}{a^2(a^2 - b^2)} - \frac{(b^2 - c^2)y^2}{b^2(a^2 - b^2)} - 1 \right] \frac{dy}{dx}$$
$$- \frac{(a^2 - c^2)xy}{a^2(a^2 - b^2)} = 0 ;$$

et si pour abréger, on pose

$$A = \frac{a^2(a^2 - b^2)}{a^2 - c^2}, \quad B = \frac{b^2(a^2 - b^2)}{b^2 - c^2},$$

l'équation précédente deviendra

$$\frac{xy}{B} \cdot \frac{dy^2}{dx^2} + \left(\frac{x^2}{A} - \frac{y^2}{B} - 1 \right) \frac{dy}{dx} - \frac{xy}{A} = 0,$$

ou enfin

$$(2) \qquad Axy\,dy^2 + (Bx^2 - Ay^2 - AB)\,dx\,dy - Bxy\,dx^2 = 0.$$

Telle est l'équation différentielle des lignes de courbure de l'ellipsoïde, projetées sur le plan XY, qui représentera à volonté un quelconque des trois plans principaux de cette surface ; mais nous supposerons d'abord que c'est le plan

qui contient *l'axe maximum* et *l'axe moyen,* c'est-à-dire
que nous admettrons les relations

$$a > b > c,$$

d'après lesquelles les constantes A et B seront essentiellement positives.

420. Pour intégrer l'équation (2) qui est du premier ordre, mais où les différentielles sont élevées au second degré, nous commencerons par la différentier; car on sait
que, par ce moyen, on réussit souvent à simplifier ces
sortes d'équations. En l'appliquant donc ici, on trouve
d'abord

$$\left.\begin{array}{l} d^2y\,[2\mathrm{A}xydy + (\mathrm{B}x^2 - \mathrm{A}y^2 - \mathrm{AB})\,dx] \\ + \mathrm{A}dy^2\,(xdy + ydx) - 2\mathrm{A}ydy^2dx \\ + 2\mathrm{B}xdydx^2 - \mathrm{B}dx^2(xdy + ydx) \end{array}\right\} = 0,$$

ou bien

$$(3)\qquad \left\{\begin{array}{l} d^2y\,[2\mathrm{A}xydy + (\mathrm{B}x^2 - \mathrm{A}y^2 - \mathrm{AB})\,dx] \\ + (\mathrm{A}dy^2 + \mathrm{B}dx^2)\,(xdy - ydx) \end{array}\right\} = 0;$$

mais si l'on observe que l'équation (2) donne

$$(\mathrm{B}x^2 - \mathrm{A}y^2 - \mathrm{AB})\,dx = \frac{\mathrm{B}xydx^2 - \mathrm{A}xydy^2}{dy},$$

l'équation (3) pourra se décomposer ainsi

$$(\mathrm{A}dy^2 + \mathrm{B}dx^2)\,[xyd^2y + (xdy - ydx)dy] = 0;$$

et comme le premier facteur ne saurait être nul, puisque A
et B sont ici des quantités positives, il restera, en supprimant
ce facteur et en divisant par x^2,

$$(4)\qquad \left(\frac{y}{x}\right)d^2y + dy\left(\frac{xdy - ydx}{x^2}\right) = 0.$$

Or, le premier membre de cette équation est évidemment
la différentielle exacte d'un produit; et en l'intégrant, il
vient

$$\left(\frac{y}{x}\right) dy = 6dx,$$

6 désignant ici la constante arbitraire où l'on a dû, pour conserver l'homogénéité, introduire la différentielle indépendante dx. De là on tire

$$ydy = 6xdx,$$

et en intégrant de nouveau,

$$(5) \quad y^2 = 6x^2 + \gamma.$$

421. Ce résultat montre que les projections des lignes de courbure seront des courbes du second degré ; mais il entre ici une constante arbitraire de trop, puisque l'équation différentielle qu'il s'agissait d'intégrer n'était que du premier ordre. Cette circonstance vient de ce qu'en différentiant l'équation (2) sans éliminer de constante, nous avons obtenu une équation (3) plus générale que la proposée ; il faut donc restreindre la signification de l'intégrale (5), en l'assujettissant à vérifier l'équation (2) ; or, si l'on substitue dans cette dernière les valeurs que fournit (5) pour y et dy, on trouve la condition

$$(6) \quad A\gamma + B\frac{\gamma}{6} + AB = 0, \quad \text{ou} \quad \gamma = \frac{-AB6}{A6+B}.$$

Telle est donc la dépendance qui doit exister entre les constantes 6 et γ, pour que l'équation (5) soit l'intégrale de (2) ; et par suite, une seule de ces constantes, 6 par exemple, demeure arbitraire, du moins tant qu'il ne s'agit que de satisfaire analytiquement à l'équation différentielle (2).

422. Mais, pour compléter la solution du problème de Géométrie qui nous occupe, il faut assigner le point de la surface pour lequel on cherche les lignes de courbure, et par conséquent exprimer que l'équation (5) est satisfaite par les coordonnées x', y', de ce point. Or, il va résulter de là une équation propre à déterminer 6, et qui fournira pour cette constante deux valeurs *toujours de si-*

gnes contraires : circonstance importante à vérifier, parce qu'elle annoncera que les deux lignes de courbure, relatives à un même point de l'ellipsoïde, sont toujours projetées suivant des courbes de *genres opposés*, sur le plan qui contient l'axe *maximum* et l'axe moyen.

Substituons, en effet, dans l'équation (5) les coordonnées assignées x', y', ainsi que la valeur de γ fournie par la relation (6), et il viendra

$$y'^2 = 6x' - \frac{AB6}{A6 + B};$$

d'où, en résolvant cette équation du second degré,

$$(7)\;6 = \frac{Ay'^2 - Bx'^2 + AB \pm \sqrt{(Ay'^2 - Bx'^2 + AB)^2 + 4ABx'^2y'^2}}{2Ax'^2}.$$

Or, puisque ici le terme $4ABx'^2y'^2$ est essentiellement positif, la partie irrationnelle surpassera en grandeur absolue la partie rationnelle, et les deux valeurs de 6 seront toujours de signes contraires.

423. Quant à la constante γ, elle sera constamment *de signe opposé* à 6. En effet, la valeur (6) montre d'abord que quand 6 est positif, γ se trouve négatif; ensuite, la valeur négative de 6 fournie par (7) et substituée dans (6), rendra toujours le dénominateur $A6 + B > 0$, car cette condition revient à celle-ci

$$Ay'^2 + Bx'^2 + AB > \sqrt{(Ay'^2 - Bx'^2 + AB)^2 + 4ABx'^2y'^2},$$

ou bien

$$Ay'^2 + Bx'^2 + AB > \sqrt{(Ay'^2 + Bx'^2 + AB)^2 - 4AB^2x'^2},$$

laquelle sera toujours satisfaite d'elle-même. Ainsi lorsque 6 sera négatif, γ se trouvera positif, et réciproquement.

424. Nous conclurons de là que, pour chaque point M de l'ellipsoïde, les projections des lignes de courbure sont représentées par deux équations de la forme

$$y^2 = - \mathcal{C}'x^2 + \gamma',$$
$$y^2 = + \mathcal{C}''x^2 - \gamma'',$$

et qu'ainsi la première de ces lignes se projette suivant une Fɪɢ.52. ellipse MM'D', la deuxième suivant une hyperbole MM''D'', qui sont concentriques avec l'ellipse principale AB, et dont lés axes coïncident en direction avec ceux de cette courbe. On calculerait ces axes, pour chaque point de l'ellipsoïde, par les formules (7) et (6); mais au lieu de nous arrêter à ces détails, étudions les rapports intéressans qui lient entre elles les diverses lignes de courbure d'une même série.

425. Puisque les constantes $\mathcal{C}$ et γ sont toujours de signes opposés, et que la dernière, γ, acquiert en chaque point de l'ellipsoïde une valeur positive pour la première série de lignes de courbure, et une valeur négative pour la deuxième série, nous pourrons donc, en introduisant deux nouvelles constantes plus commodes, poser

$$(8) \quad \frac{\gamma}{\mathcal{C}} = - m^2, \quad \gamma = \pm n^2,$$

le signe supérieur ayant toujours lieu *pour les lignes de courbure elliptiques* en projection; puis, en substituant dans l'équation générale (5), les valeurs de $\mathcal{C}$ et de γ en fonction de m et de n, il viendra pour l'équation des deux séries de lignes de courbure,

$$(9) \quad \frac{x^2}{m^2} \pm \frac{y^2}{n^2} = 1,$$

où l'on reconnaît que m et n sont les deux demi-axes de chaque courbe.

Mais si l'on substitue aussi les expressions de $\mathcal{C}$ et de γ dans la condition (6), on obtiendra, entre m et n, la relation fort remarquable

$$(10) \quad \frac{m^2}{A} \pm \frac{n^2}{B} = 1,$$

où le signe supérieur se rapporte encore aux lignes de courbure elliptiques ; ce qui prouve que les deux quantités m et n, constantes pour une même ligne de courbure, dont elles sont les demi-axes, et variables d'une ligne à l'autre de la même série, ont toujours pour grandeurs simultanées, les deux coordonnées d'un point pris arbitrairement sur une hyperbole ou sur une ellipse *auxiliaires*, dont les demi-axes communs et invariables sont $\sqrt{\overline{A}}$ suivant OX, et $\sqrt{\overline{B}}$ suivant OY : ce dernier est l'axe imaginaire de l'hyperbole.

FIG. 52. 426. De là résulte la construction suivante. On portera sur les axes de l'ellipse principale ABA'B', deux distances $O\alpha$ et $O\varsigma$ déterminées par les équations

$$O\alpha = \sqrt{\overline{A}} = a \sqrt{\frac{a^2 - b^2}{a^2 - c^2}},$$

$$O\varsigma = \sqrt{\overline{B}} = b \sqrt{\frac{a^2 - b^2}{b^2 - c^2}}.$$

Ces distances se construiront aisément au moyen des excentricités des trois ellipses principales, et la première $O\alpha$ se trouvera toujours plus petite que a, puisqu'on a admis les relations $a > b > c$. Ensuite, sur les deux droites $O\alpha$ et $O\varsigma$, prises comme demi-axes, on construira, 1°. *une hyperbole auxiliaire* αP'Q' dont les sommets réels soient sur OX ; 2°. *une ellipse auxiliaire* αP"ς. Cela posé, en abaissant d'un point quelconque P' de cette hyperbole les coordonnées P'E' et P'D', puis en construisant sur leurs égales OD' et OE', comme demi-axes, une ellipse E'MD', ce sera la projection d'une des lignes de courbure de la première série ; les autres s'obtiendront semblablement par les deux coordonnées de chaque point de l'hyperbole auxiliaire.

Quant aux lignes de courbure hyperboliques, on abaissera les coordonnées P"E" et P"D" d'un point quelconque de l'ellipse auxiliaire, et sur leurs égales OD" et OE", comme demi-axes, on construira une hyperbole D"M, dont les sommets réels soient sur OX ; cette hyperbole D"M, et toutes celles qu'on obtiendra semblablement avec les deux coordonnées de chaque point de l'ellipse auxiliaire, seront les projections des lignes de courbure de la seconde série.

427. Examinons maintenant les variations qu'éprouvent les lignes de courbure de la première série, lorsque le sommet E' s'avance de O vers B. Quand il est en O, l'ordonnée de l'hyperbole auxiliaire αP'Q' est nulle : ainsi l'ellipse de courbure D'ME' a alors son petit axe nul, et son demi-grand axe égal à Oα, c'est-à-dire que cette ellipse se réduit à la droite α'Oα; et par conséquent la section principale de l'ellipsoïde, qui contient les axes a et c, est elle-même une ligne de courbure de la surface, ce qu'on pouvait prévoir, puisque les diverses normales de la surface, menées le long de cette section, sont évidemment toutes dans son plan. A mesure que le point E' s'éloigne de O, les deux axes de l'ellipse de courbure augmentent, jusqu'à ce qu'elle coïncide avec la section principale AB; car si dans l'équation (10) on pose $m = a$, on trouvera $n = b$. Il est donc inutile d'employer des points de l'hyperbole auxiliaire situés au-delà de Q', puisqu'ils fourniraient des ellipses qui embrasseraient totalement ABA', et ne pourraient recevoir la projection d'aucun point réel de l'ellipsoïde : restriction qui s'explique en observant que l'équation (9) ou (5) ne détermine point par elle seule une ligne de courbure dans l'espace; mais qu'il faut toujours la combiner avec l'équation de la surface, et n'admettre que les solutions qui leur sont communes.

Quant aux lignes de courbure qui se projettent suivant des hyperboles, D"M, on voit que si le sommet D" vient en O, les deux coordonnées de l'ellipse auxiliaire αP"$\mathfrak{C}$ sont $x = o$, $y = O\mathfrak{C}$; de sorte que l'hyperbole qui reçoit alors la projection de la ligne de courbure se réduit à la droite BOB', et cette ligne de courbure dans l'espace coïncide avec la section principale de l'ellipsoïde qui contient les axes b et c. Lorsque D" s'éloigne de O, l'axe imaginaire de l'hyperbole diminue, tandis que son axe réel augmente; et quand enfin le point D" arrive en α, l'axe imaginaire devient nul, et l'hyperbole se réduit aux deux portions rectilignes αA, α'A', qui complètent la ligne de courbure déjà fournie par la première série, et projetée sur la portion de droite $\alpha O\alpha'$.

428. Si le sommet D'' continuait à se mouvoir à droite de α, et venait en D', les lignes de courbure, qui jusque alors avaient été hyperboliques en projection, deviendraient elliptiques, puisque l'ordonnée élevée en D' rencontrerait, non plus l'ellipse $\alpha P''\mathcal{C}$, mais l'hyperbole auxiliaire $\alpha P'Q'$; d'ailleurs, lorsque dans l'équation (10) on prend m plus grand que $O\alpha = \sqrt{A}$, il faut bien nécessairement adopter le signe négatif pour le terme $\dfrac{n^2}{B}$; ainsi c'est une hyperbole qui détermine alors la valeur correspondante de n. On voit par là qu'il existe sur l'ellipsoïde quatre points projetés en α et α', autour desquels les lignes de courbure des deux séries sont pliées en sens contraires, et où elles viennent se confondre, pour se succéder ensuite les unes aux autres.

429. Ces quatre points sont des *ombilics* (n° 397), c'est-à-dire des points autour desquels toutes les sections normales ont la même courbure. En effet, puisque les conditions $U = o$ et $V = o$, qui caractérisent les ombilics, rendent toujours *identique* (n° 399) l'équation différentielle des lignes de courbure, nous trouverons immédiatement ces points singuliers, en égalant à zéro les trois coefficiens de l'équation (2) du n° 419, ce qui donne les conditions simultanées

$$xy = o \quad \text{et} \quad Bx^2 - Ay^2 - AB = o.$$

Or, l'hypothèse $x = o$ ne conduisant ici qu'à des valeurs imaginaires pour y, il ne reste que les solutions

$$y = o \quad \text{et} \quad x = \pm \sqrt{A},$$

lesquelles correspondent bien aux deux points α et α' sur le plan des (x, y).

43o. Pour chacun de ces quatre ombilics, les deux lignes de courbure paraissent se réduire à une seule, qui est l'ellipse verticale projetée sur AA', ainsi qu'il résulte de la discussion graphique (n° 428) ; et l'analyse nous conduira au même résultat. En effet, puisque α est un ombilic qui rend identique l'équation générale

$$(2) \qquad \mathrm{A}xy\left(\frac{dy}{dx}\right)^2 + (\mathrm{B}x^2 - \mathrm{A}y^2 - \mathrm{AB})\frac{dy}{dx} - \mathrm{B}xy = 0,$$

il n'y a qu'à employer ici la méthode que nous avons donnée au n° 417, et différentier l'équation (2) en laissant $\dfrac{dy}{dx}$ constant. On trouve ainsi, après avoir ordonné,

$$\mathrm{A}x\left(\frac{dy}{dx}\right)^3 - \mathrm{A}y\left(\frac{dy}{dx}\right)^2 + \mathrm{B}x\left(\frac{dy}{dx}\right) - \mathrm{B}y = 0,$$

équation qui, pour les ombilics où l'on a

$$y = 0 \quad \text{et} \quad x = \sqrt{\mathrm{A}},$$

se décompose dans les deux suivantes

$$\frac{dy}{dx} = 0, \quad \mathrm{A}\left(\frac{dy}{dx}\right)^2 + \mathrm{B} = 0 :$$

or, la seconde n'admet que des racines imaginaires, et la première a pour intégrale générale $y = \lambda$; mais en déterminant la constante arbitraire λ de sorte que cette ligne passe par l'ombilic, il reste $y = 0$ qui représente bien l'ellipse verticale projetée sur AA'.

431. Il n'est pas inutile d'observer que toutes les lignes de courbure de l'ellipsoïde sont des courbes *fermées*, quoique quelques-unes soient projetées sur des portions d'hyperbole, telles que RD″S ; c'est qu'alors la courbe s'étend au-dessous du plan XY, et passe par des points qui se confondent en projection avec ceux de la partie supérieure.

Des circonstances toutes semblables se reproduiraient si l'on avait projeté ces lignes de courbure sur le plan qui contient *l'axe minimum* et *l'axe moyen* de l'ellipsoïde ; car il suffirait d'introduire dans l'équation (2) les relations

$$c > b > a,$$

lesquelles laissent toujours *positives* les constantes A et B, et par suite, mèneront aux mêmes conséquences sur la forme elliptique et hyperbolique des projections des deux séries de lignes de courbure.

432. Voyons maintenant quelle forme prendront ces lignes, en se projetant sur le plan qui contient *l'axe maximum* et *l'axe minimum* de l'ellipsoïde (fig. 53). Il suffit, pour rendre l'équation (2) applicable à ce cas, d'y introduire les relations

$$a > c > b;$$

et comme alors la constante B (n° 419) devient négative, nous poserons

$$-B = B' = \frac{b^2(a^2 - b^2)}{c^2 - b^2}, \quad A = A' = \frac{a^2(a^2 - b^2)}{a^2 - c^2},$$

ce qui conduira, comme au n° 420, à l'intégrale

$$(11) \quad y^2 = \mathcal{C}x^2 + \gamma,$$

avec la condition

$$(12) \quad \gamma = \frac{A'B'\mathcal{C}}{A'\mathcal{C} - B'};$$

mais ici la constante arbitraire $\mathcal{C}$ ne pourra recevoir que des valeurs négatives. En effet, l'équation (7) devient alors

$$\mathcal{C} = \frac{A'y'^2 + B'x'^2 - A'B' \pm \sqrt{(A'y'^2 + B'x'^2 - A'B')^2 - 4A'B'x'^2y'^2}}{2A'x'^2};$$

et puisque la partie rationnelle surpasse numériquement la grandeur absolue du radical, ces deux valeurs de $\mathcal{C}$ seront toujours à la fois *de même signe*, pour un même point (x', y') de l'ellipsoïde. En outre, comme tous les points de cette surface seront nécessairement projetés en dedans de l'ellipse $a'P'\mathcal{C}'$, qui serait construite sur les demi-axes

FIG. 53.

$$O\alpha' = \sqrt{A'} = a\,\sqrt{\frac{a^2 - b^2}{a^2 - c^2}},$$

$$O\varsigma' = \sqrt{B'} = b\,\sqrt{\frac{a^2 - b^2}{c^2 - b^2}},$$

puisque ces demi-axes sont évidemment plus grands que $OA = a$ èt $OC = b$, il en résulte que pour tous les points de l'ellipsoide, on aura constamment

$$A'y'^2 + B'x'^2 - A'B' < o :$$

d'où je conclus que toutes les valeurs de ς seront *négatives*; et, d'après la relation (12), γ n'aura au contraire que des valeurs *positives*; de sorte que l'intégrale (11) représentera *toujours des ellipses*, sur lesquelles se projetteront ici toutes les lignes de courbure des deux séries. D'ailleurs, en posant

$$\gamma = + n^2, \quad \frac{\gamma}{\varsigma} = - m^2,$$

l'équation (11) commune aux deux séries de lignes de courbure deviendra

$$(13) \quad \frac{x^2}{m^2} + \frac{y^2}{n^2} = 1,$$

et les demi-axes m, n, de chacune de ces lignes, seront liés par la relation (12), qui devient

$$(14) \quad \frac{m^2}{A'} + \frac{n^2}{B'} = 1;$$

d'où l'on voit que ces demi-axes se trouveront ici les dèux coordonnées d'un même point variable, toujours situé sur une ellipse auxiliaire $\alpha'P'P''\varsigma'$, construite avec les demi-axes $\sqrt{A'}$ et $\sqrt{B'}$.

433. Lorsqu'on prendra sur cette ellipse auxiliaire un point P' voisin du sommet α', les deux coordonnées $P'E'$ et $P'D'$ Fig. 53. donneront les axes d'une ellipse $D'ME'$, projection d'une ligne

de courbure de la première série. Cette ellipse, d'abord très resserrée, s'ouvrira de plus en plus dans le sens du petit axe, tandis que son grand axe diminuera, et elle finira par coïncider avec l'ellipse principale AC quand le point P′ sera venu en Q; car, si dans l'équation (14) on pose $m = a$, on trouve $n = b$: ainsi la portion a'Q de l'ellipse auxiliaire, aura donné toutes les lignes de courbure de la première série. Au-delà, un point tel que P″ fournira, par ses coordonnées, les demi-axes d'une ellipse D″ME″, qui appartiendra à la seconde série des lignes de courbure, puisqu'elle coupera en M la ligne E′MD′ de la première série; et ces nouvelles ellipses se rétréciront de plus en plus dans le sens des x, pour se réduire enfin à la droite COC′, projection d'une section principale, qui est elle-même une ligne de courbure de l'ellipsoïde.

434. Dans l'intégration de l'équation (2), nous avons négligé (n° 420) le facteur

$$A dy^2 + B dx^2 = 0,$$

qui ne pouvait alors donner aucune solution réelle; mais, pour la projection actuelle où $B = -B'$ et $A = A'$, on en tire

$$\frac{dy}{dx} = \pm \sqrt{\frac{B'}{A'}},$$

et si l'on substitue cette valeur dans l'équation proposée (2), il viendra

$$A'y^2 + B'x^2 \pm 2xy\sqrt{A'B'} = A'B';$$

équation finie, sans constante arbitraire, qui, comme on sait, est une *solution singulière* de la proposée, et doit représenter la ligne *enveloppe* de toutes les intégrales particulières. En effet, cette équation se décompose ainsi

$$y\sqrt{A'} \pm x\sqrt{B'} = \pm \sqrt{A'B'};$$

et comme les doubles signes sont indépendans, cela fournit *quatre droites*, que l'on reconnaît aisément pour les cordes.

supplémentaires qui passent par les sommets de l'ellipse auxiliaire $a'P'P''C'$, dont les demi-axes sont $\sqrt{A'}$ et $\sqrt{B'}$. Ces quatre cordes *touchent* donc toutes les ellipses suivant lesquelles se projettent les lignes de courbure ; et comme une de celles-ci est l'ellipse principale AC, cette courbe est aussi touchée par les quatre cordes, précisément aux ombilics ω, ω', ω'', ω''', où les lignes de courbure des deux séries viennent se confondre.

Au surplus, on arriverait aussi à ces quatre droites, en cherchant d'après la méthode exposée (n° 340), la ligne enveloppe de toutes les ellipses représentées par l'équation

$$\frac{x^2}{m^2} + \frac{A'y^2}{B'(A'-m^2)} = 1,$$

laquelle se déduit de (13) et (14), et où le paramètre arbitraire est m.

435. Observons, en terminant cette théorie, que quand on a déjà construit (n° 426) les lignes de courbure d'un ellipsoïde donné, projetées sur le plan qui renferme l'axe *maximum* $2a$ et l'axe moyen $2b$, et que l'on veut ensuite construire, pour ce même ellipsoïde, la projection des lignes de courbure sur le plan qui contient le plus grand et le plus petit axe, il serait peu commode de changer la dénomination de l'axe moyen, comme nous l'avons fait (n° 432). Il vaudra mieux alors conserver toujours les relations

$$a > b > c;$$

mais dans les valeurs de A' et de B', changer b en c et c en b; de sorte que dans la figure 53, l'ellipse principale aura pour demi-axes

$$OA = a, \quad OC = c,$$

et les grandeurs des demi-axes de l'ellipse auxiliaire $a'P'C'$, seront

$$O\alpha' = \sqrt{A'} = a\,\sqrt{\frac{a^2 - c^2}{a^2 - b^2}},$$

$$O\zeta' = \sqrt{B'} = c\,\sqrt{\frac{a^2 - c^2}{b^2 - c^2}};$$

par là ces valeurs pourront exister simultanément avec celles de A et de B (n° 426), qui se rapportent au plan de l'axe maximum et de l'axe moyen.

436. Remarquons enfin que pour trouver les deux lignes de courbure *relatives à un point assigné* M de l'ellipsoïde (fig. 52), il faudrait substituer les coordonnées x', y' de ce point dans l'équation (9), laquelle jointe alors avec l'équation (10), suffirait pour calculer les axes de l'ellipse MD′ et de l'hyperbole MD″. Mais si, comme dans le tracé d'une voûte en ellipsoïde, le point assigné était en S sur l'ellipse de *la naissance* AB′A′, on pourrait employer une solution graphique fort simple, pour laquelle nous renverrons à la *Géométrie descriptive*, n° 728.

Des courbes de niveau et des lignes de plus grande pente.

437. Ce sont des lignes remarquables qui servent, dans le tracé des cartes topographiques, à représenter la forme du terrain. Les courbes de niveau ne sont autre chose que les sections faites dans la surface qui recouvre le sol, par divers plans horizontaux ; et si l'on a soin de mener ces plans à des intervalles égaux mesurés sur la verticale, il est évident que là où les *projections* horizontales des courbes de niveau seront plus rapprochées, elles indiqueront que la pente du terrain est plus rapide, et en même temps, les diverses sinuosités de ces courbes figureront les mouvemens du sol, quelque variés que soient ceux-ci.

Pour obtenir l'équation finie des courbes de niveau, il suffit de joindre à l'équation de la surface proposée, celle d'un plan horizontal quelconque, c'est-à-dire de prendre le système

$$F(x, y, z) = 0, \quad z = \gamma;$$

et en éliminant z, il vient pour la projection des lignes de niveau, l'équation $F(x, y, \gamma) = 0$, où γ est une constante arbitraire. Mais si l'on veut avoir l'équation différentielle commune à toutes ces courbes, on différentiera le système précédent, ce qui donnera

$$dz = pdx + qdy \quad \text{et} \quad z = 0;$$

et par suite, l'équation différentielle qui caractérise les courbes de niveau, sera

$$(1) \qquad pdx + qdy = 0;$$

seulement, si p ou q renferme z (ce qui arrivera ordinairement lorsque l'équation $F = 0$ aura été différentiée avant d'être résolue par rapport à z), il restera à éliminer cette variable au moyen de l'équation de la surface, pour que l'équation (1) représente la projection horizontale des courbes de niveau.

438. Soit, par exemple,

$$z = \varphi(x^2 + y^2),$$

qui représente (n° 296) toutes les surfaces de révolution autour de l'axe des z; on a ici $p = 2x.\varphi'$, $q = 2y.\varphi'$; donc l'équation (1) devient

$$xdx + ydy = 0;$$

d'où, en intégrant,

$$x^2 + y^2 = \gamma.$$

Ainsi les courbes de niveau sont *les parallèles* de la surface, comme on devait s'y attendre.

439. *La ligne de plus grande pente,* à partir d'un point donné sur une surface, est celle qui jouit de la propriété que *chacune de ses tangentes fait avec l'horizon un angle plus*

grand que celui de toute autre tangente à la surface, menée par le même point de la courbe. Or, comme toutes les tangentes menées par ce point quelconque, sont dans le plan tangent de la surface, celle de ces droites qui sera perpendiculaire à la trace horizontale de ce plan, formera évidemment le plus grand angle possible avec l'horizon ; d'où il résulte que la ligne de plus grande pente doit avoir, en chaque point, *sa tangente perpendiculaire à la trace horizontale du plan tangent ;* et, par une conséquence nécessaire, la projection de cette tangente sur le plan XY, devra aussi former un angle droit avec la trace du plan tangent.

440. Cela posé, en appelant x, y, les coordonnées d'un point quelconque de la projection de la ligne de plus grande pente, sa tangente et la trace du plan tangent seront représentées sur le plan des (x, y) par

$$y' - y = \frac{dy}{dx}(x' - x),$$
$$-z = p(x' - x) + q(y' - y) ;$$

et puisque ces deux droites doivent être perpendiculaires, on aura la condition

$$(2) \qquad \frac{dy}{dx} = \frac{q}{p} \quad \text{ou} \quad pdy - qdx = 0.$$

Cette relation (2), qui caractérise la courbe de plus grande pente, suffit pour la déterminer, en y joignant du moins l'équation $F(x, y, z) = 0$ de la surface sur laquelle doit être située cette courbe ; et lorsqu'au moyen de $F = 0$ on aura éliminé z de l'équation (2), si cette variable y entre, on aura l'équation différentielle de la projection de la ligne de plus grande pente, et il restera à l'intégrer.

On aurait pu aussi parvenir à l'équation (2), en exprimant que la ligne de plus grande pente était perpendiculaire à la courbe de niveau représentée par l'équation (1).

441. Si nous prenons encore l'exemple des surfaces de ré-

volution

$$z = \varphi(x^2 + y^2),$$

l'équation (2) deviendra

$$x\,dy - y\,dx = 0\,;$$

d'où, en intégrant et désignant la constante arbitraire par γ,

$$y = \gamma x.$$

Cette équation représentant un plan passant par l'axe OZ, il s'ensuit qu'ici les courbes de plus grande pente sont toutes *des méridiens* de la surface. La constante arbitraire γ se déterminera en assujettissant la courbe à passer par un premier point (x', y') assigné par la question, ce qui donnera $\gamma = \dfrac{y'}{x'}$. Cette valeur resterait indéterminée, si le point donné était sur l'axe de révolution ; mais c'est qu'alors tous les méridiens partant de ce point sont indifféremment des lignes de plus grande pente.

442. Dans un conoïde droit représenté (n° 307) par

$$z = \varphi\left(\frac{y}{x}\right),$$

on a $p = -\dfrac{y}{x^2}\cdot\varphi'$, $q = \dfrac{1}{x}\cdot\varphi'$; de sorte que l'équation (2) devient ici

$$y\,dy + x\,dx = 0, \quad \text{d'où} \quad y^2 + x^2 = \gamma :$$

ainsi les lignes de plus grande pente sont toujours projetées horizontalement sur *des cercles concentriques* avec l'axe du conoïde. On peut confirmer par la Géométrie ce résultat remarquable, en observant que les lignes de niveau sont ici les génératrices rectilignes de la surface, lesquelles se projettent suivant les rayons vecteurs menés de l'origine O des coordonnées ; et, comme la ligne de plus grande pente doit avoir (n° 439) toutes ses tangentes perpendiculaires à ces rayons vecteurs, elle ne peut être qu'un cercle en projection.

443. Considérons encore les surfaces du second degré ; re-présentées par

$$\frac{x^2}{A} + \frac{y^2}{B} + \frac{z^2}{C} = 1 ;$$

l'équation (2) se réduira ici à

$$\frac{x}{A}\,dy - \frac{y}{B}\,dx = 0, \quad \text{d'où} \quad y^{B} = \gamma x^{A} :$$

par conséquent, les lignes de plus grande pente seront à double courbure, et se trouveront projetées horizontalement sur des courbes paraboliques, si A et B sont de même signe. Cependant, ces lignes deviendront planes si le point de départ qui sert à déterminer la constante, est dans un des plans principaux ZX ou ZY ; car alors l'équation précédente devra être satisfaite par $y = 0$ et $x = x'$, ce qui donne $\gamma = 0$, et réduit l'équation de la ligne de plus grande pente à $y = 0$, qui représente la section principale située dans le plan XZ.

CHAPITRE XVIII.

TRIGONOMÉTRIE SPHÉRIQUE (*).

---

§ Ier. *Notions préliminaires.*

444. On sait qu'un triangle sphérique est la portion de surface comprise, sur la sphère, entre trois arcs de grands cercles qui se coupent deux à deux, et l'on entend par *grand cercle* celui dont le plan passe par le centre de la sphère ; de sorte que deux points donnés sur cette surface suffisent toujours pour déterminer un grand cercle. Dans le triangle ABC, Fig. 54. *les côtés* sont les arcs BC, CA, AB, que nous désignerons respectivement par α, ς, γ ; et *les angles* sont, comme pour des courbes quelconques, les angles *formés par les tangentes à ces arcs* de cercle : ainsi l'angle sphérique A égale TAS. Mais comme ici les tangentes AT et AS sont perpendiculaires au rayon AO, intersection des plans des deux grands cercles auxquels appartiennent les arcs AB et AC, on voit que l'angle

---

(*) La Trigonométrie sphérique étant aussi une application de l'Analyse à la Géométrie des trois dimensions, laquelle offre des secours nécessaires à la Mécanique et à la Géodésie, j'ai pensé qu'il serait utile de placer ici les principales formules et leur application à la résolution des triangles. Pour obtenir ces formules, j'ai employé la marche analytique suivie par *Lagrange* dans un Mémoire inséré au sixième cahier du *Journal de l'École Polytechnique.* J'ai conservé la division sexagésimale du cercle, attendu que beaucoup de résultats numériques, exprimés de cette manière et employés souvent dans l'Astronomie, sont consacrés par un trop long usage pour qu'il convienne de les changer.

sphérique A n'est autre chose que l'angle dièdre formé par les deux plans BAO et CAO. D'ailleurs, si l'on mène le grand cercle DEF perpendiculaire au rayon AO, l'angle dièdre en question sera aussi mesuré par DOE ou par l'arc DE ; donc on peut dire encore qu'*un angle sphérique BAC a pour me-sure l'arc de grand cercle DE compris entre ses côtés, quand ils ont été prolongés jusqu'à devenir égaux à un quadrans;* car on a évidemment AD $= 90°$ et AE $= 90°$.

445. Si l'on admettait des côtés plus grands que $180°$, les trois sommets A, B, C pourraient appartenir à plusieurs triangles ; car ils conviendraient aussi au triangle formé par les arcs CA, CB et AFHDB. Mais on exclut ces sortes de fi-gures, parce qu'elles offriraient des angles dièdres qui, comme C dans cet exemple, surpasseraient deux angles droits ; et que d'ailleurs la construction de tels triangles se ramènera tou-jours à celle de triangles soumis à la restriction que chacun de leurs côtés soit moindre qu'une demi-circonférence. C'est pourquoi nous ne nous occuperons que de ces derniers.

446. En joignant les sommets A, B, C avec le centre de la sphère, on forme une pyramide triangulaire OABC, dont la base est le triangle sphérique donné, et dans laquelle les *faces* ou *angles plans* BOC, COA, AOB ont pour mesure les côtés α, ε, γ du triangle ; tandis que les angles dièdres com-pris entre les faces sont les angles sphériques de ce triangle. Ainsi, d'après les théorèmes de Géométrie relatifs aux angles trièdres ou polyèdres, on a droit de conclure que, dans tout triangle sphérique, $1°$. *un côté est toujours plus petit que la somme des deux autres ;* $2°$. *la somme des trois côtés est tou-jours moindre que* $360°$ *ou qu'une circonférence de grand cercle.*

447. D'ailleurs, on a vu dans la Géométrie descriptive n° 55, que si par le point O on menait trois plans respective-ment perpendiculaires aux arêtes OA, OB, OC, on formerait une nouvelle pyramide, dite *supplémentaire* de OABC, à cause des relations qui existent entre leurs angles plans et leurs angles dièdres. Or, comme cette nouvelle pyramide

coupera la surface de la sphère suivant un triangle, dont nous désignerons les angles par A', B', C', et les côtés par α', $\mathcal{C}'$, γ', il s'ensuit que l'on aura les relations

$$A' + \alpha = 180°, \qquad \alpha' + A = 180°,$$
$$B' + \mathcal{C} = 180°, \qquad \mathcal{C}' + B = 180°,$$
$$C' + \gamma = 180°, \qquad \gamma' + C = 180°;$$

c'est-à-dire que pour tout triangle sphérique ABC il existe *un triangle supplémentaire* A'B'C', dont les angles sont les supplémens des côtés du premier, et dont les côtés sont pareillement les supplémens des angles du triangle primitif.

Le triangle A'B'C' se nomme aussi *le triangle polaire* de ABC, parce que chacun de ses sommets se trouve, comme on le démontre en Géométrie, à 90° de tous les points du côté opposé dans le triangle ABC.

448. Il résulte de là que la somme des angles d'un triangle sphérique n'a point, comme cela arrive dans les triangles rectilignes, une valeur constante; car il faudrait que les côtés du triangle supplémentaire fissent toujours la même somme, ce qui est faux évidemment : mais du moins on peut assigner deux limites, entre lesquelles est toujours comprise la somme des angles de tout triangle sphérique. En effet, d'après les formules du numéro précédent, on a

$$(A + B + C) + (\alpha' + \mathcal{C}' + \gamma') = 6 \times 90°;$$

et comme on sait (n° 446) que

$$\alpha' + \mathcal{C}' + \gamma' < 4 \times 90°,$$

on en conclut

$$A + B + C > 2 \times 90°.$$

D'ailleurs, chaque angle du triangle sphérique étant toujours moindre que deux droits, d'après la restriction admise n° 445, il s'ensuit que

$$A + B + C < 6 \times 90°.$$

Ainsi, dans tout triangle sphérique, *la somme des angles se trouve toûjours plus grande que* DEUX *angles droits, et moindre que* SIX.

449. Un triangle sphérique peut donc avoir deux de ses angles qui soient obtus, ou bien droits, tel est ADE; il peut même être *trirectangle*, puisqu'il suffirait de faire tourner le côté AE jusqu'à ce que l'arc DE fût égal à 90°, et il est évident qu'un triangle trirectangle renferme *la huitième partie* de la surface totale de la sphère.

450. Comme nous aurons besoin, pour un des cas de la résolution des triangles sphériques, d'employer l'expression de la surface d'un tel triangle, nous allons la rappeler, afin de bien fixer le sens dans lequel on doit entendre cette mesure.

FIG. 54.　Le triangle ABC fait évidemment partie de trois *fuseaux* que l'on obtient en prolongeant les côtés AB, AC, BC, jusqu'à ce qu'ils se coupent deux à deux une seconde fois, ce qui arrivera quand ils seront devenus égaux chacun à une demi-circonférence. Or, comme l'aire d'un fuseau est manifestement une fraction de la surface sphérique, exprimée par le rapport de l'angle dièdre du fuseau avec quatre angles droits, nous aurons, en désignant par S l'aire de la sphère totale, et par D un angle droit, les expressions suivantes pour les aires des trois fuseaux en question :

$$\text{surf. } ABHCA = ABC + BCH = S \cdot \frac{A}{4D},$$

$$\text{surf. } BAGCB = ABC + ACG = S \cdot \frac{B}{4D},$$

$$\text{surf. } CALBC = ABC + ABL = S \cdot \frac{C}{4D}.$$

Ajoutons maintenant ces équations membre à membre, et observons que le triangle ABL, situé dans l'hémisphère opposé, peut être remplacé par le triangle CGH, qui lui est symétrique et égal en aire, puisque l'un et l'autre servent de bases à deux angles solides trièdres opposés par le sommet;

puis, faisons attention que, parmi les six triangles que donnent les trois fuseaux, il y en a quatre qui composent la demi-sphère, et nous obtiendrons la nouvelle équation

$$2\,\text{ABC} + \frac{S}{2} = S\left(\frac{A + B + C}{4D}\right);$$

d'où l'on déduit aisément

$$\text{ABC} = S\left(\frac{A + B + C - 2D}{8D}\right).$$

Ce résultat montre que l'aire du triangle ABC est une fraction de la surface S de la sphère, exprimée par le quotient qu'on obtient en divisant l'excès des trois angles du triangle, sur deux droits, par huit angles droits. On sait que cet excès est toujours positif (n° 448), et qu'il ne peut atteindre quatre angles droits; par conséquent, la valeur ci-dessus sera, comme on devait le prévoir, toujours moindre que la moitié de la surface de la sphère.

451. Pour simplifier la formule précédente, on convient ordinairement d'estimer les angles A, B, C, non pas en degrés, mais en fonction de l'angle droit, pris comme unité des angles ; alors on a D$=$1, et A, B, C deviennent des nombres abstraits compris entre 0 et 2. Si, de plus, on adopte aussi pour unité de surface la quantité $\frac{1}{8}$ S, qui représente le triangle trirectangle (n° 449), il restera pour l'expression de l'aire du triangle proposé

$$\text{ABC} = A + B + C - 2 = \varepsilon.$$

C'est cette quantité ε que l'on nomme *l'excès sphérique*, et qui devient, par les hypothèses admises, la mesure même de la surface du triangle ; mais il faudra se souvenir que ε ne sera qu'un nombre abstrait qui indiquera combien de triangles trirectangles, ou de fractions de ces triangles, sont contenus dans le triangle ABC.

Par exemple, si les angles A, B, C, mesurés en degrés, se

trouvent de 65°, 125°, 140°, alors on devra, pour les estimer en fonction de l'angle droit, poser

$$A = \frac{65}{90}, \quad B = \frac{125}{90}, \quad C = \frac{140}{90},$$

et l'excès sphérique deviendra

$$\varepsilon = \frac{330}{90} - 2 = \frac{5}{3};$$

ce qui voudra dire que la surface du triangle proposé est les $\frac{5}{3}$ d'un triangle trirectangle : puis, si l'on veut le comparer avec la sphère, le même triangle sera les $\frac{5}{24}$ de la surface totale de ce corps.

§ II. *Formules générales.*

Fɪɢ. 55. 452. Soit ABC un triangle sphérique tracé sur une sphère dont le rayon $OA = r$, et qui a pour côtés les arcs

$$BC = \alpha, \quad CA = \mathscr{C}, \quad AB = \gamma;$$

menons aux deux côtés qui forment un de ses angles, A par exemple, les tangentes AT, AS, que nous terminerons par les rayons OB, OC prolongés, puis joignons les points T et S : nous obtiendrons ainsi deux triangles rectilignes TOS, TAS, dans lesquels les angles opposés au côté commun TS sont équivalens (n° 444) au côté α et à l'angle A du triangle sphérique. Donc, par un théorème connu de Trigonométrie rectiligne, nous aurons

$$\overline{TS}^2 = \overline{OT}^2 + \overline{OS}^2 - 2 \cdot OT \cdot OS \cdot \cos \alpha,$$

$$\overline{TS}^2 = \overline{AT}^2 + \overline{AS}^2 - 2 \cdot AT \cdot AS \cdot \cos A;$$

et ici les cosinus devront toujours être mesurés, non dans la

sphère OA, mais bien dans le cercle dont le rayon égale l'u-
nité, puisque autrement ces équations ne seraient pas homogènes. Alors, si l'on retranche ces équations membre à membre, et que l'on ait égard aux triangles rectangles OAT, OAS,
qui donnent évidemment les relations suivantes,

$$\overline{OT}^2 - \overline{AT}^2 = r^2, \quad \overline{OS}^2 - \overline{AS}^2 = r^2,$$

$$OT = \frac{r}{\cos \gamma}, \quad AT = r \tang \gamma, \quad OS = \frac{r}{\cos \varsigma}, \quad AS = r \tang \varsigma,$$

il viendra

$$0 = 2r^2 - \frac{2r^2 \cos \alpha}{\cos \varsigma \cos \gamma} + 2r^2 \tang \varsigma \tang \gamma \cos A ;$$

puis, si l'on supprime le facteur commun $2r^2$, et qu'on ré-
solve par rapport à $\cos \alpha$, on obtiendra

$$(1) \quad \cos \alpha = \cos \varsigma \cos \gamma + \sin \varsigma \sin \gamma \cos A,$$

formule où le rayon r de la sphère en question est disparu,
et qui ne renferme que des lignes trigonométriques comptées
toutes dans le cercle qui a pour rayon l'unité. Mais cette formule repose sur une construction qui semble exiger que les
deux côtés ς et γ soient moindres que 90°; c'est pourquoi il
importe de montrer qu'elle est vraie dans tous les cas.

453. D'abord, si le côté γ est seul plus grand qu'un quadrans, comme dans le triangle ACB″, le rayon OB″ rencontrera, non plus la tangente AT, mais son prolongement AT′,
et donnera lieu à un triangle ACB′, pour lequel la construction primitive sera possible. On aura donc dans ce dernier
triangle,

$$\cos \alpha' = \cos \varsigma \cos \gamma' + \sin \varsigma \sin \gamma' \cos A' ;$$

mais il existe évidemment entre les triangles ACB′ et ACB″ les
relations

$$\alpha' = 180° - \alpha, \quad \gamma' = 180° - \gamma, \quad A' = 180° - A :$$

et en substituant dans l'équation précédente, on retrouve la formule (1), qui demeure ainsi vraie pour le triangle ACB″.

Si les deux côtés $\mathscr{C}$ et γ se fussent trouvés ensemble plus grands que 90°, on aurait de même prolongé les deux rayons OB, OC, en sens contraires, ainsi que les deux arcs AB, AC, et l'on aurait obtenu un triangle dans lequel on aurait eu

$$A' = A, \quad \alpha' = \alpha, \quad \mathscr{C}' = 180° - \mathscr{C}, \quad \gamma' = 180° - \gamma,$$

ce qui ramènerait encore à la formule (1).

454. Soient maintenant $\mathscr{C} = 90°$ et $\gamma = 90°$, comme dans le triangle ADB″. Ici la formule (1) se réduirait à

$$\cos \alpha = \cos A,$$

résultat évident, puisque l'arc $\alpha = DB''$ est bien (n° 444) la mesure de l'angle A.

455. Enfin, supposons, comme dans le triangle ACB‴, qu'un seul côté γ soit de 90°. Le théorème en question sera démontré, d'après le numéro précédent, pour l'angle droit D du triangle CDB‴ (à moins que l'on n'ait DB‴ = 90°), et l'équation (1) appliquée à ce triangle, donnera

$$\cos CB'' = \cos CD \cdot \cos DB'',$$

ou bien

$$\cos \alpha = \sin \mathscr{C} \cos A.$$

Or, c'est bien là ce à quoi se réduirait la formule (1), en y introduisant l'hypothèse $\gamma = 90°$; donc cette formule est encore vraie pour le triangle ACB‴.

Quant au cas tout particulier où l'on aurait à la fois $\gamma = 90°$ et DB‴ = 90°, la construction générale que nous appliquions ci-dessus au triangle CDB‴, ne pourrait plus s'effectuer; mais on voit immédiatement qu'alors le point B‴ se trouverait le pôle de l'arc ACD, et par conséquent B‴C = α serait de 90°, aussi bien que l'angle A qui a pour mesure DB‴; de sorte que l'équation (1) serait encore vraie pour un tel triangle ACB‴, puisqu'elle deviendrait $0 = 0$, d'après les hypothèses admises

$$\alpha = 90°, \quad \gamma = 90°, \quad A = 90°.$$

456. Nous conclurons de là que le théorème exprimé par l'équation (1), est vrai dans tous les triangles sphériques, quels qu'ils soient, et en l'appliquant tour à tour aux trois côtés α, β, γ du triangle ABC, nous aurons

$$(1) \quad \begin{cases} \cos\alpha = \cos\beta\cos\gamma + \sin\beta\sin\gamma\cos A, \\ \cos\beta = \cos\alpha\cos\gamma + \sin\alpha\sin\gamma\cos B, \\ \cos\gamma = \cos\alpha\cos\beta + \sin\alpha\sin\beta\cos C, \end{cases}$$

formules dont chacune exprime *une relation entre trois côtés et un angle*, et qui, par leur ensemble, doivent comprendre implicitement toute la Trigonométrie sphérique, puisqu'elles suffiront toujours pour calculer trois des six quantités A, B, C, α, β, γ, quand les trois autres seront connues. Mais comme il est utile d'avoir, pour chaque cas, des formules dont chacune ne renferme qu'une inconnue, nous allons les déduire des équations précédentes par diverses combinaisons.

457. Cherchons *une relation entre deux côtés et les deux angles opposés*, par exemple, entre α, β, A et B. La marche directe serait d'éliminer $\cos\gamma$ et $\sin\gamma$ entre les deux premières équations du groupe (1), au moyen de la relation......
$\sin^2\gamma + \cos^2\gamma = 1$; mais comme les calculs seraient fort longs, nous emploierons le moyen suivant. De la première des équations (1) tirons la valeur de $\cos A$, pour la substituer dans la relation

$$\sin A = \sqrt{1 - \cos^2 A};$$

il viendra, en réduisant au même dénominateur,

$$\sin A = \frac{\sqrt{\sin^2\beta \sin^2\gamma - (\cos\alpha - \cos\beta\cos\gamma)^2}}{\sin\beta\,\sin\gamma};$$

mais en substituant sous le radical les expressions des sinus en cosinus, on trouve

$$\sin A = \frac{\sqrt{1 - \cos^2\alpha - \cos^2\beta - \cos^2\gamma + 2\cos\alpha\cos\beta\cos\gamma}}{\sin\beta\,\sin\gamma}.$$

Or, le second membre de cette dernière équation, après avoir été divisé par $\sin\alpha$, deviendra évidemment une fonction symétrique de α, ς, γ, c'est-à-dire une fonction qui reste la même quand on permute ces lettres entre elles; d'où l'on conclut que le rapport $\dfrac{\sin A}{\sin\alpha}$ a une valeur constante et invariable pour chacun des angles du triangle ABC, comparé avec le côté opposé; et qu'ainsi on a les trois équations

$$(2)\qquad \frac{\sin A}{\sin\alpha} = \frac{\sin B}{\sin\varsigma} = \frac{\sin C}{\sin\gamma},$$

ce qui signifie que dans un triangle sphérique, *les sinus des angles sont proportionnels aux sinus des côtés opposés.*

458. Cherchons maintenant *une relation entre deux côtés et deux angles dont un soit compris* entre les côtés donnés, par exemple, entre α, ς, A et C. Substituons dans la première des équations (1), la valeur de $\cos\gamma$ fournie par la troisième, et la valeur

$$\sin\gamma = \sin\alpha\,\frac{\sin C}{\sin A},$$

que donne une des formules (2) : il viendra

$$\cos\alpha = \cos^2\varsigma\cos\alpha + \sin\alpha\sin\varsigma\cos\varsigma\cos C + \sin\varsigma\sin\alpha\frac{\sin C}{\sin A}\cos A;$$

ou bien, en transposant le premier terme du second membre dans le premier,

$$\cos\alpha\sin^2\varsigma = \sin\alpha\sin\varsigma\cos\varsigma\cos C + \sin\alpha\sin\varsigma\cot A\sin C.$$

Maintenant, si l'on divise tous les termes par $\sin\alpha\sin\varsigma$, on obtiendra la première des formules suivantes, et les autres s'en déduiront par de simples permutations de lettres (*).

(*) Les formules (3), que l'on écrit de plusieurs manières, ordinairement fort incommodes à retenir, se retrouveront aisément si on les dispose comme ici, et qu'on observe, 1°. que chaque membre commence par une cotan-

$$(3)\begin{cases} \cot\alpha\ \sin6 = \cot A\ \sin C + \cos6\ \cos C, \\ \cot\alpha\ \sin\gamma = \cot A\ \sin\dot B + \cos\gamma\ \cos B; \\[1em] \cot6\ \sin\alpha = \cot B\ \sin C + \cos\alpha\ \cos C, \\ \cot6\ \sin\gamma = \cot B\ \sin A + \cos\gamma\ \cos A; \\[1em] \cot\gamma\ \sin\alpha = \cot C\ \sin B + \cos\alpha\ \cos B, \\ \cot\gamma\ \sin6 = \cot C\ \sin A + \cos6\ \cos A. \end{cases}$$

459. Pour obtenir *une relation entre trois angles et un côté*, le moyen le plus simple est d'appliquer au triangle supplémentaire le théorème fondamental exprimé par l'équation (1), ce qui donne

$$\cos\alpha' = \cos 6'\cos\gamma' + \sin 6'\sin\gamma'\cos A',$$

puis de substituer ici les relations connues

$$\alpha' = 180° - A, \quad 6' = 180° - B; \quad \gamma' = 180° - C, \quad A' = 180° - \alpha;$$

alors on obtient pour le côté α, et semblablement pour chacun des autres, les formules

$$(4)\begin{cases} \cos A = -\cos B\ \cos C + \sin B\ \sin C\ \cos\alpha, \\ \cos B = -\cos A\ \cos C + \sin A\ \sin C\ \cos 6, \\ \cos C = -\cos A\ \cos B + \sin A\ \sin B\ \cos\gamma. \end{cases}$$

460. Les quatre groupes de formules obtenues jusqu'ici offrent évidemment toutes les combinaisons que l'on peut faire de *trois données* avec *une seule inconnue*, parmi les six quantités A, B, C, α, 6, γ; de sorte qu'il suffira de choisir parmi ces *quinze* équations, celle qui conviendra au cas proposé, et de la rendre ensuite propre au calcul logarithmique, ainsi que

---

gente multipliée par un sinus; 2°. que dans le premier membre ces lignes portent sur deux côtés choisis à volonté, et dans le second membre sur deux angles, dont le premier seul est opposé au premier côté déjà employé; 3°. que le dernier terme est formé par les deux cosinus des mêmes arcs, dont les sinus entrent déjà dans l'équation.

nous le montrerons en détail dans le paragraphe IV. Ici nous nous bornerons à remarquer qu'on doit comprendre dans la résolution des triangles sphériques, obliquangles ou rectangles, le cas où l'on donne les trois angles A , B , C; car ces données déterminent les côtés α', β', γ', du triangle supplémentaire : elles permettent donc de calculer les angles A', B', C', et par suite leurs supplémens , qui sont les côtés α , β, γ du triangle primitif, lequel se trouve ainsi complètement déterminé par la connaissance de ses trois angles. C'est d'ailleurs ce que prouvent directement les formules (4).

§ III. *Résolution des triangles rectangles.*

FIG. 56.　461. Lorsque dans le triangle ABC l'angle **A** est droit, c'est-à-dire que le plan du grand cercle CA est perpendiculaire au plan du côté BA , le triangle est dit *rectangle*, et le côté CB$=\alpha$ s'appelle toujours l'*hypoténuse*. On ne doit pas oublier que les deux autres angles pourraient être aussi (n° 449) droits ou obtus; mais un triangle *trirectangle* aurait évidemment tous ses côtés de 90°, et un triangle *birectangle* où A et B seraient droits , aurait pour côtés opposés $\alpha = 90°$, $\beta = 90°$, tandis que le troisième côté γ serait (n° 444) la mesure même de l'angle C. Ainsi ces deux genres particuliers de triangles ne donnant pas lieu à de véritables problèmes, nous ne devons considérer que les triangles où *un seul* angle A est droit, avec deux autres angles *obliques*, qui peuvent être aigus ou obtus.

462. Pour obtenir les formules nécessaires à la résolution des triangles rectangles, il suffit de poser A $= 90°$ dans les quatre groupes de relations générales que nous avons trouvées pour les triangles quelconques. Cette hypothèse, introduite dans la première des équations (1) , donne

$$(5) \quad \cos\alpha = \cos\beta \, \cos\gamma \,;$$

c'est-à-dire que *le cosinus de l'hypoténuse est égal au produit des cosinus des deux autres côtés.* Cette relation est analogue avec celle-ci, $\alpha^2 = \zeta^2 + \gamma^2$, qui aurait lieu si le triangle sphérique devenait rectiligne, en conservant des côtés de même longueur absolue ; et la première se ramènerait à la seconde, en développant les cosinus en séries ; puis en supposant que le rayon de la sphère devienne *infini.* (*Voyez* n° 492.)

463. Les équations (2) donnent, par l'hypothèse $A = 90°$, les deux formules suivantes ,

$$(6) \quad \sin B = \frac{\sin \zeta}{\sin \alpha}, \quad \sin C = \frac{\sin \gamma}{\sin \alpha},$$

qui montrent que *le sinus d'un angle oblique est égal au sinus du côté opposé, divisé par le sinus de l'hypoténuse :* principe analogue à celui des triangles rectilignes , ou l'on aurait

$$\sin B = \frac{\zeta}{\alpha}.$$

464. Dans les équations (3), les deux premières donnent, pour $A = 90°$,

$$\cot \alpha \sin \zeta = \cos \zeta \cos C, \quad \cot \alpha \sin \gamma = \cos \gamma \cos B,$$

d'où l'on conclut

$$(7) \quad \cos B = \frac{\tang \gamma}{\tang \alpha}, \quad \cos C = \frac{\tang \zeta}{\tang \alpha};$$

formules qui prouvent que *le cosinus d'un angle oblique est égal à la tangente du côté adjacent, divisée par la tangente de l'hypoténuse,* et qui sont analogues à la relation $\cos B = \dfrac{\gamma}{\alpha}$, que fournirait un triangle rectiligne.

465. La quatrième et la sixième des équations (3) deviennent, par l'hypothèse $A = 90°$,

$$\cot \zeta \sin \gamma = \cot B, \quad \cot \gamma \sin \zeta = \cot C,$$

d'où l'on déduit les relations

$$(8) \quad \tang B = \frac{\tang \mathfrak{C}}{\sin \gamma}, \quad \tang C = \frac{\tang \gamma}{\sin \mathfrak{C}};$$

c'est-à-dire que *la tangente d'un angle oblique est égale à la* *tangente du côté opposé, divisée par le sinus du côté adjacent:* principe analogue à celui des triangles rectilignes, où l'on aurait $\tang B = \dfrac{\mathfrak{C}}{\gamma}$ (*).

466. Quant aux équations (4), l'hypothèse $A = 90°$ donne, dans la première,

$$o = - \cos B \, \cos C + \sin B \, \sin C \, \cos \alpha,$$

d'où l'on déduit cette formule

$$(9) \quad \cos \alpha = \cot B \, \cot C;$$

c'est-à-dire que *le cosinus de l'hypoténuse égale le produit des* *cotangentes des deux angles obliques.*

467. Enfin, les deux dernières des équations (4) donnent, par l'hypothèse $A = 90°$,

$$(10) \quad \cos \mathfrak{C} = \frac{\cos B}{\sin C}, \quad \cos \gamma = \frac{\cos C}{\sin B};$$

ce qui prouve que *le cosinus d'un côté de l'angle droit est égal* *au cosinus de l'angle opposé, divisé par le sinus de l'angle* *adjacent.*

468. Voilà donc *six principes* qui fournissent *dix équations* où se trouvent toutes les combinaisons que l'on peut faire de *deux données* avec *une seule inconnue,* parmi les cinq quantités $B, C, \alpha, \mathfrak{C}, \gamma$; et il suffira d'en faire un choix convenable, d'après les données de chaque problème, ainsi que

---

(*) Les trois formules (6), (7), (8), écrites comme nous l'avons fait, seront donc faciles à retenir, puisque les combinaisons d'angles et de côtés sont les mêmes que dans les triangles rectilignes; seulement, il faudra se rappeler que le sinus d'un angle s'exprime par *deux sinus,* le cosinus par *deux tangentes,* et la tangente par *une tangente* et *un sinus.*

nous allons l'indiquer. Mais auparavant, tirons de ce qui précède deux conséquences applicables à tous les triangles rectangles.

1°. On voit, d'après la formule (5), que les trois côtés a, 6, γ devront être tous moindres que 90°; ou bien deux seront à la fois plus grands que 90°, et le troisième moindre. Ainsi le nombre des côtés plus grands qu'un quadrans, est toujours *pair*.

2°. La formule (8) montre qu'*un angle oblique est toujours de même espèce que le côté opposé*; c'est-à-dire qu'ils sont tous deux à la fois moindres que 90°, ou à la fois plus grands.

469. **Premier cas.** *On donne l'hypoténuse a et un côté 6 de* Fig. 56. *l'angle droit;* les trois inconnues γ, B et C se trouveront par les formules (5), (6), (7).

Deuxième cas. *On donne les deux côtés 6 et γ de l'angle droit;* les inconnues sont ici a, B et C, qui s'obtiendront par les formules (5) et (8).

Troisième cas. *On donne l'hypoténuse a et un angle oblique* B; pour trouver les inconnues 6, γ et C, on emploiera les formules (6), (7) et (9).

Quatrième cas. *On donne un côté 6 et l'angle opposé* B; les inconnues a, γ et C s'obtiendront par les formules (6), (8) et (10).

Cinquième cas. *On donne un côté 6 avec l'angle adjacent* C; les inconnues a, γ et B se calculeront au moyen des formules (7), (8) et (10).

Sixième cas. *On donne les deux angles obliques* B *et* C; *pour trouver les inconnues* a, 6, γ, on emploiera les formules (9) et (10).

470. Observons ici, 1°. que toutes les formules citées sont telles que les logarithmes s'y appliquent immédiatement; seulement, il faudra auparavant avoir soin de les rendre homogènes, en y introduisant pour facteur une puissance convenable du rayon R des tables.

2°. Que lorsqu'un élément inconnu sera fourni par son sinus, lequel peut appartenir également à un angle aigu et à son supplément, il y aura ambiguité sur la grandeur de cet élément; mais cette ambiguité cessera si, parmi les données, se trouve le côté ou l'angle opposé à cet élément; car on a vu (n° 468) que ces deux grandeurs devaient toujours être de même espèce.

471. D'après ces remarques, on verra aisément que, parmi les six cas que présente la résolution des triangles rectangles, il n'y a que *le quatrième* qui soit vraiment *douteux*, c'est-à-dire qui admette deux solutions. En effet, les inconnues α, γ et C sont données par les équations

$$\sin \alpha = \frac{\sin 6}{\sin B}, \quad \sin \gamma = \frac{\tan 6}{\tan B}, \quad \sin C = \frac{\cos B}{\cos 6};$$

ainsi, il faudra commencer par prendre C et γ tous deux moindres que 90°, ou tous deux plus grands, et ensuite déterminer l'espèce de α par la relation $\cos \alpha = \cos 6 \cos \gamma$. On peut d'ailleurs reconnaître *à priori* l'existence de deux solu-

Fig. 56. tions dans ce cas; puisque, si l'on prolonge les deux côtés BC et BA jusqu'à ce qu'ils se coupent de nouveau en B', on aura un second triangle rectangle CAB', où le côté 6 et l'angle B' = B sont évidemment les mêmes que dans le triangle primitif CBA; d'ailleurs, les autres parties C', α', γ', de ce nouveau triangle, sont bien les supplémens de C, α, γ.

§ IV. *Résolution des triangles obliquangles.*

472. Ces triangles, où l'on devra toujours connaître trois des six élémens A, B, C, α, 6, γ, présentent six problèmes distincts, qui se résolvent par les quatre principes généraux qu'expriment les formules (1), (2), (3) et (4); mais comme ces formules exigent quelques modifications pour se prêter au calcul logarithmique, nous allons parcourir les diverses parties de cette question.

PREMIER CAS.

473. *On donne les trois côtés* α, $\mathfrak{C}$, γ. Pour trouver l'un des angles, A par exemple, il suffira d'employer la formule (1), qui donne

$$\cos A = \frac{\cos \alpha - \cos \mathfrak{C} \cos \gamma}{\sin \mathfrak{C} \sin \gamma},$$

équation dont le second membre est tout connu, mais qui ne se prête pas commodément au calcul logarithmique. C'est pourquoi nous allons substituer cette valeur dans la relation générale

$$\sin \tfrac{1}{2} A = \sqrt{\frac{1 - \cos A}{2}},$$

et il viendra, en réduisant au même dénominateur,

$$\sin \tfrac{1}{2} A = \sqrt{\frac{\cos (\mathfrak{C} - \gamma) - \cos \alpha}{2 \sin \mathfrak{C} \sin \gamma}};$$

puis, par la formule connue

$$\cos (a - b) - \cos (a + b) = 2 \sin a \sin b,$$

on obtiendra enfin

$$\sin \tfrac{1}{2} A = \sqrt{\frac{\sin \tfrac{1}{2} (\alpha + \mathfrak{C} - \gamma) \sin \tfrac{1}{2} (\alpha + \gamma - \mathfrak{C})}{\sin \mathfrak{C} \sin \gamma}},$$

formule que l'on rendra homogène en multipliant le second membre par le rayon R des tables, et à laquelle les logarithmes s'appliqueront aisément. D'ailleurs, elle n'offrira point de double valeur pour l'angle A, quoiqu'il soit donné par un sinus, parce que l'arc $\tfrac{1}{2}$A ne saurait surpasser 90°. Quant aux deux autres angles, ils s'obtiendront par des formules toutes semblables à celle-ci, et qui s'en déduiront par des permutations de lettres.

474. Si l'on avait substitué la valeur de cos A dans la

relation

$$\cos \tfrac{1}{2} A = \sqrt{\frac{1 + \cos A}{2}},$$

on serait arrivé, par des calculs analogues, à la formule

$$\cos \tfrac{1}{2} A = \sqrt{\frac{\sin \tfrac{1}{2}(\mathcal{C} + \gamma - \alpha)\, \sin \tfrac{1}{2}(\mathcal{C} + \gamma + \alpha)}{\sin \mathcal{C} \, \sin \gamma}},$$

qui, par sa combinaison avec la première, fournit encore cette relation

$$\tan \tfrac{1}{2} A = \sqrt{\frac{\sin \tfrac{1}{2}(\alpha + \mathcal{C} - \gamma)\, \sin \tfrac{1}{2}(\alpha + \gamma - \mathcal{C})}{\sin \tfrac{1}{2}(\mathcal{C} + \gamma - \alpha)\, \sin \tfrac{1}{2}(\alpha + \mathcal{C} + \gamma)}}.$$

Ces expressions de $\cos\tfrac{1}{2}A$ et $\tan\tfrac{1}{2}A$ pourraient être employées au même usage que celle de $\sin\tfrac{1}{2}A$; et nous allons indiquer ici une application très utile de ces formules.

Fig.57. 475. *Réduire un angle à l'horizon.* Un observateur placé au point O, a mesuré l'angle POQ que font les deux rayons visuels dirigés vers des points fixes P et Q, et il a mesuré aussi les angles POO′ et QOO′ formés par ces rayons avec la verticale; on demande l'angle P′O′Q′, qui est *la projection* du premier sur un plan horizontal. Si l'on conçoit une sphère décrite du point O, comme centre, avec un rayon quelconque, elle sera coupée par les trois faces de l'angle trièdre O, suivant un triangle sphérique ABC, dont les côtés α, $\mathcal{C}$, γ seront les angles observés; tandis que l'angle demandé P′O′Q′ ne sera autre chose que l'angle dièdre des deux plans POO′ et QOO′, c'est-à-dire l'angle A du triangle sphérique : on calculera donc cette inconnue A par une des formules établies ci-dessus.

DEUXIÈME CAS.

476. *On donne deux côtés α et $\mathcal{C}$, avec l'angle* A *opposé à l'un d'eux.*

1°. L'angle B s'obtiendra par le théorème (2), qui donne

$$\sin B = \frac{\sin A \, \sin \mathcal{C}}{\sin \alpha}.$$

2° Pour le côté γ, on emploiera la formule (1);

$$\cos \alpha = \cos \mathcal{C} \cos \gamma + \sin \mathcal{C} \sin \gamma \cos A$$
$$= \cos \mathcal{C} \,(\cos \gamma + \sin \gamma \, \tang \mathcal{C} \cos A);$$

et pour la rendre calculable par logarithmes, on aura recours à un angle auxiliaire φ, en posant (*)

$$(m) \quad \tang \mathcal{C} \cos A = \tang \varphi,$$

ce qui donnera

$$\cos \alpha = \cos \mathcal{C} \left(\cos \gamma + \sin \gamma \frac{\sin \varphi}{\cos \varphi} \right),$$

ou bien

$$(n) \quad \cos \alpha = \frac{\cos \mathcal{C} \cos (\gamma - \varphi)}{\cos \varphi}.$$

Ainsi, après qu'on aura calculé l'angle auxiliaire φ par l'équation (m), on trouvera, au moyen de (n), l'arc $\gamma - \varphi$, et par suite le côté γ tout entier.

3°. Pour l'angle C, on pourrait, après avoir trouvé γ, em-

(*) Pour saisir l'esprit de ces transformations fréquentes, et ne pas en faire un mécanisme aveugle et fatigant pour la mémoire, il faut remarquer que, dans tous les cas semblables, il s'agit de changer en produit un binome de la forme

$$M \sin \omega + N \cos \omega.$$

Or, si l'on met en facteur commun l'une des quantités M ou N, comme

$$M \left(\sin \omega + \cos \omega \frac{N}{M} \right),$$

et que l'on égale le coefficient $\frac{N}{M}$ à une tangente ou à une cotangente, lignes qui sont susceptibles de recevoir toutes les valeurs possibles, on aura

$$M \left(\sin \omega + \cos \omega \frac{\sin \varphi}{\cos \varphi} \right) = \frac{M \sin (\omega + \varphi)}{\cos \varphi},$$

ou bien

$$M \left(\sin \omega + \cos \omega \frac{\cos \varphi}{\sin \varphi} \right) = \frac{M \cos (\omega - \varphi)}{\sin \varphi}.$$

ployer le théorème (2) ; mais si l'on veut obtenir C directement, on prendra, dans le groupe (3), la formule

$$\cot \alpha \sin \mathcal{C} = \cot A \sin C + \cos \mathcal{C} \cos C$$
$$= \cos \mathcal{C} \left(\cos C + \sin C \frac{\cot A}{\cos \mathcal{C}} \right),$$

puis on posera

$$(p) \quad \frac{\cot A}{\cos \mathcal{C}} = \tan \psi,$$

ce qui permettra de calculer aisément l'angle auxiliaire ψ ; et en substituant dans l'équation précédente, il viendra

$$(q) \quad \cot \alpha \tan \mathcal{C} = \frac{\cos (C - \psi)}{\cos \psi},$$

équation d'où l'on déduira aisément l'angle $C - \psi$, et par suite l'angle C.

Fig. 58.   477. Il est bon de remarquer que l'introduction des auxiliaires φ et ψ, revient à partager le triangle ABC en deux triangles rectangles, par une perpendiculaire CD$=h$. En effet, si l'on appelle φ le segment DA, et ψ l'angle ACD, le triangle rectangle ACD donnera, par les formules (7) et (5),

$$\cos A = \frac{\tan \varphi}{\tan \mathcal{C}}, \quad \cos \mathcal{C} = \cos h \cos \varphi ;$$

puis le triangle rectangle CDB donnera, par la formule (5),

$$\cos \alpha = \cos h \cos (\gamma - \varphi);$$

et si l'on substitue ici la valeur de $\cos h$, on aura ces deux formules

$$\cos A = \frac{\tan \varphi}{\tan \mathcal{C}}, \quad \cos \alpha = \frac{\cos \mathcal{C} \cos (\gamma - \varphi)}{\cos \varphi},$$

lesquelles s'accordent évidemment avec les équations (m) et (n) du numéro précédent.

De même, pour trouver C, on déduira du triangle rectan

gle ACD, par les formules (9) et (7),

$$\cos \mathcal{C} = \cot A \cot \psi, \quad \cos \psi = \frac{\tang h}{\tang \mathcal{C}};$$

puis le triangle rectangle BCD fournira, d'après la formule (7), l'équation

$$\cos (C - \psi) = \frac{\tang h}{\tang \alpha};$$

d'où l'on conclura, en éliminant h,

$$\cos \mathcal{C} = \cot A \cot \psi, \quad \cos (C - \psi) = \frac{\tang \mathcal{C} \cos \psi}{\tang \alpha},$$

résultats qui rentrent aussi dans les formules (p) et (q). Ce cas admettra souvent *deux solutions*. (*Voyez* n° 486.)

TROISIÈME CAS.

478. *On donne deux côtés α et $\mathcal{C}$, avec l'angle compris C.*
1°. Le côté γ s'obtiendra par le théorème (1), qui donne

$$\cos \gamma = \cos \alpha \cos \mathcal{C} + \sin \alpha \sin \mathcal{C} \cos C$$
$$= \cos \alpha (\cos \mathcal{C} + \sin \mathcal{C} \tang \alpha \cos C);$$

de sorte que si l'on pose

$$\tang \alpha \cos C = \tang \varphi,$$

l'arc auxiliaire φ se calculera aisément par logarithmes, et il viendra

$$\cos \gamma = \frac{\cos \alpha \cos (\mathcal{C} - \varphi)}{\cos \varphi},$$

formule qui donnera aussi l'inconnue $\cos \gamma$ par le moyen des logarithmes.

2°. Quant à l'angle A, on peut le déduire du théorème (2), lorsqu'une fois γ est connu; mais pour l'obtenir directement, on partira de la première des formules (3), qui donne

22..

$$\cot A = \frac{\cot a \sin \mathcal{C} - \cos \mathcal{C} \cos C}{\sin C}$$

$$= \cot C \left(\frac{\cot a}{\cos C} \sin \mathcal{C} - \cos \mathcal{C} \right);$$

puis on posera

$$\frac{\cot a}{\cos C} = \cot \varphi,$$

équation où l'arc φ est évidemment le même que dans 1°., et qui conduit à

$$\cot A = \frac{\cot C \sin (\mathcal{C} - \varphi)}{\sin \varphi} \quad \text{ou} \quad \tang A = \frac{\tang C \sin \varphi}{\sin (\mathcal{C} - \varphi)}.$$

3°. Pour trouver l'angle B, on traiterait semblablement la formule suivante, déduite du théorème (3),

$$\cot B = \frac{\cot \mathcal{C} \sin a - \cos a \cos C}{\sin C}.$$

D'ailleurs, il est bon de savoir que les angles A et B s'obtiendraient aussi par les *analogies de Néper*, que nous donnerons plus loin. (*Voyez* n° 487.)

479. Remarquons encore que l'introduction de l'auxiliaire Fig. 59. φ revient à partager le triangle ABC en deux autres, par un arc $BD = h$, perpendiculaire sur AC. En effet, si l'on pose le segment $CD = \varphi$, on aura dans le triangle rectangle BCD,

$$\cos C = \frac{\tang \varphi}{\tang a}, \quad \cos a = \cos \varphi \cos h,$$

relations dont la première servira à calculer φ; puis le triangle rectangle DBA donnera

$$\cos \gamma = \cos h \cos (\mathcal{C} - \varphi) = \frac{\cos a}{\cos \varphi} \cos (\mathcal{C} - \varphi),$$

résultats qui s'accordent avec les formules employées ci-dessus pour trouver γ.

Ensuite, les mêmes triangles rectangles donnent aussi

$$\text{tang } C = \frac{\text{tang } h}{\sin \varphi}, \quad \text{tang } A = \frac{\text{tang } h}{\sin (\mathscr{C} - \varphi)};$$

d'où l'on conclut, comme au n° 478, 2°.,

$$\text{tang } A = \frac{\text{tang } C \sin \varphi}{\sin (\mathscr{C} - \varphi)}.$$

Pour obtenir l'angle B, il faudrait abaisser la perpendiculaire du sommet A.

QUATRIÈME CAS.

480. *On donne deux angles* A *et* B *, avec le côté compris* γ.

1°. Pour trouver l'angle C, on emploiera le théorème (4), qui donne

$$\cos C = - \cos A \cos B + \sin A \sin B \cos \gamma$$
$$= \cos A \left(- \cos B + \sin B \text{ tang } A \cos \gamma \right);$$

et, par le secours d'un angle auxiliaire ψ, on aura

$$\text{tang } A \cos \gamma = \cot \psi, \quad \cos C = \frac{\cos A \sin (B - \psi)}{\sin \psi}.$$

2°. Le côté α s'obtiendra par une des formules (3), qui donne

$$\cot \alpha \sin \gamma = \cot A \sin B + \cos \gamma \cos B$$
$$= \cos \gamma \left(\cos B + \sin B \frac{\cot A}{\cos \gamma} \right);$$

et, par le secours du même angle ψ que ci-dessus, on aura

$$\frac{\cot A}{\cos \gamma} = \text{tang } \psi, \quad \cot \alpha = \frac{\cot \gamma \cos (B - \psi)}{\cos \psi}.$$

3°. Le côté $\mathscr{C}$ se déduirait semblablement de la formule

$$\cot \mathscr{C} \sin \gamma = \cot B \sin A + \cos \gamma \cos A.$$

Observons d'ailleurs que les deux côtés α, $\mathscr{C}$ pourraient aussi se calculer par les *analogies de Néper*. (*Voyez* n° 488.)

481. On arrive aux mêmes valeurs, en abaissant l'arc $BD = h$.

FIG. 59. perpendiculaire sur AC, et en désignant par ψ l'angle DBA ; car le triangle rectangle ABD donne

$$\cos \gamma = \cot \psi \cot A, \quad \cos h = \frac{\cos A}{\sin \psi};$$

et, par l'autre triangle rectangle BCD, on obtient

$$\cos h = \frac{\cos C}{\sin (B - \psi)}, \quad \text{d'où} \quad \cos C = \frac{\cos A \sin (B - \psi)}{\sin \psi}.$$

Quant à a, les mêmes triangles rectangles donnent

$$\cos (B - \psi) = \frac{\tan g\, h}{\tan g\, a}, \quad \cos \psi = \frac{\tan g\, h}{\tan g\, \gamma};$$

d'où l'on conclut

$$\tan g\, a = \frac{\tan g\, \gamma \cos \psi}{\cos (B - \psi)}.$$

Pour obtenir $\mathcal{C}$, il faudrait abaisser la perpendiculaire du sommet A.

CINQUIÈME CAS.

482. *On donne deux angles* A *et* B, *avec le côté* a *opposé à l'un d'eux.*

1°. Le côté $\mathcal{C}$ s'obtiendra par le théorème (2), qui donne

$$\frac{\sin \mathcal{C}}{\sin B} = \frac{\sin a}{\sin A}.$$

2°. Pour trouver l'angle C, on emploiera le théorème (4), qui fournit l'équation

$$\cos A = - \cos B \cos C + \sin B \sin C \cos a$$
$$= \cos B\, (- \cos C + \sin C \tan g\, B \cos a),$$

et, par le moyen d'un angle auxiliaire, il viendra

$$\tan g\, B \cos a = \cot \psi, \quad \cos A = \frac{\cos B \sin (C - \psi)}{\sin \psi}.$$

3°. Le côté γ se déduira d'une des formules (3), savoir,

$$\cot \alpha \sin \gamma = \cot A \sin B + \cos \gamma \cos B ;$$

d'où résulte

$$\frac{\cot \alpha}{\cos B} \sin \gamma - \cos \gamma = \cot A \cdot \tang B ;$$

et alors, par un arc auxiliaire φ, il viendra

$$\frac{\cot \alpha}{\cos B} = \cot \varphi, \quad \sin (\gamma - \varphi) = \cot A \, \tang B \sin \varphi.$$

483. Cela revient encore à abaisser l'arc $CD = h$ perpendi- Fɪɢ. 60. culaire sur AB, et à poser l'angle $BCD = \psi$, et le segment $BD = \varphi$; car le triangle rectangle BCD donnera

$$\cos \alpha = \cot B \cot \psi, \quad \cos h = \frac{\cos B}{\sin \psi} :$$

mais le triangle ACD fournit aussi la relation

$$\cos h = \frac{\cos A}{\sin (C - \psi)},$$

d'où l'on conclura

$$\sin (C - \psi) = \frac{\cos A \sin \psi}{\cos B}.$$

Quant au côté γ, on a, dans les mêmes triangles rectangles,

$$\cos B = \frac{\tang \varphi}{\tang \alpha}, \quad \tang B = \frac{\tang h}{\sin \varphi}, \quad \tang A = \frac{\tang h}{\sin (\gamma - \varphi)} ;$$

d'où l'on conclut, en éliminant h,

$$\sin (\gamma - \varphi) = \frac{\tang B \sin \varphi}{\tang A},$$

résultats qui s'accordent tous avec ceux du n° 482, mais qui offriront souvent *deux solutions*. (*Voyez* n° 486.)

SIXIÈME CAS.

484. *On donne les trois angles* A, B *et* C. Pour obtenir un des côtés, α par exemple, on emploiera le théorème (4), qui donne

$$\cos A = - \cos B \cos C + \sin B \sin C \cos \alpha,$$

équation où $\cos \alpha$ est la seule inconnue, mais qui ne se prête pas au calcul logarithmique. C'est pourquoi nous agirons comme dans le *premier cas*, et nous substituerons la valeur de $\cos \alpha$, tirée de l'équation précédente, dans la relation connue

$$\sin \tfrac{1}{2} \alpha = \sqrt{\frac{1 - \cos \alpha}{2}};$$

alors il viendra, en réduisant au même dénominateur sous le radical,

$$\sin \tfrac{1}{2} \alpha = \sqrt{\frac{- \cos (B + C) - \cos A}{2 \sin B \sin C}},$$

ou bien

$$\sin \tfrac{1}{2} \alpha = \sqrt{\frac{- \cos \tfrac{1}{2} (B + C + A) \cos \tfrac{1}{2} (B + C - A)}{\sin B \sin C}}.$$

Cette valeur, que l'on aurait pu déduire de celle de $\cos \tfrac{1}{2} A$, trouvée n° 474, en appliquant cette dernière au *triangle supplémentaire*, sera toujours réelle. En effet, comme la somme des trois angles A, B, C est toujours comprise (n° 448) entre *deux* et *six* angles droits, il s'ensuit qu'on aura à la fois les deux conditions

$$\tfrac{1}{2} (A + B + C) > 90° \quad \text{et} \quad < 3 \times 90°;$$

ainsi, le premier cosinus qui entre sous le radical précédent, sera *négatif*, et à cause du signe qui le précède, ce facteur deviendra positif. Ensuite, le second cosinus sera toujours *positif;* car, dans le triangle supplémentaire, chaque côté étant (n° 446) plus petit que la somme des deux autres, on aura

$$\alpha' < \mathfrak{b}' + \gamma',$$

ou bien

$$180^{\circ} - A < 180^{\circ} - B + 180^{\circ} - C;$$

d'où l'on conclut

$$\tfrac{1}{2}(B + C - A) < 90^{\circ}.$$

§ V. *Remarques.*

485. On doit observer que, des six cas que nous venons de résoudre, les trois derniers auraient pu être ramenés aux autres par le secours du triangle supplémentaire. En effet, quand on donne, dans le quatrième cas, les angles A et B avec le côté compris γ, on connaît, dans le triangle supplémentaire, les deux côtés α' et $\mathfrak{b}'$ avec l'angle C', puisque ces élémens sont les supplémens des données de la question. On pourrait donc, comme au n° 478, calculer γ', A', B'; et, en prenant leurs supplémens, on aurait les valeurs de C, α, $\mathfrak{b}$. De cette manière, le quatrième cas se ramènerait au troisième, le cinquième au second, et le sixième au premier.

486. En examinant par quelles lignes trigonométriques sont fournies les inconnues dans chacun de ces six cas, on reconnaît aisément que *le second* et *le cinquième* sont les seuls *qui puissent admettre deux solutions;* et encore ils ne les admettent pas toujours. En effet, soit CAB l'angle donné Fɪɢ. 61. A que nous supposerons d'abord aigu, et AC = $\mathfrak{b}$ le côté connu adjacent à cet angle : si l'on abaisse l'arc CD perpendiculaire sur AB, le second côté donné α pourra prendre deux positions CB et CB', également écartées de CD, et il y aura deux triangles ACB, ACB', construits avec les mêmes données, pourvu toutefois que $\alpha < \mathfrak{b}$; car si $\alpha > \mathfrak{b}$, la seconde position CB', que prendrait ce côté, devrait être plus éloignée de la perpendiculaire CD que ne l'est CA; et, par suite, le point B' serait à droite du point A : de sorte que le second triangle,

ayant un angle A supplément de celui qu'assigne la question, devrait être rejeté.

Nous avons supposé, dans ce qui précède, le côté c moindre que 90°; s'il était plus grand, et représenté par AC′, il faudrait évidemment, pour que le côté a pût prendre les deux positions C′B″ et C′B‴, que a fût moindre que le supplément C′A′ de C′A $= c$, parce que autrement le côté AB‴ se trouverait plus grand que la demi-circonférence AB″A′. En discutant de même le cas où l'angle A surpasserait 90°, il faudra observer que *l'arc perpendiculaire* CD se trouve alors *plus grand que les obliques*, lesquelles diminuent en s'en éloignant; et par là on pourra établir les caractères suivans :

$$\text{Si } A < 90°, \quad c < 90°, \begin{cases} a < c, & \text{deux solutions ;} \\ a = c, & \text{une solution;} \\ a > c, & \text{une solution.} \end{cases}$$

$$\text{Si } A < 90°, \quad c > 90°, \begin{cases} a + c < 180°, & \text{deux solutions ;} \\ a + c = 180°, & \text{une solution;} \\ a + c > 180°, & \text{une solution.} \end{cases}$$

$$\text{Si } A > 90°, \quad c < 90°, \begin{cases} a + c < 180°, & \text{une solution ;} \\ a + c = 180°, & \text{une solution ;} \\ a + c > 180°, & \text{deux solutions.} \end{cases}$$

$$\text{Si } A > 90°, \quad c > 90°, \begin{cases} a < c, & \text{une solution;} \\ a = c, & \text{une solution ;} \\ a > c, & \text{deux solutions.} \end{cases}$$

Pour le cinquième cas, où l'on donne A, B et a, on ramènera la discussion au cas que nous venons d'examiner, par le secours du triangle supplémentaire.

487. Nous ferons connaître ici les *Analogies de Néper*, qui peuvent servir à résoudre le troisième et le quatrième cas des triangles obliquangles.

Éliminons cos γ entre la première et la troisième des formules (1) du n° 456, et nous aurons

$$\cos a = \cos a \cos^2 c + \cos c \sin a \sin c \cos C + \sin c \sin \gamma \cos A ;$$

d'où l'on déduira en transposant,

$$\sin \gamma \cos A = \cos \alpha \sin \mathcal{C} - \sin \alpha \cos \mathcal{C} \cos C.$$

En éliminant, d'une manière toute semblable, $\cos \gamma$ entre la deuxième et la troisième des formules (1), on arrivera évidemment à

$$\sin \gamma \cos B = \cos \mathcal{C} \sin \alpha - \sin \mathcal{C} \cos \alpha \cos C \,;$$

et en ajoutant ces deux dernières équations membre à membre, il viendra

$$(R) \quad \sin \gamma (\cos A + \cos B) = (1 - \cos C) \sin (\alpha + \mathcal{C}).$$

Cela posé, on a par le théorème (2)

$$\frac{\sin A}{\sin \alpha} = \frac{\sin B}{\sin \mathcal{C}} = \frac{\sin C}{\sin \gamma},$$

d'où l'on déduit

$$(S) \quad \frac{\sin A + \sin B}{\sin \alpha + \sin \mathcal{C}} = \frac{\sin C}{\sin \gamma},$$

$$(T) \quad \frac{\sin A - \sin B}{\sin \alpha - \sin \mathcal{C}} = \frac{\sin C}{\sin \gamma},$$

et en éliminant $\sin \gamma$ tour à tour entre (R) et (S), et entre (R) et (T), il viendra

$$\frac{\sin A + \sin B}{\cos A + \cos B} = \frac{\sin C}{1 - \cos C} \cdot \frac{\sin \alpha + \sin \mathcal{C}}{\sin (\alpha + \mathcal{C})},$$

$$\frac{\sin A - \sin B}{\cos A + \cos B} = \frac{\sin C}{1 - \cos C} \cdot \frac{\sin \alpha - \sin \mathcal{C}}{\sin (\alpha + \mathcal{C})} \,;$$

puis enfin, par les formules ordinaires de la Trigonométrie, qui changent les sommes de sinus ou de cosinus en produits, on ramènera aisément les deux équations précédentes à la forme

$$(11) \quad \operatorname{tang} \tfrac{1}{2} (A + B) = \cot \tfrac{1}{2} C \cdot \frac{\cos \tfrac{1}{2} (\alpha - \mathcal{C})}{\cos \tfrac{1}{2} (\alpha + \mathcal{C})},$$

$$(12) \quad \operatorname{tang} \tfrac{1}{2} (A - B) = \cot \tfrac{1}{2} C \cdot \frac{\sin \tfrac{1}{2} (\alpha - \mathcal{C})}{\sin \tfrac{1}{2} (\alpha + \mathcal{C})}.$$

Ces relations, qui pourraient être écrites sous la forme de proportions ou d'*analogies,* serviront, dans le *troisième cas* des triangles obliquangles, à trouver $(A + B)$, $(A - B)$, et par suite, chacun des angles A et B.

488. Si l'on applique les formules (11) et (12) au triangle supplémentaire, dans lequel $A' = 180° - \alpha$, $B' = 180° - \mathfrak{C}$, $C' = 180° - \gamma$, $\alpha' = 180° - A \ldots$, on en conclura ces deux nouvelles *analogies,*

$$(13) \qquad \tang\tfrac{1}{2}(\alpha + \mathfrak{C}) = \tang\tfrac{1}{2}\gamma \cdot \frac{\cos\tfrac{1}{2}(A - B)}{\cos\tfrac{1}{2}(A + B)},$$

$$(14) \qquad \tang\tfrac{1}{2}(\alpha - \mathfrak{C}) = \tang\tfrac{1}{2}\gamma \cdot \frac{\sin\tfrac{1}{2}(A - B)}{\sin\tfrac{1}{2}(A + B)},$$

lesquelles pourront aussi, dans le *quatrième cas,* suffire à trouver $(\alpha + \mathfrak{C})$, $(\alpha - \mathfrak{C})$, et par suite, chacun des côtés α et $\mathfrak{C}$.

489. Nous placerons encore ici une conséquence remarquable de l'équation trouvée n° 457,

$$\sin A = \frac{\sqrt{1 - \cos^2\alpha - \cos^2\mathfrak{C} - \cos^2\gamma + 2\cos\alpha\cos\mathfrak{C}\cos\gamma}}{\sin\mathfrak{C}\,\sin\gamma}.$$

FIG. 62. Considérons, en effet, un parallélépipède COADB, dont les trois arêtes contiguës sont

$$OA = a, \quad OB = b, \quad OC = c,$$

lesquelles font entre elles des angles

$$BOC = \alpha, \quad COA = \mathfrak{C}, \quad AOB = \gamma.$$

Ces angles sont (n° 446) les côtés d'un triangle sphérique intercepté par les trois faces de l'angle trièdre O, sur une sphère qui aurait son centre en ce point; et les angles A, B, C de ce triangle seront les angles dièdres qui ont pour arêtes OA, OB. OC. Cela posé, on a évidemment

$$\text{surf. OADB} = ab\sin AOB = ab\sin\gamma;$$

puis, en abaissant la perpendiculaire CH sur la base, et la droite HK perpendiculaire sur OA, on aura

$$CH = CK . \sin CKH = CK . \sin A,$$

ou bien, en prenant la valeur de CK dans le triangle rectangle COK,

$$CH = c \sin C \sin A.$$

Donc le volume du parallélépipède sera

$$\text{vol. } (a, b, c) = abc \sin A \sin C \sin \gamma ;$$

et, en y substituant l'expression citée au commencement de cet article, pour $\sin A$, on obtiendra le volume de ce corps en fonction des arètes et des angles qu'elles forment entre elles, savoir :

$$\text{vol.}(a,b,c) = abc \sqrt{1 - \cos^2 a - \cos^2 C - \cos^2 \gamma + 2\cos a \cos C \cos \gamma}.$$

Cette expression pourrait aussi se calculer aisément par logarithmes, car elle se décomposerait en quatre facteurs, attendu que le polynome sous le radical provient (n° 457) de la différence

$$\sin^2 C \sin^2 \gamma - (\cos a - \cos C \cos \gamma)^2.$$

490. Si l'on considère la pyramide qui aurait pour arètes OA, OB, OC, et pour base le triangle ABC, elle sera évidemment *le sixième* du parallélépipède que nous venons de calculer ; et d'ailleurs, comme en désignant les trois côtés de la base par

$$BC = a', \quad CA = b', \quad AB = c',$$

il serait aisé de calculer les trois quantités $\cos a$, $\cos C$, $\cos \gamma$, on arriverait ainsi à trouver le volume de la pyramide, exprimé seulement au moyen de ses six arètes. Parmi ces droites, il est bon d'observer que a et a' sont *deux arètes opposées*, ainsi que b avec b', et c avec c'.

§ VI. *Résolution d'un triangle sphérique, dont les trois côtés sont très petits par rapport au rayon de la sphère.*

FIG. 63.   491. Soit un triangle sphérique ABC dont les côtés ont pour longueurs absolues a, b, c, et qui est tracé sur une sphère dont le rayon OA $= r$. Nous avons fait observer (n° 452) que les sinus, cosinus.... qui entraient dans la formule (1) et dans toutes celles qui en ont été déduites, ne désignaient pas les lignes trigonométriques des arcs AB, AC, BC eux-mêmes, mais seulement les sinus, cosinus... *d'arcs semblables* à ceux-ci, et tracés *sur une sphère dont le rayon serait l'unité.* Or, puisque deux arcs semblables sont toujours entre eux comme leurs rayons, il s'ensuit que les arcs que nous avons désignés jusqu'à présent par α, β, γ, sont liés avec les longueurs absolues a, b, c, par les relations

$$\alpha = \frac{a}{r}, \quad \beta = \frac{b}{r}, \quad \gamma = \frac{c}{r};$$

et c'est effectivement de là qu'il faudrait déduire les valeurs de α, β, γ, si les côtés étaient donnés en grandeur absolue, par exemple en mètres. Mais il peut arriver que ces côtés a, b, c soient très petits par rapport au rayon r de la sphère, comme dans la Géodésie, où les côtés des triangles que l'on conçoit tracés sur le globe terrestre, bien qu'ayant plusieurs lieues de longueur, sont encore très petits relativement au rayon du globe, dont la valeur moyenne est de 1432 lieues; alors les rapports $\frac{a}{r}$, $\frac{b}{r}$, $\frac{c}{r}$, étant des fractions très faibles, répondraient à des arcs α, β, γ, qui se trouveraient beaucoup au-dessous de 1° : or, pour des arcs aussi petits, les tables de logarithmes n'offriraient plus assez d'exactitude, et il devient à la fois plus rigoureux et plus court de ramener la résolution de pareils triangles à celle de triangles rectilignes. Nous allons donc démontrer le principe sur lequel repose cette réduction.

492. En substituant les valeurs précédentes de α, ζ, γ dans la formule (1), elle donne

$$\cos A = \frac{\cos \dfrac{a}{r} - \cos \dfrac{b}{r} \cos \dfrac{c}{r}}{\sin \dfrac{b}{r} \sin \dfrac{c}{r}};$$

mais si l'on développe les sinus et les cosinus, en négligeant les termes au-dessous de $\dfrac{1}{r^4}$, on aura

$$\cos \frac{a}{r} = 1 - \frac{a^2}{2r^2} + \frac{a^4}{2.3.4r^4},$$

$$\cos \frac{b}{r} = 1 - \frac{b^2}{2r^2} + \frac{b^4}{2.3.4r^4}, \qquad \sin \frac{b}{r} = \frac{b}{r} - \frac{b^3}{2.3r^3},$$

$$\cos \frac{c}{r} = 1 - \frac{c^2}{2r^2} + \frac{c^4}{2.3.4r^4}, \qquad \sin \frac{c}{r} = \frac{c}{r} - \frac{c^3}{2.3r^3},$$

valeurs qui substituées dans l'expression de $\cos A$, donneront, en négligeant toujours les puissances supérieures à r^4, un résultat dont l'erreur sera néanmoins de l'ordre $\dfrac{1}{r^4}$, parce que le dénominateur renferme le facteur $\dfrac{1}{r^2}$, et il viendra

$$\cos A = \frac{\dfrac{b^2 + c^2 - a^2}{2r^2} + \dfrac{a^4 - b^4 - c^4 - 6b^2c^2}{24r^4}}{\dfrac{bc}{r^2}\left(1 - \dfrac{c^2 + b^2}{6r^2}\right)}.$$

Mais en supprimant le diviseur commun r^2, et développant le facteur

$$\frac{1}{1 - \dfrac{c^2 + b^2}{6r^2}} = \left(1 - \frac{c^2 + b^2}{6r^2}\right)^{-1} = 1 + \frac{c^2 + b^2}{6r^2},$$

puis négligeant les termes où entrera r^4, nous aurons enfin

$$(15) \quad \cos A = \frac{b^2 + c^2 - a^2}{2bc} + \frac{a^4 + b^4 + c^4 - 2a^2b^2 - 2a^2c^2 - 2b^2c^2}{24bcr^2}.$$

493. Maintenant, si l'on posait ici $r = \infty$, le triangle sphérique deviendrait un triangle rectiligne ayant les mêmes côtés a, b, c, mais dont les angles A', B', C' seraient différens de A, B, C; et la formule (15) donnerait

$$\cos A' = \frac{b^2 + c^2 - a^2}{2bc},$$

relation déjà connue, et d'où l'on déduit

$$\sin^2 A' = \frac{2a^2b^2 + 2a^2c^2 + 2b^2c^2 - a^4 - b^4 - c^4}{4b^2c^2}.$$

Alors on voit que l'équation (15) peut s'écrire sous la forme

$$(16) \quad \cos A = \cos A' - \frac{bc \sin^2 A'}{6r^2},$$

ce qui montre que l'angle A est plus grand que A', mais que la différence doit être très petite, puisque le dernier terme de l'équation précédente est divisé par r^2. Pour mieux apprécier cette différence, posons

$$A = A' + x, \quad \text{d'où} \quad \cos A = \cos A' \cos x - \sin x \sin A'$$
$$= \cos A' - x \sin A';$$

ce résultat qui s'obtient en négligeant le carré de x, étant comparé avec la relation (16), prouve que

$$x = \frac{bc \sin A'}{6r^2} = \frac{S}{3r^2},$$

ou S désigne la surface du triangle rectiligne ; d'ailleurs il en résulte que la quantité x^2, que nous avons négligée, serait de l'ordre $\frac{1}{r^4}$. Ainsi, en acceptant une approximation de ce genre, on pourra poser

$$A = A' + \frac{S}{3r^2},$$

et l'on aura de même,

$$B = B' + \frac{S}{3r^2},$$

$$C = C' + \frac{S}{3r^2};$$

car la quantité S ne change pas quand on permute A avec B ou avec C.

494. En ajoutant les trois équations précédentes, il vient

$$A + B + C = 200° + \frac{S}{r^2};$$

ce qui prouve que la quantité $\frac{S}{r^2}$ équivaut à l'*excès sphérique ε*, qui exprime aussi (n° 451) la surface du triangle sphérique; et les dernières équations du n° 493 pourront s'écrire ainsi :

$$A = A' + \frac{1}{3}\varepsilon,$$

$$B = B' + \frac{1}{3}\varepsilon,$$

$$C = C' + \frac{1}{3}\varepsilon.$$

Il résulte de là que, *quand on a un triangle sphérique très peu courbe, dont les angles sont* A, B, C, *et les côtés* a, b, c, *il existe un triangle rectiligne qui a des côtés de même longueur, et dont les angles sont* A $- \frac{1}{3}\varepsilon$, B $- \frac{1}{3}\varepsilon$, C $- \frac{1}{3}\varepsilon$, en désignant par ε l'excès de la somme des trois angles du triangle sphérique sur deux angles droits.

495. Voici maintenant la manière dont il faudra employer ce théorème. 1°. Si l'on connaît les trois côtés du triangle sphérique, on saura calculer S par la formule ordinaire

$$S = \sqrt{p(p-a)(p-b)(p-c)},$$

où p désigne le demi-périmètre ; et alors S et r se trouvant exprimés en unités de même espèce, par exemple en mètres, le quotient $\dfrac{S}{r^2} = \iota$ sera un nombre abstrait qui représentera une certaine fraction du rayon **R** des tables de sinus, *lequel a été pris pour unité* des lignes trigonométriques. Ainsi, pour convertir ι en secondes, il faudra multiplier $\dfrac{S}{r^2}$ par R'', nombre de secondes contenues dans l'arc de cercle qui égale en longueur absolue son rayon (*) : on aura donc

$$\iota = \frac{S}{r^2} . R'' ,$$

et alors, en calculant les trois angles A', B', C' du triangle rectiligne d'après les côtés connus a, b, c, il suffira d'augmenter chacun d'eux de $\dfrac{1}{3}\iota$, pour avoir les angles A, B, C du triangle sphérique.

2°. Si la question donnait A, b, c, alors on sait que

$$S = \frac{bc \sin A'}{2} = \frac{bc \sin A}{2} ,$$

en prenant $\sin A$ pour $\sin A'$; et comme ces deux quantités ne diffèrent que par des termes du second ordre, puisque

$$\sin A' = \sin(A - x) = \sin A \cos x - \cos A \sin x ,$$

il s'ensuit que le résultat

$$\iota = \frac{S}{r^2} \times R''$$

ne sera fautif que dans les termes de l'ordre $\dfrac{1}{r^4}$. Par consé-

---

(*) Ce nombre de secondes s'obtient en remarquant que $\pi R = 180° = 648000''$; de sorte qu'en divisant par π, qui est connu, on obtiendra le nombre de secondes contenues dans l'arc qui égale R, savoir

$$R'' = 206265'' \quad \text{et} \quad \text{Log } R'' = 5,3144251$$

quent, si l'on résout le triangle rectiligne ayant pour élémens b, c et $A' = A - \frac{1}{3}\varepsilon$, on en conclura, après avoir trouvé a, B', C', que les parties cherchées dans le triangle sphérique étaient

$$a, \quad B = B' + \frac{1}{3}\varepsilon, \quad C = C' + \frac{1}{3}\varepsilon.$$

3°. Si l'on connaissait, dans le triangle sphérique, A, a, b, on calculerait dans le triangle rectiligne correspondant

$$\sin B' = \frac{b \sin A'}{a} = \frac{b \sin A}{a};$$

d'où l'on conclurait l'angle $C' = 180° - A - B'$, avec la même approximation que ci-dessus ; et par suite, on aurait

$$S = \frac{ab \sin C'}{2}, \quad \varepsilon = \frac{S}{r^2}.R''.$$

4°. Lorsque l'on connaît A, B, c, on obtient aisément

$$S = \frac{bc \sin A}{2} = \frac{c^2 \sin B \sin A}{2\sin(A + B)},$$

d'où l'on conclut ε ; et il en serait de même pour les données A, B, a, puisque le troisième angle C' serait connu par l'équation $C' = 180° - A - B$, qui est suffisamment exacte pour le calcul de la quantité S, laquelle doit être divisée par r^2. Ainsi, dans tous les cas , on pourra estimer directement l'excès sphérique ε ; et, par suite, conclure les parties du triangle sphérique d'après celles qu'on aura calculées dans le triangle rectiligne.

FIN.

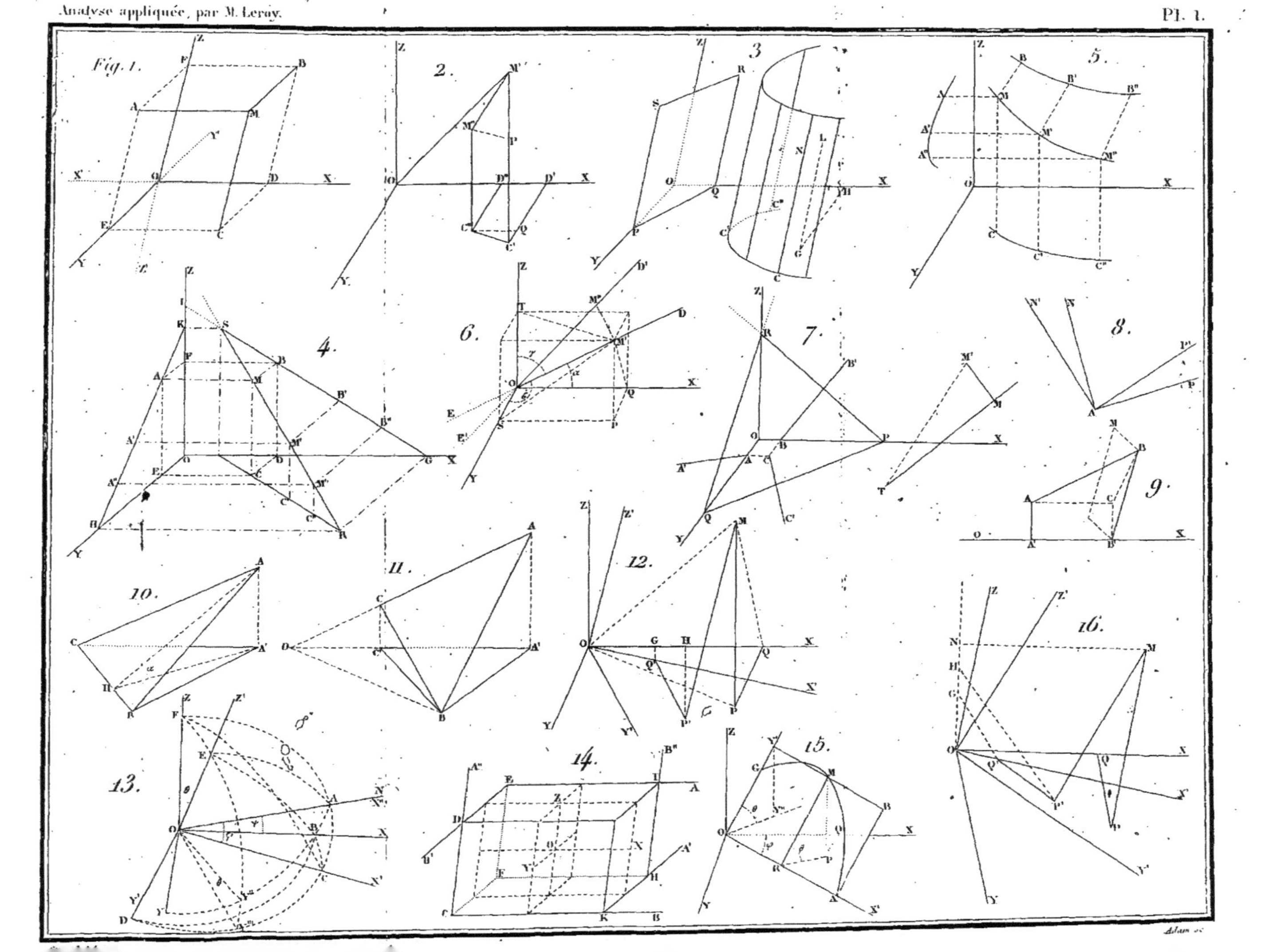

Fig. 1.
2.
3.
4.
5.
6.
7.
8.
9.
10.
11.
12.
13.
14.
15.
16.

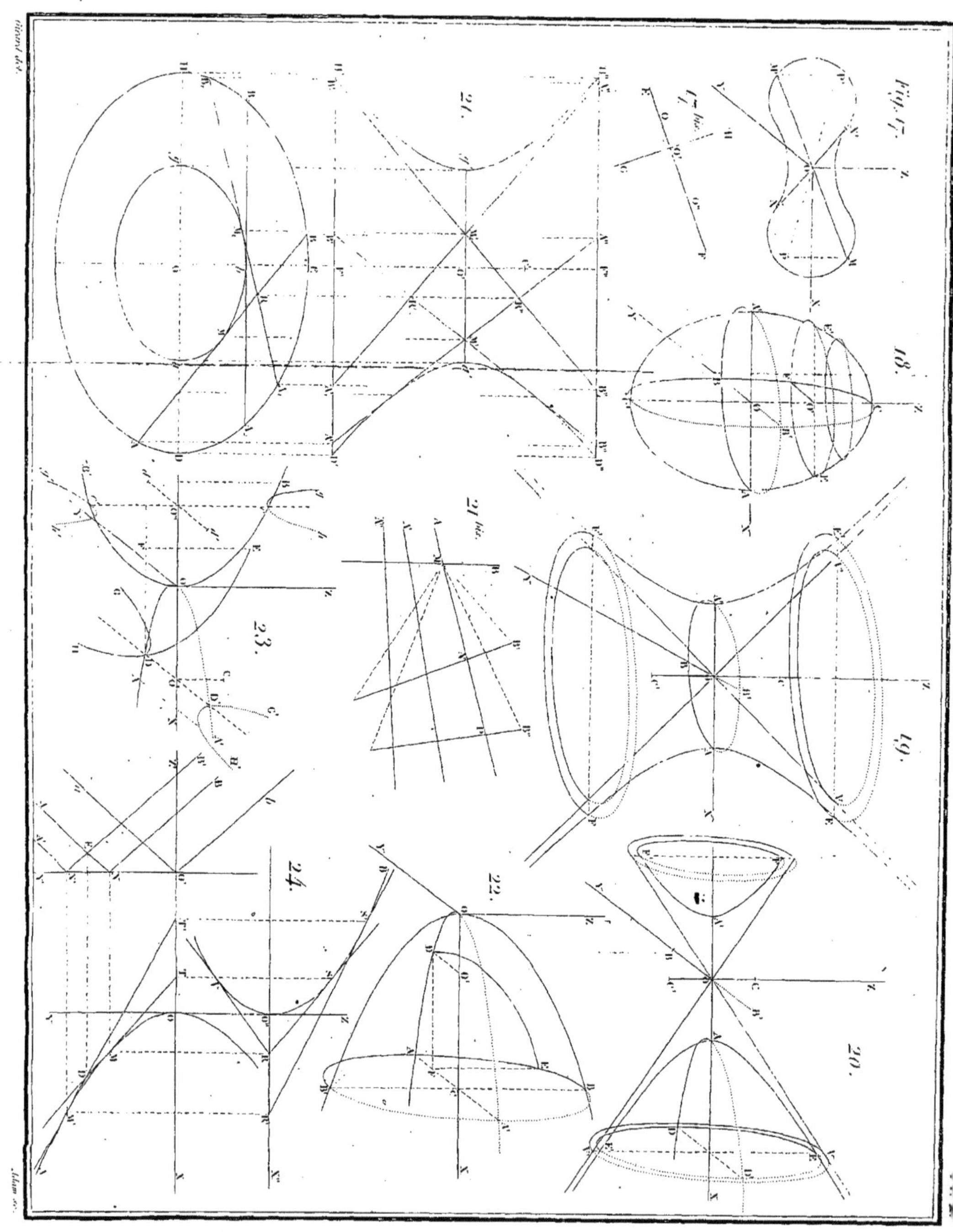

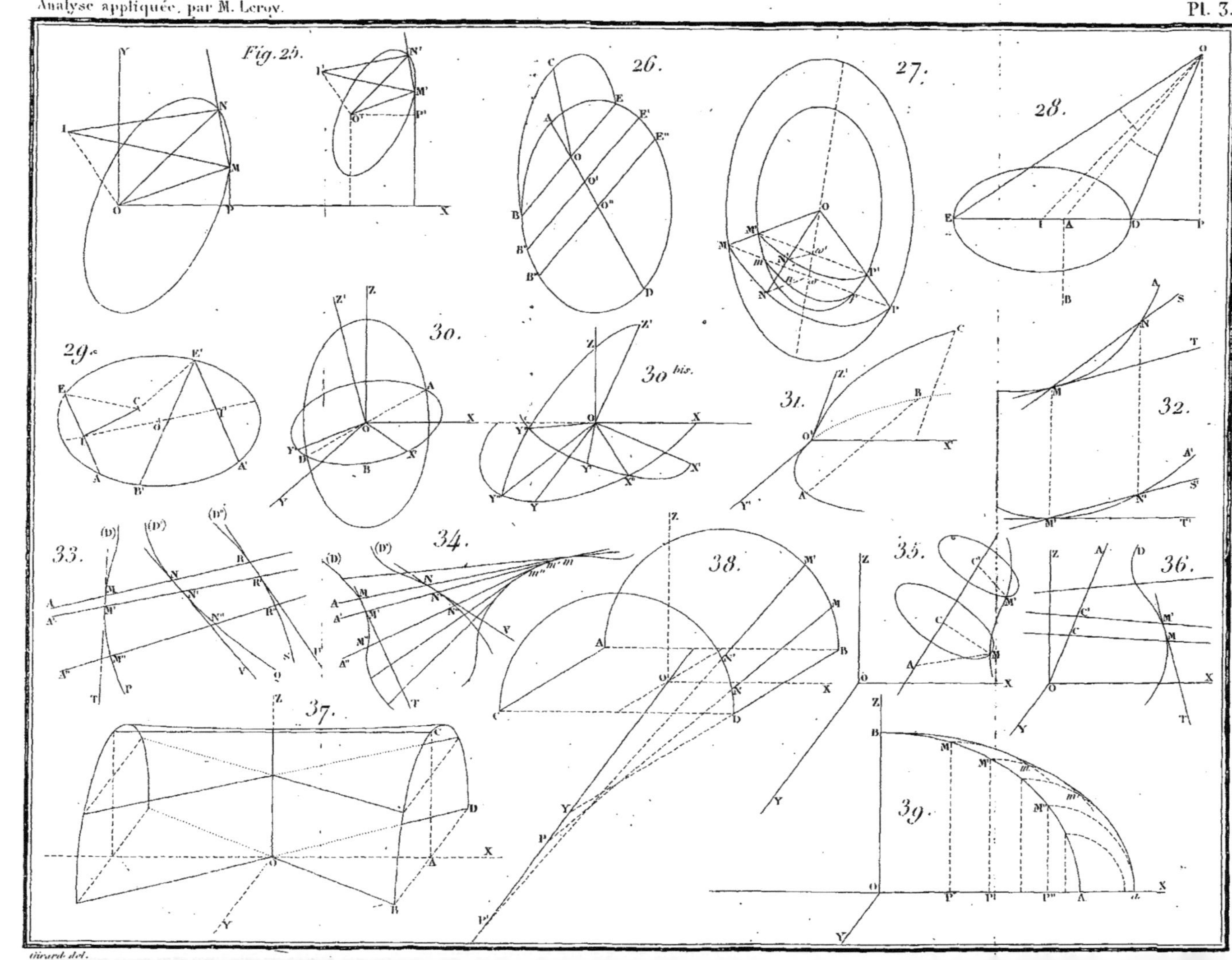

Fig. 25.
26.
27.
28.
29.
30.
30 bis.
31.
32.
33.
34.
35.
36.
37.
38.
39.
Girard del.

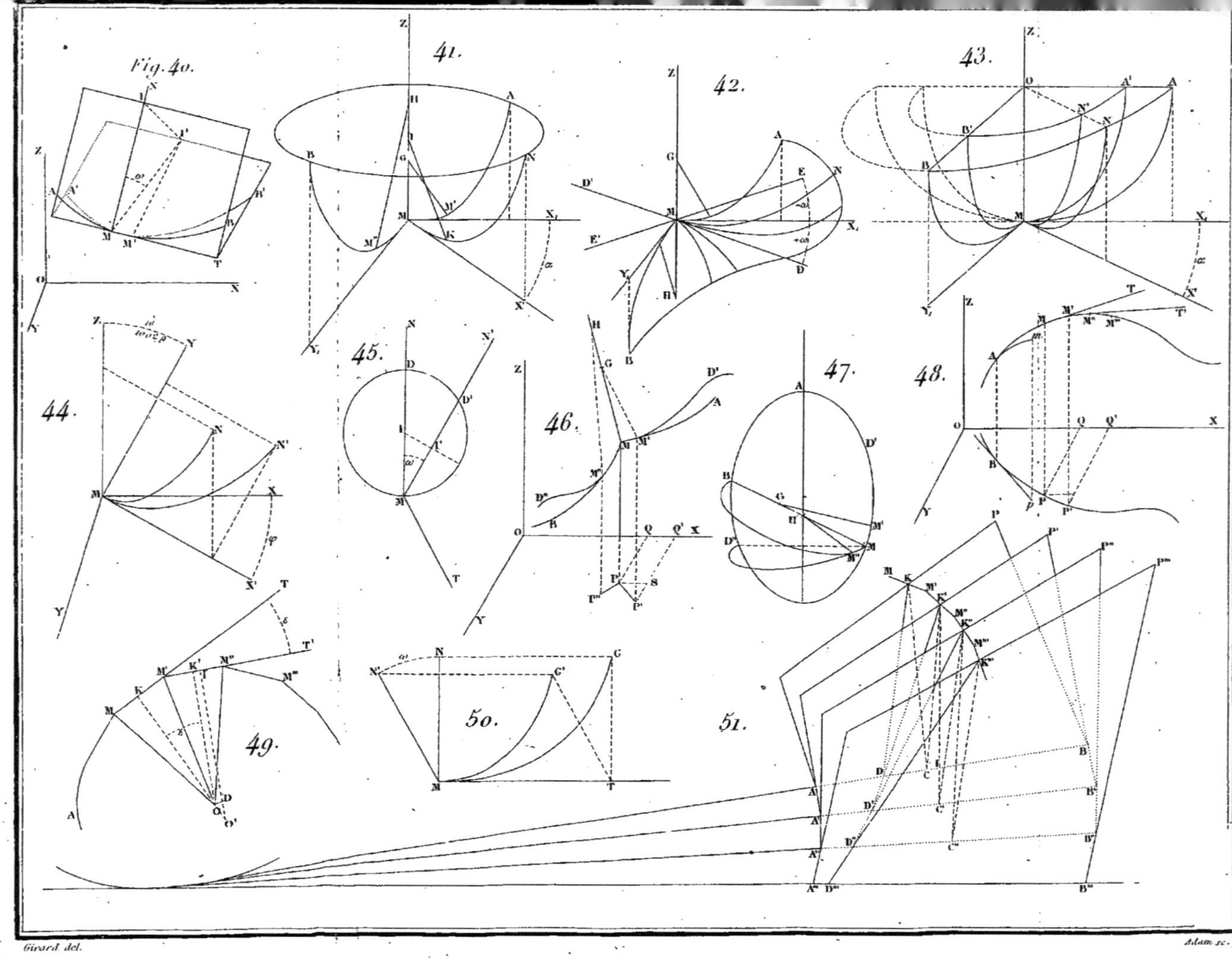

Fig. 40.
41.
42.
43.
44.
45.
46.
47.
48.
49.
50.
51.
Girard del.
Adam sc.

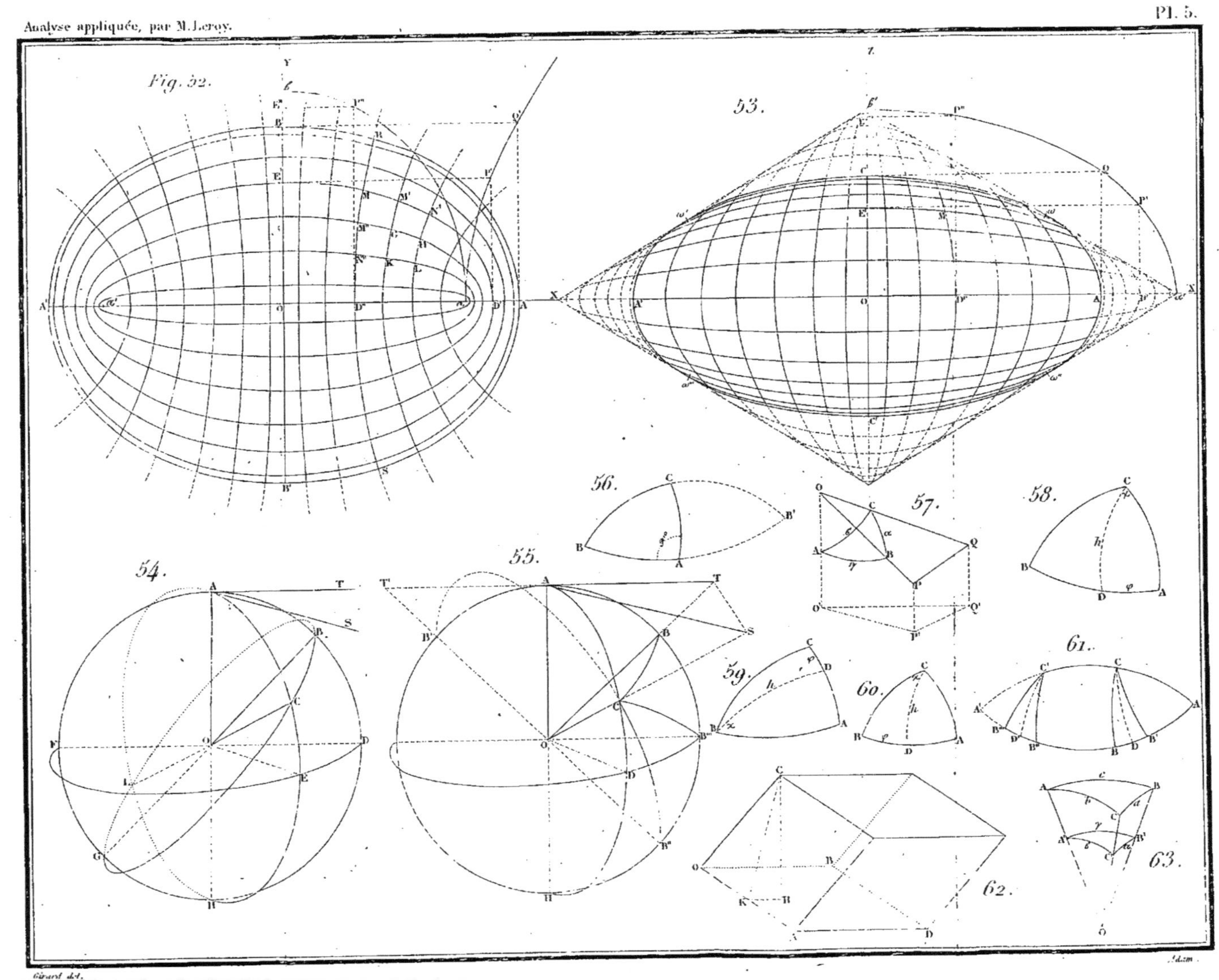

Analyse appliquée, par M. Leroy.
Pl. 5.
Fig. 52.
53.
54.
55.
56.
57.
58.
59.
60.
61.
62.
63.
Girard del.

www.ingramcontent.com/pod-product-compliance
Ingram Content Group UK Ltd.
Pitfield, Milton Keynes, MK11 3LW, UK
UKHW022056120726
13694UKWH00001B/172